U0185196

电信工程技术创业培训教程

主编 姜文龙 许德成 高永慧

副主编 张英平 刘 旭 黄 涛 齐海东

中国教育出版传媒集团

高等教育出版社·北京

内容提要

本书立足于指导电子信息类专业学生的创业实践,主要介绍了电信工程技术的发展,常用的电子器件,模拟集成电路,数字集成电路,单片机及其应用,电信工程技术常用的仪器设备,应用制图软件绘制电路图,印制电路板的加工,表面贴装技术和硬件系统设计案例。

本书可作为电信工程技术人员、高校内指导学生创业实践的专业教师和广大电子信息类专业学生创业实践的参考书。

图书在版编目(C I P)数据

电信工程技术创业培训教程/姜文龙,许德成,高永慧主编.--北京:高等教育出版社,2023.9

ISBN 978-7-04-059617-5

Ⅰ.①电… Ⅱ.①姜… ②许… ③高… Ⅲ.①通信工程-高等学校-教材 Ⅳ.①TN91

中国国家版本馆 CIP 数据核字(2023)第 010525 号

Dianxin Gongcheng Jishu Chuangye Peixun Jiaocheng

策划编辑 王 硕	责任编辑 王 硕	特约编辑 陆犟良	封面设计 杨立新
版式设计 李彩丽	责任绘图 黄云燕	责任校对 张 薇	责任印制 朱 琦

出版发行	高等教育出版社	网　址	http://www.hep.edu.cn
社　址	北京市西城区德外大街 4 号		http://www.hep.com.cn
邮政编码	100120	网上订购	http://www.hepmall.com.cn
印　刷	唐山市润丰印务有限公司		http://www.hepmall.com
开　本	787mm×1092mm　1/16		http://www.hepmall.cn
印　张	23.25		
字　数	560 千字	版　次	2023 年 9 月第 1 版
购书热线	010-58581118	印　次	2023 年 9 月第 1 次印刷
咨询电话	400-810-0598	定　价	48.80 元

前　言

国务院办公厅于 2015 年 5 月印发《关于深化高等学校创新创业教育改革的实施意见》（国办发〔2015〕36 号）。该《意见》指出："深化高等学校创新创业教育改革，是国家实施创新驱动发展战略、促进经济提质增效升级的迫切需要，是推进高等教育综合改革、促进高校毕业生更高质量创业就业的重要举措。"该《意见》同时指出："近年来，高校创新创业教育不断加强，取得了积极进展，对提高高等教育质量、促进学生全面发展、推动毕业生创业就业、服务国家现代化建设发挥了重要作用。但也存在一些不容忽视的突出问题，主要是一些地方和高校重视不够，创新创业教育理念滞后，与专业教育结合不紧，与实践脱节；教师开展创新创业教育的意识和能力欠缺，教学方式方法单一，针对性实效性不强；实践平台短缺，指导帮扶不到位，创新创业教育体系亟待健全。"

另外，国务院办公厅于 2017 年 12 月又印发《关于深化产教融合的若干意见》（国办发〔2017〕95 号）。该《意见》指出："进入新世纪以来，我国教育事业蓬勃发展，为社会主义现代化建设培养输送了大批高素质人才，为加快发展壮大现代产业体系作出了重大贡献。但同时，受体制机制等多种因素影响，人才培养供给侧和产业需求侧在结构、质量、水平上还不能完全适应，'两张皮'问题仍然存在。深化产教融合，促进教育链、人才链与产业链、创新链有机衔接，是当前推进人力资源供给侧结构性改革的迫切要求，对新形势下全面提高教育质量、扩大就业创业、推进经济转型升级、培育经济发展新动能具有重要意义。"

吉林师范大学在深入学习研究上述文件的基础上，制定了学校的创新创业教育规划，提出："用创新引领创业，创业拉动就业。结合自身办学实际，转变思想、更新理念，夯实学生创新创业知识基础，加强创新创业教育实践，培育创新精神和创业意识，提高创新创业能力，激发创新创业热情，坚持课内与课外相结合、校内与校外相结合、训练与竞赛相结合、创新创业教育与专业教育相结合，从理念制度、课程设计、实习实训、基地平台、师资队伍等方面大力推动创新创业教育体系建设。"编者所在的课程组成员在落实学校规划过程中，结合多年教学实践编写了本书，期待广大同学在学习专业课程的同时，学会电子系统的设计和电子系统的集成技术，在创新创业实践中发挥重要作用。

编写本书的指导思想是：首先，为学生进行课程设计、电子产品创新设计提供技术指导和实务指导；其次，本书的课程定位是专业基础课程之后的提高课程，不是专业课程的重复和压缩；第三，积极搭建和打造学校教学和企业需求的衔接平台；第四，为学生自主学习、自主创新、自主创业提供技术指导；第五，为专业教育与创新创业教育的指导提供参考。

本教程的内容共分十章，每章的内容介绍如下所述。

第一章为绪论,主要讨论了电信技术、通信技术的发展和电子系统集成技术。电信技术的发展主要讨论了微电子技术、计算机技术(包括运算器、控制器、存储器以及输入、输出设备)、传感技术、遥感技术、信息存储技术等的发展。通信技术的发展主要讨论了光纤通信系统、移动通信系统、微波接力技术、卫星通信技术等。电子系统集成技术主要介绍了电子线路板的加工系统构成、贴片组装生产线的构成、软件的仿真和编程等。

第二章介绍了常用的电子器件及其性能参量。第一,讨论了普通电阻、压敏电阻、热敏电阻、光敏电阻的原理及其命名方法,也介绍了贴片电阻器件。第二,介绍了电容、电感、变压器、晶体管、场效应管的分类、用途及其命名方法。第三,介绍了继电器的原理、作用、分类。第四,介绍了常用的传感器件、光电耦合器件、连接器件、输入和输出器件、蜂鸣器等的分类和型号。这章的内容主要是为学生在进行电子系统设计时对器件的选择和购买提供帮助。

第三章是模拟集成电路。第一,介绍了运算放大器的分类和应用举例。第二,讨论了A/D 转换器的主要技术参量、类型和 ADC0809、TLC549 两个芯片的使用方法。第三,介绍了D/A 转换器的原理与分类、性能指标及 DAC0832 和 DAC1208 的应用。第四,介绍了模拟多路开关的主要参量、工作原理和使用方法以及典型的 MUX 芯片。第五,介绍了模拟鸟叫的有趣的音频电路和录音集成电路。第六,介绍了固定式三端集成稳压器和桥式整流集成电路的型号及其用法。

第四章是数字集成电路。本章介绍了组合逻辑集成电路、时序逻辑集成电路的型号及其应用技术以及常用的 555 定时器的应用。

第五章介绍了单片机及其应用。第一,介绍了单片机的分类及其引脚、单片机的内部结构和单片机编程常用语言。第二,介绍了 51 系列单片机的 8 个简单应用和 5 个综合应用。

第六章介绍了电信工程技术常用的仪器设备。第一,介绍了数字万用表、函数信号发生器/计数器、模拟示波器、数字示波器、直流稳压电源的结构和工作原理。第二,介绍了这几种常用仪器设备的使用方法。

第七章是应用制图软件绘制电路图。本章针对 Altium Designer 10 软件,通过绘制一个89C51 系列单片机最小系统,介绍了印制电路板(PCB)电路图的绘制过程;主要包括绘制元件集成库、绘制原理图和绘制 PCB 图三个部分。

第八章介绍了印制电路板的加工。本章主要内容包括印制电路板简介、印制电路板加工流程和飞针检测与缺陷补救。

第九章介绍了表面贴装技术(SMT)。本章主要内容包括 SMT 生产流程、三星 SM482 多功能贴片机介绍及其作业流程。

第十章介绍了 5 个硬件系统设计案例。案例分别是简易数字频率计、交通信号灯控制器、数字密码锁、数字电子时钟、多功能万年历。

本书第一章、第二章、第三章分别由姜文龙教授、高永慧副教授和刘旭副教授(长春电子科技学院)编写,第四章由黄涛博士编写,第五章由张英萍副教授编写,第六章由齐海东副教授编写,第七、第八、第九、第十章由许德成副教授编写。

在编写本书的过程中,我们参考了国内外大量论文、著作、教材等相关资料,在此谨向被引文的作者表示衷心的感谢。本书的出版,还得到了高等教育出版社的大力帮助,我们在此一并表示衷心的感谢。

由于作者学识水平和资料来源的局限,在编写过程中,难免会出现疏漏和欠妥之处,敬请读者赐教指正,我们对此表示真诚的感谢。

编 者

2022 年 3 月于吉林师范大学、长春电子科技学院

目 录

第一章　绪论

电信工程技术是对各类电子设备和信息系统进行研究、设计、制造、应用和开发的高等工程技术，是一门应用计算机进行信息的获取、传输、处理和控制的技术。当前，电信工程技术已经涵盖了社会的诸多方面，涉及工业、农业、国防、医疗等领域，如电话的程控交换技术，手机的音视频传播与接收技术，网络的信息传播技术，甚至军事信息传递中的保密技术等。总体来说，电信工程技术是集现代电子技术、信息技术、通信技术于一体的工程技术。

学习电信工程技术就必须掌握现代电路理论，通晓电子系统设计原理与方法，具有较强的计算机和相应工程技术应用能力。电子系统集成、自动控制、智能控制与网络技术的应用，是电信工程技术的核心。

掌握电信工程技术，首先要有扎实的数学和物理学基础，尤其是电学方面的电路理论、电子技术、信号与系统、计算机控制原理、通信原理等基本知识。学习电信工程技术一定要自己动手设计、连接一些电路，并结合计算机进行仿真实验，提高动手操作和使用工具的技能。实践过程中，学生可以通过连接传感器的电路，实现电子信息的获取，或用计算机设计小的通信系统，掌握超大规模集成电路的使用方法，为最终达到设计、集成大型仪器设备和信息处理系统奠定坚实的基础。

随着社会信息化建设的不断深入，各行业都需要大量电信工程技术人才。掌握电信工程技术的人才可以从事电子设备和信息系统的研究、设计以及技术管理等工作。

电信工程技术主要包括电子技术、信息技术、通信技术和电子系统集成技术。电信工程技术的发展主要是指这几方面技术的发展。

1.1　电信技术的发展

1.1.1　微电子技术及其发展

电信技术的典型代表是微电子技术。微电子技术是当今信息社会和信息产业的核心技术，被人们誉为支撑高技术发展的基础和推进智能化、信息化的动力。

微电子技术是基于固体物理、器件物理和电子学理论和方法，利用微细加工技术，在半导体材料上实现微小固体电子器件和集成电路的一门技术。它是 20 世纪 50 年代后随着集成电路技术，特别是超大规模集成电路技术的发展而逐渐兴起的新技术。

微电子技术不仅使电子设备和系统的微型化成为可能，更重要的是它引起了电子设备和系统的设计、工艺、封装等技术的巨大变革。所有的传统元器件，如晶体管、电阻等，都将以整体的形式互相连接,设计的出发点不再是单个元器件,而是整个系统或设备。

微电子技术的应用相当广泛。从通信卫星、军事雷达、信息高速公路,到程控电话、手机、全球定位系统(GPS);从气象预报、遥感、遥测,到智能终端;从医疗卫生、能源、交通,到环境工程、自动化生产、智能家居……各个领域无不渗透着微电子技术。

现代的广播电视系统是微电子技术大有用武之地的领域之一。集成电路代替了彩色电视机中大部分分立元件,并组成了功能电路,使电视机电路简洁、性能稳定、维修方便、价格低廉。采用微电子技术的数字调谐技术,电视机可以对多达上百个频道进行任选,而且大大提高了声音、图像的保真度。

微电子技术对电子产品的消费者市场也产生了深远的影响。价廉、可靠、体积小、重量轻的微电子产品层出不穷。电子产品和微处理器不再是专门的科学仪器世界的“贵族”,而是落户于各式各样的普及型产品之中,进入普通百姓家的寻常物品,例如电子玩具、游戏机、学习机以及其他家用电器产品等。就连汽车这种传统的机械产品也渗透进了微电子技术,采用微电子技术的电子引擎监控系统、汽车安全防盗系统、出租车的计价器等已得到了广泛的应用,现代汽车上有时甚至会有十几到几十个微处理器。

微电子技术发展日新月异,令人兴奋不已。它对我们工作、生产和生活的影响无法估量。

20 世纪 30 年代,量子力学取得了举世瞩目的成就,将它应用于固体物理学,产生了固体能带理论,为发展半导体技术奠定了重要基础。1947 年,美国电报电话公司(AT&T)的贝尔实验室的三位科学家巴丁、布莱顿和肖克莱发明了晶体管。这一发明是 20 世纪电子技术的重大突破,为微电子技术的出现拉开了序幕。与此同时,各生产领域和军事部门还希望电子设备进一步微小型化,这也强烈地推动了人们去开辟电子技术的新途径。

1952 年 5 月,英国人达默在一次电子元器件会议上首次提出了集成电路的设想:将电子设备制做在一个没有导线的固体块上,这种固体块由一些绝缘的、导电的、整流的以及放大的材料层构成,把每层分割出来的区域直接相连,以实现某种功能。1957 年,英国普列斯公司与马耳维尔雷达研究所协作,在一块 6.3 mm×6.3 mm×3.15 mm 的硅晶上,制成了触发器电路。1958 年,美国某仪器公司的基尔比在一块 1.6 mm×9.5 mm 的锗片上做成了一个由极细金丝连接的包括一个台面晶体管、三个电阻和一个电容的 RC 移相振荡器。1959 年,仙童公司的诺伊斯和摩尔研制出了一种特别适合于制做集成电路的工艺,巧妙地利用二氧化硅对某些杂质的扩散的屏蔽作用,在硅片上的二氧化硅层被刻蚀的窗口中,扩散一定的材料,以形成各种元器件,同时,又应用 pn 结的隔离技术,并在二氧化硅上沉积金属作为导线,这样就基本上完成了制做集成电路的全部工艺。

集成电路的发明引发了电子技术的一次革命,标志着电子设备的生产进入了微电子技术的阶段。

集成电路是以半导体晶体材料为基片,采用专门的工艺和技术将组成电路的元器件和互连线集成在基片内部、表面或基片之上的微小型化电路或系统。

衡量集成电路水平的指标之一是集成度。所谓集成度就是指在一定尺寸的芯片上能集成多少个晶体管。一般将集成 10 个晶体管和 12 个门电路以下的集成电路称为小规模集成电路(Small Scale Integration,简称 SSI),集成 10~500 个晶体管和 12~100 个逻辑门的集成电路称为中规模集成电路(Medium Scale Integration,简称 MSI),集成 500~2 000 个晶体管和 100~10 000 个逻辑门的集成电路称为大规模集成电路(Large Scale Integration,简称 LSI),集成 2 000 个晶体管和 10 000 个逻辑门以上的集成电路称为超大规模集成电路(Very Large Scale Integration,简称 VLSI)。

集成电路发展的初期,一个芯片上只能集成十几个或几十个晶体管,因而电路的功能是有限的。到 20 世纪 60 年代中期,集成电路的集成度已提高到可集成几百甚至上千个元器件。20 世纪 70 年代是集成电路飞速发展的时期,进入大规模集成电路时代,这期间出现了集成 20 多万个元器件的芯片。大规模集成电路不仅仅是元器件集成数量的增加,集成的对象也发生了根本的变化,它可以是一个复杂的功能部件,也可以是一台整机(单片计算机)。20 世纪 80 年代可以看作超大规模集成电路的时代,芯片上元器件的集成数量已突破了百万大关,这么多的元器件集成在一小块硅片上,元器件所占的面积及元器件间的连线细到 0.25 μm(1 μm = 10^{-6} m)。目前,22 nm、14 nm(1 nm = 10^{-9} m)加工工艺的集成电路已投入生产。2015 年,中国科学院微电子研究所在 22~14 nm 集成电路关键工艺技术上取得重要进展。

微电子技术最重要的应用就是计算机技术领域。计算机的发展建立在微电子技术基础之上,而计算机应用领域的拓宽,反过来更促进了微电子技术的发展。

1.1.2 计算机技术的发展

计算机技术的发展主要包括运算器、控制器、存储器以及输入、输出设备的进步。其中运算器和控制器集成在一个芯片上,称为中央处理单元(Central Processing Unit,简称 CPU),也叫微处理器,它是计算机的心脏。运算器是完成数学运算和逻辑运算的部分,控制器则起指挥计算机的作用。计算机之所以被称为"电脑",就是由于微处理器像人的大脑一样起指挥作用。人们常说的"奔腾""安腾""酷睿"计算机,实际上指的是微处理器的品牌和型号。微处理器指挥着计算机各部分的工作,可以接收和传输信息,并在其内部进行数据的运算、比较、交换、分类、排序、检索等信息处理工作。

微处理器的历史可追溯到 1971 年,当时英特尔(Intel)公司推出了世界上第一台微处理器 4004。它集成了约 2 300 个晶体管,具有每秒 6 万次的运算速度。它可从半导体存储器中提取指令,实现大量不同的功能。这在当时是非常了不起的。

1980 年,Intel 的 16 位 8088 微处理器被国际商业机器公司(IBM)选中,成为第一代个人计算机的核心器件,开创了个人电脑的时代。

1982 年,Intel 推出了 80286 微处理器,内部装有 13.4 万个晶体管,具有当时的其他 16 位微处理器三倍的性能。这种芯片被用在 IBM 个人计算机上。

1985 年,80386 处理器投放市场。它采用新的 32 位结构,内部装有 27.5 万个晶体管,芯片每秒钟可处理 5 百万条指令(5MIPS)。

1989 年,80486 微处理器被推出,芯片内装 120 万个晶体管,带有数字协处理器。这种芯片大约比最初的 4004 快 50 倍。

1993 年,Intel 推出了"奔腾"处理器。"奔腾"处理器用了 310 万个晶体管,运算速度达到 90MIPS,约是原始的 4004 微处理器的 1 500 倍。

1997 年,Intel 推出了具有 750 万个晶体管的微处理器"奔腾 Ⅱ",超微半导体公司

（AMD）推出具有 880 万个晶体管的 K6MMX 微处理器。采用这两种芯片的计算机,在当时具有更高的性能价格比。

2002 年,Intel 推出了主频为 2.2 GHz 的微处理器"奔腾Ⅳ",采用 0.13 μm 工艺生产。同年,AMD 推出了主频为 1.67 GHz 的 Athlon XP 2000+芯片。尽管它主频较低,但性能不比 Intel 同类产品逊色。

2006 年,Intel 推出"酷睿 2"双核处理器,宣布了"奔腾"时代的结束。与上一代处理器相比,"酷睿 2"双核处理器在性能方面提高 40%,功耗反而降低 40%,可以高速地进行多项任务操作。该处理器采用 65 nm 工艺技术制造,内含 2.91 亿个晶体管。

2007 年,AMD 推出了四内核 K10 微架构的 Opteron 处理器。

2010 年,Intel 推出第二代"酷睿"双核处理器,采用 32 nm 的微体系架构,集成了 11.6 亿个晶体管。Intel 公司于 2012 年推出了第三代"酷睿"双核处理器,它采用了 22 nm 工艺技术,集成了 14 亿个晶体管。现在,微电子技术没有止步,还在日新月异地发展变化着。

1.1.3　传感技术的发展

在自动控制或智能控制系统中,电子信息或物理信息的获取都须通过传感器。传感器是把物理量、化学量、生物量等转换成电信号的器件。由传感器所构成的电子信息系统就是信息获取系统。人造地球卫星等平台式系统在获取信息的过程中都离不开传感器。传感技术的发展,在很大程度上代表了信息获取技术的发展。在获取信息的方式上,近距离直接接触获取信息的技术是传感技术,远距离非接触式获取信息的技术是遥感技术。

在传感器发展的过程中,温度传感器是最早开发的一类传感器。从 17 世纪初伽利略发明温度计开始,人们利用温度计进行温度的测量。真正把温度变成电信号的传感器是 1821 年由德国物理学家塞贝克发明的,这就是后来的热电偶传感器。50 年以后,另一位德国人西门子发明了铂电阻温度计。在半导体技术的支撑下,21 世纪半导体热电偶传感器、pn 结温度传感器和集成温度传感器相继被开发出来。与之相应,根据波与物质的相互作用规律,声学温度传感器、红外传感器和微波传感器也相继被开发出来。

传感器在技术发展上坚持走智能化、集成化以及小型化路线。现简单介绍几种近代传感器的发展。

1.1.3.1　SP35 胎压传感器

国际通信（Convergence）2006 展会上,SP35 胎压传感器被展出,这是第一款将胎压监测（TPMS）所有功能融入单一封装的器件。这个高度集成的器件安装在印制电路板（PCB）上,与电池和天线一起组成一个完整的 TPMS 模块。该独立封装器件集成了带有 8 位微控制器的微机电系统（MEMS）压力、加速度和温度传感器,TPMS 模块和电子控制单元之间通过调幅/调频（AM/FM）、射频（RF）发送器和低频（LF）接收器进行无线通信。微控制单元（MCU）芯片还带有存储器、电池电压监测器和高级功率控制单元。

与英飞凌 SP35 的单片 TPMS 解决方案相呼应,飞思卡尔的 8 脚胎压监测传感器 MPXY8020A 也是一款高集成度产品。它由一个变容压力传感器元件、一个温度传感器元件和一个界面电路（具有唤醒功能）组成,这三个元件都集成在单块芯片中。MPXY8020A 可与遥控车门开关（RKE）系统结合使用,提供一个高度集成的低成本系统。

1.1.3.2 ViSe 智能图像传感器

在高端的汽车中，人们常常会使用智能图像传感器来辅助驾驶。但由于该传感器价格昂贵，一直未能普及。近年来，瑞士电子与微技术中心（CSEM）宣称其利用 ViSe 智能图像传感器设计的实时视觉系统，能把汽车视觉系统的成本从数千美元降低到数百美元。CSEM 采用了双芯片解决方案，即该公司专有的视觉传感器搭配亚德诺半导体（ADI）公司并不昂贵的 BlackfinDSP 芯片。CSEM 正计划把一个专有 DSP 芯片和其图像芯片集成在一起，提供单芯片解决方案。

1.1.3.3 超声波传感器

面向倒车系统应用的传感器技术也是目前的热门之一。村田制作所公司推出了一系列超声波传感器产品用于倒车系统。以其中的 MA40MF14-5B 为例，该产品不仅具有体积小、防水窄范围检测、响应时间短等特点，最特别之处为该产品采用了 110°×50°的不对称光栅，以提高检测的准确性，避免误操作。

1.1.3.4 实现嗅觉、味觉和触觉功能的电子系统

1. 嗅觉系统

电子感觉传感器开发应用最广泛的当属电子"鼻"，英国的苏格兰高地科学研究团体的高级研究员乔治·多德被公认为电子嗅觉系统的先驱，他于 1980 年在沃威克大学首先研制出这种系统。

电子"鼻"是由传感器阵列构成的。阵列中的每个传感器覆盖着不同的具有选择性吸附化学物质能力的导电聚合物。吸附作用将改变材料的电导率，从而产生一个能测量的电信号。阵列中所有不同传感器产生的信号模式代表了特定的气味图谱，通过与已知气味数据库相比较可识别出各种气味。

另一种电子"鼻"是由美国加利福尼亚工学院研制的 Cyranose230，这是一种手持式的由 32 个传感器组成的单元。经过"培训"，它能嗅出特定种类的稻米，不但能说出其品种，而且可指出其产地。

2. 味觉系统

通过口舌的直接感觉是味觉。一些国外的研究员正在努力开发电子"舌"，用以品尝不同种类的溶液。美国得克萨斯大学的一项研究成果已经到了商品化生产诊断仪器阶段。这种电子"舌"是由微加工工艺制成的网状硅片组成的，里面还有一些小颗粒，与小颗粒相接触的是化学传感器，它通过改变颜色对刺激源产生响应，所以硅片被放在光源和成像传感器之间。第一台样机是为检测酸性和黏度而设计的。由于每个传感器能响应不同的物质，从而产生独特的红色、绿色、蓝色的组合，这意味着它能同时分析若干种化学成分。正是这种传感器的通用性使它适用于测量和分析含有各种生物和非生物化学成分的溶液，包括毒素、药品、代谢物、细菌和血液产品等。俄罗斯圣彼得堡大学研制的电子"舌"能鉴别不同类型的饮料和酒，区分各种咖啡和分析血浆成分。

3. 触觉系统

触觉也正被人工仿真。美国伊利诺伊大学的研究员正在研制一种像头发一样的触觉传感器。众所周知，很多动物和昆虫的毛发具有辨别功能，可以辨别方向、平衡、速度、声音和压力等。这种人造毛发是利用挠性很好的玻璃和多晶硅制造，并通过光刻工艺由硅基底刻

蚀出来的。这种人造毛发的大型阵列可用于空间探测器上,其探测四周环境的能力远远超出当今已有的系统。

除了以上所介绍的传感器,在传感器的大家族中,还有应用在其他领域的智能传感器,如生物传感器等,感兴趣的学生可以参考有关专业文献。

1.1.4　遥感技术的发展

遥感技术的发展也是日新月异。遥感技术是从远距离感知目标反射或自身辐射的电磁波、可见光、红外线从而实现对目标进行探测和识别的技术。它是 20 世纪 60 年代在航空摄影和判读的基础上随航天技术和电子计算机技术的发展而逐渐形成的综合性感测技术。人造地球卫星发射成功大大推动了遥感技术的发展。现代遥感技术主要包括信息的获取、传输、存储和处理等环节。实现上述功能的全套系统称为遥感系统,其核心组成部分是获取信息的遥感器。遥感器的种类很多,主要有照相机、电视摄像机、多光谱扫描仪、成像光谱仪、微波辐射计、合成孔径雷达等。传输设备用于将遥感信息从远距离平台(如卫星)传回地面站。信息处理设备包括彩色合成仪、图像判读仪和数字图像处理机等。

目前,我国有大量的遥感应用需求,对遥感技术提出了很高的要求,一是对遥感信息的精度要求越来越高,二是对遥感获取的数据量处理需求越来越大。因此,遥感科学发展和应用需求都需要遥感从定性过渡到定量。现在,我国的遥感体系主要包括:初具规模的国家对地观测系统,具有较高运行水平的国家级资源环境遥感信息服务系统,具有一定服务能力的重大自然灾害遥感监测评估系统,具有良好实效的农作物遥感估产系统,已见效益的全国土地资源遥感监测业务运行系统,初步的国民经济辅助决策系统,稳定运行的卫星气象应用系统,比较完善的海洋遥感立体监测系统以及其他应用系统等。虽然说我国已经是遥感应用的大国,但应用主要是范围外延、项目扩大,我国遥感技术仍存在技术方法不成熟、精度不足、遥感技术突破不多等问题,其主要原因是基础研究薄弱,缺乏多学科人才的共同研究。我国的遥感技术在整体水平上已处于国际领先的地位,不但把加拿大、日本等发达国家抛在了身后,而且在实用性方面,也已经超越了遥感技术整体水平最高的美国。我国的测绘遥感科学与美国、德国并驾齐驱,处于世界前三的领先地位,其中,我国微波遥感达到世界先进水平。

1.1.5　信息存储技术的发展

在信息存储载体的发展史上,人类经历了大脑记忆、结绳记事、石刻、甲骨钟鼎、竹简、丝帛等多个时期,直到纸张的出现使原始的信息存储技术发生了一次革命性的飞跃。随着技术进步和科技发展,信息媒体家族也丰富壮大起来,一改千百年来纸张"独霸"信息媒体领域的状态,电影胶片、录像带、唱片、录音带、幻灯片、缩微品、磁盘、光盘等,形形色色,丰富多彩。虽然它们发挥着不同的作用,但它们都是人类用来记录、存储和查询信息的工具。

现代信息存储技术主要是磁存储和光存储。磁存储就是利用磁性物质的磁性记录信息。1898 年丹麦人保生就用碳钢丝作磁记录介质发明了磁性录音机,直到 1940 年前后,人们发明了细颗粒磁粉,才奠定了磁媒体在信息存储技术领域的地位。磁媒体存储信息的基本原理是:经过磁化的磁性材料,在磁场消失后仍具有剩余磁化强度。记录信息时,记录磁头(磁化装置)将载有信息的电流转变为磁场,并作用于磁性材料的某一区域,当该磁场消失后,此区域内仍留有剩余磁化强度,且其大小与初始磁化强度(即信息电流的强弱)有关。这样,信息就记录在介质上了。另一方面,由电磁感应原理,用重放磁头可以使原来记录的信息重现出来。使用简便的消磁设备与方法,磁媒体就可以反复使用了。

光存储记录原理是记录光源为一定波长的连续输出的线偏振激光束。通过调制器时,光束受到输入信号的调制,成为带有信息的激光脉冲,再经过光学系统,最后在光盘记录介质表面聚焦成极小的光斑,将薄膜烧蚀成凹点、微孔或气泡,记录下信息。当光头沿径向平移,盘片在转台上旋转时,记录层上就形成了螺旋状或同心圆状的凹点(或气泡)与平台相间的信息轨道。在轨道上,二进制符号 **1** 用凹点或气泡表示,**0** 用平台表示。数据读取原理是将光盘放入光驱动器中,驱动器中的读取光头经过光学系统聚焦于盘面的信息轨道上。由于凹点和平台部分对光的反射强度不同,光检测器能检测出轨道上记录的每一个二进制信息,然后转换为电信号输出。

光存储主要产品就是光盘,它是 20 世纪末期信息存储技术领域里升起的一颗璀璨的明星。它与计算机结合,为人们提供了一种容量大、体积小、价廉易用的信息存储和检索设备。光盘的研制始于 20 世纪 60 年代的荷兰飞利浦公司,1978 年该公司推出了一种新式的唱盘,就是人们所说的激光唱盘,英文名称是 A-CD(Audio-CD)。其直径为 12 cm,厚 1.2 mm,以镀有合金的聚碳酸酯为材料,盘上布有约 4.8 km 长的螺旋形轨道,每条轨道的宽度仅为 0.001 6 mm,能记录 60~75 min 的音乐节目,转速为每分钟 200~430 转。此后,光存储立刻风靡全球,世界各大公司纷纷研制出各种各样的光盘。光盘按照特性可分为三类:只读光盘、一次性写入光盘、可擦性光盘。只读光盘就是用户只能读取盘上的信息,不能往盘上写信息或修改原有的信息,盘上的信息是光盘生产厂家事先复制好的,由工业化生产方式大量拷贝发行,价格低廉;一次性写入光盘可供用户自己刻写数据,但只能写一次,盘上某个区域一旦写入数据,既不能抹掉,也不能原地修改,故得此名;可擦性光盘因采用了特殊材料,具有普通磁盘特性,信息写入后可抹去重写,是可再生的记录媒体,主要用途是代替计算机硬盘。

我国的光存储技术起步较晚,发展比较迅速。目前,清华大学承担的"多波长多阶存储技术"已经通过了专家鉴定。这项技术可以把普通 CD 光盘的容量提高 3 倍,标志着我国光存储技术的重要突破。这项技术是国家重点基础研究发展规划(973)项目"超高密度、超快速光信息存储与处理的基础研究"阶段性成果,它是继 DVD 之后下一代光存储技术的新型存储方案。这项技术的研制成功,从根本上解决了我国在光存储技术领域因为不掌握核心技术,而只有向国外企业缴纳专利费用的被动局面,为中国光盘产业的发展开辟了一条具有自主知识产权的道路。另外,在纳米级存储技术方面,我国的科研工作人员也取得了长足进步,中国科学院开发出了一项新的信息存储技术,可以在有机功能分子体系介质上存储信息,其信息量比现有的光盘高 100 万倍,达到纳米级水平,每个最基本存储单元的直径仅有 0.6 nm,存储单元的间距也只有 1.5 nm,达到国际领先水平。形象地说,用该技术存储美国国会图书馆的所有信息只需要方糖大小的介质即可。

1.2 通信技术的发展

人们通常把信息的传递称为通信,但由于现代信息的内容非常广泛,种类繁多,因而人们并不把所有信息的传递均纳入通信的范畴,通常只把语音、文字、数据、图像等信息的传播称为通信。人类的信息传递经历了从烽火台、驿站、人工邮递服务、车拉船载、航空邮寄逐步发展到现代各种有线通信和无线通信的过程。现代通信建立在 19 世纪的重大发明的基础上,20 世纪中叶发展起来的计算机技术、卫星技术、光纤技术的广泛应用,使通信技术进入了高速化、网络化、数字化和综合化时代。一个通信系统包括通信终端和连接通信终端的信道,由于信道是多种多样的,这就产生了多种通信系统。因篇幅所限,这里只介绍几种关键的通信技术。

1.2.1 光纤通信系统

光纤通信系统是利用光纤传导光信号的一种通信系统,是 20 世纪末发展起来的一种新的通信方式。它避免了大气激光通信的弱点,具有通信容量大,传输损耗小,抗电磁干扰性能好,保密性能好的优点。1991 年我国已开通传输速率为 140 Mbit/s,共 1 920 个话路的光纤通信系统,国际上传输速率为 565 Mbit/s,共 7 680 个话路的光纤通信系统已经商用,1.6 Gbit/s(约 25 000 个话路)、2.5 Gbit/s(约 39 000 个话路)的光纤通信系统即将商用。目前研究的热点领域之一是密集波分复用技术,主要是进行低成本扩容。有人预测,以后一根光纤可以传输 25 000 Gbit/s 的信息,10 根这样的光纤 1 s 内可传输全世界已记录下来的全部知识。由于信号在金属导线中传输时会受到衰减,因为导线总是有一定电阻的,所以在长途有线电路上,每隔一定距离就要设置一个再生中继器(中继站),将衰减了的电信号放大到合适的数值,然后再继续向前传送。光纤的损耗很小,再生中继器间的距离远比其他传输线(如双绞线、同轴电缆等)要长得多。光纤通常由石英玻璃制成,主要由纤芯和包层构成双层通信圆柱体。纤芯用来传导光波,包层用来封闭光波,使光波在纤芯中传播。光纤通信系统由发送机、光纤、光中继器、光检测器及接收机等组成,在光纤通信系统的发送端,信息通过电发送机转换成电信号,对光源的光载波进行调制,经过调制的光波耦合到光纤内,通过光纤传输到光纤通信系统的接收端,经光接收机的检测和放大转换成电信号,最后由电接收机恢复出原信息。为了补偿光纤线路的损耗和消除信号的失真和噪声干扰,每隔一定距离要接入光中继器。

目前使用的光纤通信系统是光电网络,在一个时期内,全光网络是人们努力工作的目标。在全光网络中,光纤光缆信道频带极宽,无电磁辐射,不怕电磁干扰,甚至能抵御核辐射的干扰。如果中继站全部采用光-光转换,不再用光-电、电-光转换程序,一个崭新的光纤光缆网络系统将亮相,它是一个宽广、高速的网络系统。

1.2.2 移动通信系统

移动通信是处于移动状态的对象之间的无线通信方式,移动通信系统一般由基地台、控制交换中心、移动通信用户等组成。在陆地上,移动通信一般使用 150 MHz、450 MHz 和 900 MHz 附近的频带。由于移动电话用户越来越多,为解决电台之间互相干扰的矛盾,国内外大城市都采用小区制,即蜂窝状移动电话模式。在实施移动通信的区域中,可划分多个半径为 2~10 km 的六角形小区,类似蜂窝状,每个小区有一个基地台,为在该小区内的移动电话用户服务。相邻的小区使用不同的频率,但相隔 23 个小区的距离后,可再次使用相同的频率而不互相干扰。这样就可使有限的频谱为大量的用户服务,提高了频道的利用率。整个服务区有许多移动台和一个控制交换中心。每个基地台和移动台都设有收发信机和天线馈电设备。控制交换中心的主要功能是信息交换和整个系统的集中控制管理。在进行通信时,移动电话用户经过基地台、控制交换中心和中继线与市话局连接,就能实现移动用户和市话用户之间的通信。这样就构成了一个有线、无线相结合的公用移动通信系统。

1.2.3 微波接力技术

微波接力技术主要是利用波长 1 m 到 1 mm 的电磁波在空间直线传播的特性进行信息传递。微波在空间中是直线传播的,而地球表面是个曲面,因此传播距离受到限制(一般为 50 km 左右)。为实现远距离通信,在一条无线电通信信道的两个终端之间需建立若干个中继站。中继站把前一站送来的信号经过放大后再传送到下一站,就像接力赛一样,所以这种通信方式称为微波接力通信。微波接力通信可传输电话、电报、图像、数据等信息,它的特点是微波波段频率很高,频率范围也很广,因而可以容纳很多互不干扰的宽频通信信号,频率比工业和天电干扰信号频率高得多,因而抗干扰能力强,传输质量高,不受季节和昼夜变化影响,工作稳定性好,其缺点是相邻站之间不能有障碍物,通信距离受天线高度和接力站数目的限制,隐蔽性和保密性差等。

1.2.4 卫星通信技术

卫星通信技术是当前远距离通信及国际通信中一种先进的通信手段,是地球站之间利用人造地球卫星转发信号的无线电通信。卫星通信的主要特点是通信距离远,一颗人造地球同步卫星在太空圆形轨道上,距地面约 $3.6×10^4$ km。它发射出的电磁波能辐射到地球上的广阔地区,通信覆盖区的跨度达 $1.8×10^4$ km。卫星通信的另一特点是频带很宽,通信容量很大。目前已有 100 多个国家和地区建立了几百个卫星地球站,担负着一半以上的国际电话、电报业务和洲际电视广播的工作。卫星通信的信号受到的干扰较小,通信比较稳定。卫星通信是一种容量大、距离远、使用灵活、可靠性高的新型通信工具。其缺点是人造地球卫星本身和发射它的火箭造价都较高;由于受电源和元器件寿命的限制,人造地球同步卫星的使用寿命并不太长,只有 7~8 年时间;此外,卫星地球站的技术比较复杂,价格也比较贵。

1.3 电子系统集成技术

在电子管时代或晶体管时代,电子元器件都是分立的。当时,电子系统集成就是按照原理图或布线图将元器件插在电路板上,并进行焊接,通过调试,实现预定功能,系统就形成了。但是随着微电子技术的发展,不仅电子管被晶体管取代,晶体管被集成电路取代,模拟技术也逐步被数字技术取代。集成电路的集成度逐步提高,已经发展为超大规模集成电路。对这些电路,我们不仅要了解硬件构成,还要学习对其进行编程。所以学习当代电子集成技术,除了要学习硬件构成之外,还必须学习软件编程。软件和硬件电子设计自动化[EDA 技术、单片机技术、数字信号处理(DSP)技术等]的有机配合才能完成相应的功能。

另外,无论是分立器件还是集成器件,它们的尺寸都越来越小,小到毫米量级。系统机械大批量集成的办法采用的是贴片技术,贴片机和回流焊是这个系统的核心,当然外围还有检测与纠错设备。

为了缩小设备的体积,电路板也不再只是单层的,而可以是多层的。设计、制做这些电路板都有专门的设备。对于从事电子系统集成与开发的技术人员来讲,电路板的设计与加工也是必须学习的。

在学习了电子技术(模拟电路和数字电路)之后,同学们将具备简单的电子系统的设计能力。若再继续学习单片机技术、EDA 技术、DSP 技术,就可具备高端的电子系统设计能力。系统设计好后,硬件系统如何集成是本书最后所要探讨的问题。

1.3.1 印制电路板的加工系统构成

印制电路板的制做可用机械雕刻的方法,也可用化学腐蚀法。机械雕刻的方法效率低,精度不高,可靠性差。化学腐蚀法适合大批量生产,效率高,可靠性高。这里重点介绍化学腐蚀法系统的构成。

电路板雕刻机的功能是雕刻导线和板面钻孔。其性能指标主要包括:换刀具方式(是自动、半自动或全自动);是否具有像头光学识别系统;能否自动识别线宽及自动靶标对位;最小导线宽度,最小绝缘间距,钻孔最小孔径,加工幅面,加工导线速度(最高),钻孔能力。

电镀孔金属化设备的功能是把印制电路板过孔金属化,具备导电功能。其技术参量主要包括:可处理最大印制电路板尺寸,如 230 mm×305 mm;可处理最小孔径,如 0.2 mm(8 mil);是否采用弧形电极,保证电镀均匀性;是否具有多功能槽设计,包括除油、黑孔、电镀、有机保焊膜(OSP)槽体;是否具有摆动功能,带空气搅拌、循环过滤功能;是否采用可调速摆动电动机,可调摆动速度,适应不同板厚孔径比;是否采用铬金属阳极装连结构,有效避免阳极腐蚀;清洗水是否采用二级非循环方式,并设有常流的污水排放系统。

电路板刷板机的功能是去除经过雕刻或钻孔处理后的印制电路板的尘埃或粉末。其技术参量主要包括:最大过板宽度(长度不限),如 300 mm;工作板厚度,如 0.2~4 mm;产能,如60 PNL/h;传动速度,如 0.2~2 m/min;刷辊摆动行程,如 10 mm;刷辊摆动频率,如 0~120 次/min;刷辊规格,如 φ91 mm;刷辊转速,如 1 400 r/min;烘干温度,如最高 100 ℃;是否带有刷辊快速更换装置,能否进行精密调整刷辊的平行度;是否带有水洗功能;是否带有挤压和热风烘干功能等。

电路板贴膜机的功能是在印制电路板上粘贴有机保护膜。其技术参量包括:最大贴膜宽度,如 300 mm;板厚范围,如 0.2~3 mm;压膜速度,如 0.2~1.2 m/min;温度范围,如 20~120 ℃。

电路板腐蚀机的功能是去除无用铜箔,保留有用导电区域。其技术参量主要包括:最小腐蚀线宽,如 3 mil;最小绝缘宽度,如 3 mil;最大加工幅面,如 300 mm×400 mm;产能,如30 PNL/h;最大移动速度,如 28 mm/s;加热功率,如 1 000 W;喷管数量,如前后各 4 组;喷淋压力,如前后各 2 kg/cm;温度范围,如 20~60 ℃。

电路板显影机,功能是把软件电路布线图照片显影在胶片上。其技术参量主要包括:最小腐蚀线宽,如 3 mil;最小绝缘宽度,如 3 mil;最大加工幅面,如 300 mm×400 mm;产能,如30 PNL/h;最大移动速度,如 28 mm/s;加热功率,如 1 000 W;喷管数量,如前后各 4 组;喷淋压力,如前后各 2 kg/cm;温度范围,如 20~60 ℃(基本上与电路板腐蚀机相同)。

电路板去膜机,功能是去除残留在线路板上无用的有机保护膜。其核心是电路板水处理系统,设备配有移液泵、蜂房过滤器、活性炭过滤器、离子交换树脂过滤器,具有离子交换树脂滤芯再生反洗功能:将有害金属离子沉降并用过滤方法实现固液分离,依靠离子交换树脂滤芯进行微量重金属离子处理,再依靠活性炭滤芯对有害有机物进行吸收。有些设备具有酸碱中和添加功能,用以控制排水的酸碱度;有些设备带有电路板喷淋清洗水槽,可清洁印制电路板表面残液。

飞针测试机,功能是测试印制电路板中导通或绝缘的正确性,并予以标记。

电路板阻焊制作系统:① 紫外线双面曝光机,用于已覆有感光膜材料的单、双面印制电路板曝光,适合各种印制电路板、铭牌、镂空件等产品的光化学转移制作过程。② 阻焊套装,用于在印制电路板上涂覆阻焊层,包括阻焊剂、固化剂、显影剂、打印胶片、海绵涂覆辊等。③ 字符套装,印制电路板字符涂覆装置,包括字符油墨粉剂、显影剂、打印胶片、海绵涂覆辊等。④ 热风炉,用于热风固化孔金属化焊锡膏或阻焊膜。⑤ 激光打印机,黑白激光打印机,用于打印阻焊胶片或字符胶片。

另外还有底片光绘机及冲片机。

1.3.2 贴片组装生产线的构成

贴片组装生产线的作用是将微小的电子元件正确地焊接到印制电路板的相应位置。它主要由以下几部分构成。

锡膏印刷机。其功能是印制电路板锡膏的印刷。其性能指标包括:是否具有四维调节方式,如 x、y、z、a;调节精度,如 0.01 mm;印刷面积,如 400 mm×300 mm;基板尺寸,如 250 mm×340 mm;印刷厚度,如 0.2~2 mm;升降距离,如 0~8 mm;印刷速度,如 0~60 mm/s;刮刀压力,如 0~15 kg/cm^2。此外,还应该配有气泵,如小型空气压缩机。

输入输出接驳机。输入输出接驳机用于自动生产线设备之间的连接,可与其他设备实现应答信息的接收和控制信号的发送。其性能指标包括:轨道可调宽度,如 30~350 mm;轨道可调高度,如(900±20)mm,轨道长度,如 1 000 mm;传送方向,从左到右或从右到左。

贴片机(是生产线核心)。贴片机又称"贴装机""表面贴装系统(Surface Mount System)",在生产线中,它配置在点胶机或丝网印刷机之后,是通过移动贴装头把表面贴装元器件准确地放置在印制电路板焊盘上的一种设备。贴片机主要有 5 大组成部分:① 传动机构,它将印制电路板送到预定位置,贴片完成后再将它传送至下道工序。② 机架机壳,它是贴片器的"骨架"和"皮肤",支撑着所有的传动、定位和传送等机构,保护各种机械硬件。③ 识别系统,在工作过程中,对识别对象(印制电路板、供料器和元件)的贴装性能和位置进行确认。④ 各种传感器,贴片机配件中装有多种形式的传感器,如压力传感器、负压传感器和位置传感器等,它们像贴片机的眼睛一样,时刻监视机器的正常运转,传感器应用得越多,则表示贴片机的智能化水平越高。⑤ 伺服定位系统,一是支撑贴片头,确保贴片头精密定位;二是支撑印制电路板承载平台,并实现对印制电路板在 X-Y 方向移动,该系统决定机器的贴片精度。贴片机的性能指标包括:对中方式,包括飞行视觉+固定视觉;滚轴的数量,如 6 轴×1 台架,拾放头 6 个;贴装速度,如 28 000 CPH(IPC9850);贴装精度;器件贴装范围;板尺寸;印制电路板厚度,如 0.38～4.2 mm;可装供料器数,如 120ea(Max);气源,如 0.5～0.7 MPa,180 L/min。

无铅回流焊机。这种设备的内部有一个加热电路,将空气或氮气加热到足够高的温度后吹向已经贴好元器件的印制电路板,让元器件两侧的焊料融化后与主板粘结。这种工艺的优势是温度易于控制,焊接过程中还能避免氧化,制造成本也更容易控制。其主要性能指标包括:加热区数量,如上八/下八;加热区长度,如 2 800 mm;加热方式,如独立小循环全热风;冷却区数,如 2 个;印制电路板宽度,如网带式约 400 mm,导轨式 50～300 mm;运输方向,如 L→R(或 R→L);传送方式,如导轨+网带;升温时间,如 20 min;温度控制范围,如室温～350 ℃;控制方式,如 PID+计算机控制;温度控制精度,如 ±1℃;印制电路板温度分布偏差,如±1 ℃。

热风拔放台。其作用是拆卸错焊元件。

AOI 离线式光学自动检查机。其作用是检测缺件、错位、错件、极性反、破损、污染、少锡、多锡、短路、虚焊等。其主要参量:检测速度,如 160 点/s;识别速度(可设定 2 个 Mark 点),0.5 s/个;印制电路板厚度,如 0.3～5.0 mm(印制电路板弯曲度≤2 mm);印制电路板元器件高度,如上 30 mm,下 50 mm;定位精度,如≤10 μm。

1.3.3 软件的仿真和编程

在通过计算机调试单片机应用系统的软件时,通常需要连接仿真器。单片机仿真器是一种在电子产品开发阶段代替单片机芯片进行软硬件调试的开发工具。配合集成开发环境使用仿真器可以对单片机程序进行单步跟踪调试,也可以使用断点、全速等调试手段,并可观察各种变量、RAM 及寄存器的实时数据,跟踪程序的执行情况。同时还可以对硬件电路进行实时调试。利用单片机仿真器可以迅速找到并排除程序中的逻辑错误,大大缩短单片机开发的周期。

1.3.3.1 V8/L 型仿真器

该仿真器综合采用多种最新的仿真技术,可以仿真各种 8/16/32 位 MCU,可仿真的芯片达到数千种。

仿真频率极高,最高仿真频率高达 50 MHz。

逻辑分析仪:64 通道、64K/通道、100 MHz 采样频率。

波形发生器:8 通道、64K/通道、100 MHz 采样频率。

跟踪器:64 K 深度,最高跟踪速度高达 10 ns。

编程器,又叫烧写器,其作用就是把设计者编译好的程序以二进制的形式,灌入目标芯片中。通俗一点就是:实现在芯片的对应地址上写入用户想要的数据的工具(媒介)。目前还出现了离线编程器,可以单独对芯片本体进行编程,以及 ISP 编程器,可以在芯片贴板后,实现系统内编程。它们的作用都是一样的,即实现写入目标程序的作用。

1.3.3.2 RF-1800mini 型编程器

该仿真器支持 USB 口联机,具有 40 线锁紧插座,支持 4 000 余种器件的编程和测试,支持在中英文 Vista/Windows98/ME/2000/NT/XP 版操作系统下工作。

编程支持:PLD:GAL、PALCE、ATF,串并行 EEPROM,EPROM,FLASHROM;MPU:51 系

列(87C、97C、W78/77、AT89C/89S/87F/80F、87LPC7XX、P89C、SST89C、IS89……)、AT90S、ATTINY、ATMEGA、PIC16/12、EM78P、MDT20……

测试支持:TTL74/54系列、CMOS40/45系列、SRAM,用户可自行编写测试向量表以扩充测试型号。

1.4　创业教育的意义

深化高等学校教育改革,加大创新创业教育力度,是国家实施创新驱动发展战略、促进经济提质增效升级的迫切需要,是服务国家加快转变经济发展方式、建设创新型国家和人力资源强国的战略举措,也是推进高等教育综合改革、促进高校毕业生更高质量就业的重要举措。推进实施大学生创业引领计划,开设创新创业教育课程,加强创新创业教育体系建设是高校教师的重要任务。

创新创业教育是以培养学生的创新创业意识、创新创业精神、创新创业能力为主的教育,也是创建与塑造学生自我学习习惯的方法和手段。创新创业教育的任务包括:开创精神、冒险精神、不畏失败和挫折的精神的培养;独立工作能力、技术创新能力、社会交往和人际沟通能力及团队的组建与管理能力的培养。

创业的核心是项目,项目的灵魂是创新,科技创新是其重要的组成部分。创新是利用现有的知识和手段,为满足社会需求,而创造新理念、新技术、新事物的行为。创新是对传统落后劳动方式的扬弃,是对落后人类实践范畴的超越。创新是一个民族进步的灵魂,是一个国家兴旺发达的不竭动力。近代以来,人类文明进步所取得的丰硕成果,主要得益于科学发现、技术创新和工程技术的不断进步,得益于科学技术应用于生产实践中形成的先进生产力,得益于近代启蒙运动所带来的人们思想观念的巨大解放。人类社会从低级到高级、从简单到复杂、从原始到现代的进化历程,就是一个不断创新的过程。不同民族发展的速度有快有慢,发展的阶段有先有后,发展的水平有高有低,究其原因,民族创新能力的大小是一个重要因素。创新活动是物质的实践,创业的生命力就在于创新。

电信工程技术的创新,在于新理论的应用,新器件的诞生,新设备的问世,新工艺的采用等。其目标是提高性能,降低成本,降低功耗,缩小体积,便于应用。

创业者应该具备的条件有客观的,也有主观的。例如拥有的资源、人脉、市场,这些属于客观条件。创业者的专业技能、创业精神、心理能量、语言表达能力、人格魅力、执行能力、领导能力等属于主观条件。本书主要为提高电信工程技术创业者专业技能提供参考。

参 考 文 献

第二章 常用的电子器件及其性能参量

所谓的电子器件,就是在真空、气体或固体中,利用和控制电子运动规律而制成的器件,分为电真空器件、充气管器件和固态电子器件。电子器件在模拟电路中作整流、放大、调制、振荡、变频、锁相、控制、相关等用;在数字电路中作采样、限幅、逻辑、存储、计数、延迟等用。充气管器件主要作整流、稳压和显示之用。固态电子器件常见的有集成电路。本章主要对一些常用的电子器件进行一些简单的介绍。

2.1 电 阻

电阻的英文名称为 resistance,通常缩写为 R,它是导体的一种基本性质,与导体的尺寸、材料、温度有关。电阻的基本单位是欧姆,用希腊字母"Ω"来表示。欧姆的含义是:导体上加上 1 V 电压时,产生 1 A 电流所对应的阻值。欧姆常简称为欧。表示电阻阻值的常用单位还有 kΩ(千欧),MΩ(兆欧)。事实上,理论上的"电阻"说的是一种性质,而通常在电子产品中的电阻,是指电阻器。

电阻器(可简称为电阻)是电气、电子设备中用得最多的基本元件之一,主要用于控制和调节电路中的电流和电压,或用作消耗电能的负载。电阻器有不同的分类方法。按材料分,电阻器可分为 RT 型碳膜电阻、RJ 型金属膜电阻、RX 型线绕电阻,还有近年来开始广泛应用的片状电阻;按功率分有 1/16 W、1/8 W、1/4 W、1/2 W、1 W、2 W 等额定功率的电阻;按电阻值的精确度分,有精确度为 ±5%、±10%、±20% 等的普通电阻,还有精确度为 ±0.1%、±0.2%、±0.5%、±1% 和 ±2% 等的精密电阻。

2.1.1 固定电阻的型号及其命名方法

国产电阻器的型号命名很有规律,第一个字母 R 代表电阻;第二个字母的意义是:T——碳膜,J——金属膜,X——线绕,这些符号是汉语拼音的第一个字母。在国产老式的电子产品中,常可以看到外表涂覆绿漆的电阻,那就是 RT 型的,而外表呈现红色的电阻,是 RJ 型的。一般在老式电子产品中,以绿色的电阻居多。因为金属膜电阻虽然精度高、温度特性好,但制造成本高,而碳膜电阻特别廉价,也能满足民用产品要求。碳膜电阻中常见的是 1/8 W 的"色环碳膜电阻",它是电子产品和电子制作中用得最多的;在一些微型产品中,会用到 1/16 W 的电阻,它的个头非常小。再者就是微型片状电阻,它是贴片元件家族的一员,以前多见于进口微型产品中,现在电子爱好者也可以买到国产微型片状电阻用来制作小型电子装置。国产电阻器的型号命名由三部分或四部分组成,各部分的主要含义见表 2-1-1。

表 2-1-1 国产电阻器的型号命名及含义

第一部分:主称		第二部分:电阻体材料		第三部分:类别或额定功率				第四部分:序号
字母	含义	字母	含义	数字或字母	含义	数字	额定功率	
R	电阻器	C	沉积膜或高频瓷	1	普通	0.125	1/8 W	用个位数或无数字表示
				2	普通或阻燃			
		F	复合膜	3 或 C	超高频	0.25	1/4 W	
		H	合成碳膜	4	高阻			
		I	玻璃釉膜	5	高温	0.5	1/2 W	
		J	金属膜	7 或 J	精密			
		N	无机实心	8	高压	1	1 W	
		S	有机实心		特殊(如熔断型等)	2	2 W	
		T	碳膜	G	高功率			
		U	硅碳膜	L	测量	3	3 W	
		X	线绕	T	可调			
		Y	氧化膜	X	小型	5	5 W	
				C	防潮			
		O	玻璃膜	Y	被釉	10	10 W	
				B	不燃性			

2.1.2 压敏电阻器的型号及其命名方法

在标准 SJT 11167—1998 中,压敏电阻器的型号命名分为四部分,各部分的含义见表 2-1-2。

表 2-1-2 压敏电阻器的型号命名及含义

主称		类别		特征		序号和区别代号
符号	意义	符号	意义	符号	意义	
M	敏感元器件	Y	压敏电阻器	G	过压保护型	
				L	防雷型	
				Z	消噪型	
				N	高能型	
				F	复合功能型	
				U	组合型	
				S	指示型	

示例:过压保护型压敏电阻器 MYG1。

其中,M 代表敏感元器件,Y 代表压敏电阻器,G 代表过压保护型,1 是序号。

2.1.3 热敏电阻器的型号及其命名方法

在标准 SJT 11167—1998 中,热敏电阻器分为正温度系数热敏电阻器和负温度系数热敏电阻器两种。它们的型号命名分为四部分,各部分的含义见表 2-1-3 和表 2-1-4。

表 2-1-3 正温度系数热敏电阻器的型号命名及含义

主称		类别		特征		序号和区别代号
符号	意义	符号	意义	符号	意义	
M	敏感元器件	Z	直热式正温度系数热敏电阻器	1	补偿型	
				2	限流型	
		ZB	铂热敏电阻器	3	起动型	
		ZT	铜热敏电阻器	4	加热型	
		ZN	镍热敏电阻器	5	测温型	
		ZH	合金热敏电阻器	6	控温型	
				7	消磁型	
				8		
			直热式负温度	9		

示例 1:直热式测温型正温度系数热敏电阻器 MZ51。

其中,M 代表敏感元器件,Z 代表直热式正温度系数热敏电阻器,5 代表测温型,1 是序号。

示例 2:测温型铂热敏电阻器 MZB51A。

其中,M 代表敏感元器件,ZB 代表铂热敏电阻器,5 代表测温型,1 是序号,A 是区别代号。

表 2-1-4 负温度系数热敏电阻器的型号命名及含义

主称		类别		特征		序号和区别代号
符号	意义	符号	意义	符号	意义	
M	敏感元器件	F	直热式负温度系数热敏电阻器	1	补偿型	
				2	稳压型	
		FP	旁热式负温度系数热敏电阻器	3	微波测量型	
				4		
				5	测温型	
				6	控温型	
				7	抑制型	
				8		
				9		

示例:直热式测温型负温度系数热敏电阻器 MF51。

其中,M 代表敏感元器件,F 代表直热式负温度系数热敏电阻器,5 代表测温型,1 是序号。

2.1.4 贴片电阻器的命名

贴片电阻器的特点是体积小,重量轻;适应回流焊与波峰焊;电性能稳定,可靠性高;装配成本低,能与自动装贴设备匹配;机械强度高、高频特性优越。贴片电阻器的型号命名及含义见表 2-1-5。

表 2-1-5 贴片电阻器的型号命名及含义

产品代号	型号		电阻温度系数		阻值		电阻值误差		包装方式	
	代号	型号	代号	T.C.R (PPM/℃)	表示方式	阻值	代号	误差值	代号	包装方式
RC	02	0402	K	≤ ±100	E-24	注1	F	±1%	T	编带包装
	03	0603	L	≤ ±250			G	±2%		
	05	0805	U	≤ ±400	E-96	注2	J	±5%	B	塑料盒散包装
	06	1206	N	≤ ±500			O	跨接电阻		

(片状电阻器)

注1:前两位表示有效数字,第三位表示零的个数。

注2:前三位表示有效数字,第四位表示零的个数。

在型号命名中,小数点用 R 表示,例如,E-24:1RO = 1.0 Ω,103 = 10 kΩ;E-96:1003 = 100 kΩ。跨接电阻采用"000"表示。

2.1.5 光敏电阻器及其命名方法

2.1.5.1 光敏电阻器的参量

光敏电阻器的参量主要包括暗电阻、亮电阻、光电流、暗电流。

光敏电阻器在室温条件下,全暗(无光照射)后经过一定时间测量的电阻值,称为暗电阻,此时在给定电压下流过的电流,称为暗电流。

光敏电阻器在某一光照下的阻值,称为该光照下的亮电阻,此时流过的电流,称为亮电流。亮电流与暗电流之差,称为光电流。

光敏电阻器的暗电阻越大,而亮电阻越小则性能越好。也就是说,暗电流越小,光电流越大,这样的光敏电阻器的灵敏度越高。实用的光敏电阻器的暗电阻往往超过 1 MΩ,甚至高达 100 MΩ,而亮电阻则在几千欧以下,暗电阻与亮电阻之比在 $10^2 \sim 10^6$ 之间,可见光敏电阻器的灵敏度很高。

2.1.5.2 光敏电阻器的光照特性

光照特性是指在一定外加电压下,光敏电阻器的光电流和光通量之间的关系。不同类型光敏电阻器光照特性不同,但光照特性曲线均呈非线性,因此它不宜作定量检测元件,这是光敏电阻器的不足之处。因此,光敏电阻器一般在自动控制系统中用作光电开关。

2.1.5.3　光敏电阻器的光谱特性

光谱特性与光敏电阻器的材料有关。硫化铅光敏电阻器在较宽的光谱范围内均有较高的灵敏度,其峰值在红外区域;硫化镉光敏电阻器、硒化镉光敏电阻器的峰值在可见光区域。因此,在选用光敏电阻器时,应把光敏电阻器的材料和光源的种类结合起来考虑,才能获得满意的效果。

2.1.5.4　光敏电阻器的伏安特性

在一定照度下,加在光敏电阻器两端的电压与电流之间的关系称为伏安特性。在给定偏压下,光照度越大,光电流也越大。在一定的光照度下,所加的电压越大,光电流越大,而且无饱和现象。但是电压不能无限地增大,因为任何光敏电阻器都受额定功率、最高工作电压和额定电流的限制。超过最高工作电压和最大额定电流,会导致光敏电阻器永久性损坏。

2.1.5.5　光敏电阻器的频率特性

当光敏电阻器受到脉冲光照射时,光电流要经过一段时间才能达到稳定值,而在光照停止后,光电流也不立刻为零,这就是光敏电阻器的时延特性。因为不同材料的光敏电阻器时延特性不同,所以它们的频率特性也不同,在使用的时候要考虑这一因素。硫化铅光敏电阻器的使用频率比硫化镉光敏电阻器高得多,但多数光敏电阻器的时延都比较大,它不能用在要求快速响应的场合。

2.1.5.6　光敏电阻器的稳定性

初制成的光敏电阻器,由于体内结构工作不稳定,以及电阻体与其介质的作用还没有达到平衡,所以性能是不够稳定的。但在人为地加温、光照及加负载情况下,经 1～2 周的老化,性能可达稳定。光敏电阻器在开始一段时间的老化过程中,有些样品阻值上升,有些样品阻值下降,但最后达到一个稳定值后就不再变化了。这就是光敏电阻器的主要优点。光敏电阻器的使用寿命在密封良好、使用合理的情况下,几乎是无限长的。

2.1.5.7　光敏电阻器的温度特性

光敏电阻器的灵敏度和暗电阻受温度的影响较大。随着温度的升高,其暗电阻和灵敏度下降,光谱特性曲线的峰值向波长短的方向移动。有时为了提高灵敏度,或为了能够接收较长波段的辐射,需将元件降温使用。例如,可利用制冷器使光敏电阻器的温度降低。

2.1.5.8　光敏电阻器的工作原理

当光照射到光电导体上时,若光电导体为本征半导体材料,而且光辐射能量又足够强,光导材料价带上的电子将激发到导带上去,从而使导带的电子和价带的空穴增加,致使光导体的电导率变大。为实现能级的跃迁,入射光的能量必须大于光导体材料的禁带宽度。

为了避免外来的干扰,光敏电阻器的外壳的入射孔上盖有一种能透过所要求光谱范围的透明保护窗(如玻璃)。光敏电阻器中的硫化镉(CdS)沉积膜面积越大,其受光照后的阻值变化也越大(即高灵敏度),所以通常将沉积膜做成“弓”字形,以增大其面积。为了避免光敏电阻器的灵敏度受潮湿等因素的影响,通常将导电体密封装在金属或者树脂壳中。若光敏电阻器变质或者损坏,则阻值就会在光照下变化很小或者不变。另外,在有光照时,若测得光敏电阻器的阻值为零或者为无穷大(数字万用表显示溢出符号“1”或者“OL”),也可判定该产品损坏(内部短路或者断路)。

在国家标准中,光敏电阻器的型号分为三个部分:第一部分用字母表示主称;第二部分用数字表示用途或特征;第三部分用数字表示产品序号。光敏电阻器的型号命名及含义见表 2-1-6。

表 2-1-6 光敏电阻器的型号命名及含义

第一部分:主称		第二部分:用途或特征		第三部分:产品序号
字母	含义	数字	含义	
MG	光敏电阻器	0	特殊用途	通常用数字表示序号,以区别该电阻器的外形尺寸及性能
		1	紫外线	
		2	紫外线	
		3	紫外线	
		4	可见光	
		5	可见光	
		6	可见光	
		7	红外线	
		8	红外线	
		9	红外线	

关于电阻,还有其他特殊说明,可参考有关文献。

2.2 电 容

电容器通常简称为电容,用字母 C 表示。顾名思义,它是一种容纳电荷的器件,英文名称:capacitor。电容就是两块导体作为阴极和阳极,中间夹着一块绝缘介质构成的电子元件。

2.2.1 电容的主要用途

电容的主要用途有,通交阻直,即阻止直流电流通过而让交流电流通过;旁路,为交流电路中某些并联的元件提供低阻抗通路;耦合,作为两个电路之间的连接,允许交流信号通过并传输到下一级电路;滤波,是指电容在充放电的过程中,使输出电压基本稳定,简单来说,就是波峰来的时候充电,将波峰削掉,波谷来的时候放电,将波谷填平;温度补偿,针对其他元件对温度的适应性不够带来的影响,而进行补偿,改善电路的稳定性;计时,电容与电阻配合使用,确定电路的时间常量;调谐,对与频率相关的电路进行系统调谐,比如手机、收音机、电视机;整流,在预定的时间打开或者关闭半导体开关元件;储能,储存电能,用于在必要的时候释放,例如相机闪光灯,加热设备等,如今,某些电容的储能水平已经接近锂电池的水准,一个电容储存的电能可以供一个手机使用一天。

2.2.2 电容的分类

电容按照介质种类的不同可分为无机介质电容、有机介质电容和电解电容三大类。不同介质的电容,在结构、成本、特性、用途方面都大不相同。

无机介质电容,包括大家熟悉的陶瓷电容以及云母电容等。陶瓷电容的综合性能很好,可以应用在 GHz 级别的超高频器件上,例如 CPU/GPU,当然,它的价格也比较贵。

有机介质电容,例如经常用在音箱上的薄膜电容器,其特性是比较精密、耐高温高压;还有双电层电容器,其电容特别大,可以达到几百法(拉),可以做 UPS 电池用于储存电能。

电解电容,以铝或钽的金属箔为正极,与正极紧贴金属的氧化铝或五氧化二钽是电介质,阴极由导电材料、电解质(电解质可以是液体或固体)和其他材料共同组成,因电解质是阴极的主要部分,电解电容因此而得名。电解电容正负不可接错。

电解电容在整个电容产业中占据的比重较大。其主要特点是:单位体积的电容非常大,比其他种类的电容大几十或数百倍;额定的容量可以轻易做到几万微法甚至几法(拉);价格比其他种类电容低很多。

2.2.3 电容的型号及其命名

各国电容的型号命名很不统一,国产电容的命名由四部分组成。第一部分:用字母 C 表示名称。第二部分:用字母表示材料。第三部分:用数字表示分类。第四部分:用数字表示序号。

电容的标志方法。① 直标法:用字母和数字把型号、规格直接标在外壳上。② 文字符号法:用数字、文字符号有规律的组合来表示容量。文字符号表示其电容的单位:pF、nF、μF、mF、F 等。小于 10 pF 的电容,允许偏差用字母代替:B——±0.1 pF,C——±0.2 pF,D——±0.5 pF,F——±1 pF。③ 色标法:单位一般为 pF。小型电解电容器的耐压也有用色标法的,位置靠近正极引出线的根部,电容耐压的色标法见表 2-2-1。

表 2-2-1　电容耐压的色标法

颜色	黑	棕	红	橙	黄	绿	蓝	紫	灰
耐压	4 V	6.3 V	10 V	16 V	25 V	32 V	40 V	50 V	63 V

不同类型材料的电容的字母表示方法见表 2-2-2。

表 2-2-2　不同类型材料的电容的字母表示方法

字母	A	B	C	D	E	G	H	I	J	L	N	O	Q	T	V	Y	Z
含义	钽电解	聚苯乙烯等非极性薄膜	高频陶瓷	铝电解	其他材料电解	合金电解	复合介质	玻璃釉	金属化纸	涤纶等极性有机薄膜	铌电解	玻璃膜	漆膜	低频陶瓷	云母纸	云母	纸介

不同类型电容的功能介绍见表 2-2-3。

表 2-2-3　不同类型电容的功能介绍

名称	符号	电容	额定电压	主要特点	应用
聚酯(涤纶)电容	CL	40 pF~4 μF	63~630 V	小体积,大容量,耐热耐湿	稳定性和损耗要求不高的低频电路
聚苯乙烯电容	CB	10 pF~1 μF	100 V~30 kV	稳定,低损耗,体积较大	对稳定性和损耗要求较高的电路
聚丙烯电容	CBB	1 000 pF~10 μF	63~2 000 V	性能与聚苯乙烯电容相似但体积小,稳定性略差	代替大部分聚苯乙烯电容或云母电容,用于要求较高的电路
云母电容	CY	10 pF~0.1 μF	100 V~7 kV	高稳定性,高可靠性,温度系数小	高频振荡,脉冲等要求较高的电路
高频瓷介电容	CC	1 F~6 800 pF	63~500 V	高频损耗小,稳定性好	高频电路
低频瓷介电容	CT	10 pF~4.7 μF	50~100 V	体积小,价廉,损耗大,稳定性差	要求不高的低频电路
玻璃釉电容	CI	10 pF~0.1 μF	63~400 V	稳定性较好,损耗小,耐高温(200 ℃)	脉冲、耦合、旁路等电路
铝电解电容	CD	0.47 F~10 000 μF	6.3~450 V	体积小、容量大、损耗大、漏电大	电源滤波,低频耦合、去耦,旁路等
钽电解电容	CA	0.1 F~1 000 μF	6.3~125 V	损耗、漏电小于铝电解电容	在要求高的电路中代替铝电解电容

电容的其他性能指标可参考其他有关文献。

2.3　电　感

电感是常用的电子元件,其实就是一组线圈,它具有一个重要特性:当穿过线圈中的电流发生变化时,线圈中会产生感生电动势,伴随着一个重要作用就是阻止穿过线圈中的电流发生变化。

电感有时也被认为是衡量线圈产生电磁感应能力的物理量。给一个线圈通入电流,线圈周围就会产生磁场,线圈就有磁通量通过。通入线圈的电流越大,磁场就越强,通过线圈的磁通量就越大。实验证明,通过线圈的磁通量和通入的电流是成正比的,它们的比值称为自感,也称电感。如果通过线圈的磁通量用 ϕ 表示,电流用 I 表示,电感用 L 表示,那么 $L=\phi/I$。电感的单位是 H(亨),也常用 mH(毫亨)或 μH(微亨)作单位。1 H = 1 000 mH,1 H = 1 000 000 μH。

下面主要讨论电感线圈的分类、作用、型号以及命名方法。

2.3.1　电感线圈的分类

电感线圈按电感数值是否可变分为:固定电感、可调电感。可调电感又分为磁芯可调电感、铜芯可调电感、滑动接点可调电感、串联互感可调电感和多抽头可调电感。

按导磁体材料的不同可分为:空心线圈、铁氧体线圈、铁芯线圈、铜芯线圈。

按用途可分为:天线线圈、振荡线圈、扼流线圈、陷波线圈、偏转线圈。

按其结构的不同可分为:线绕式电感和非线绕式电感（多层片状、印刷电感等），线绕式电感又可分为单层线圈、多层线圈、蜂房式线圈。

按贴装方式的不同可分为:贴片式电感,插件式电感。

对电感有外部屏蔽的称为屏蔽电感,线圈裸露的一般称为非屏蔽电感。

根据其结构外形和引脚方式还可分为:立式同向引脚电感、卧式轴向引脚电感等。

电感按工作频率不同可分为:高频电感、中频电感和低频电感。空心电感、磁心电感和铜心电感一般为中频或高频电感,而铁芯电感多数为低频电感。

2.3.2　电感线圈的作用

电感线圈在电路中的基本作用就是滤波、振荡、延迟、陷波等。形象说法是"通直流,阻交流"。所谓"通直流"就是指在直流电路中,电感的作用相当于一根导线;"阻交流"是指在交流电路中,电感的作用是阻碍电流的变化。电阻阻碍电流流通作用是以消耗电能为标志的,电感阻碍电流的变化则是当电流增加时电感阻碍电流的增加,当电流减小时电感阻碍电流的减小。电感阻碍电流变化过程并不消耗电能,阻碍电流增加时它将电的能量以磁场的形式暂时储存起来,等到电流减小时它再将磁场的能量释放出来。

2.3.3　电感线圈的型号及其命名方法

电感线圈的型号主要由四部分构成。

第一部分:主称,用字母表示,其中 L 代表电感线圈,ZL 代表阻流圈。

第二部分:特征,用字母表示,其中 G 代表高频。

第三部分:型式,用字母表示,其中 X 代表小型。

第四部分:区别代号,用数字或字母表示。

例如:LGX 型为小型高频电感线圈。

应指出的是,目前固定电感线圈的型号命名方法,各生产厂有所不同,尚无统一的标准。一般情况下为了便于使用,常将小型固定电感线圈的主要参数标在电感线圈的外壳上,标识的方法有直标法和色标法两种。

1. 直标法

直标法指的是,在小型电感线圈的外壳上直接用文字标出电感线圈的电感、允许偏差和最大直流工作电流等主要参量。其中最大工作电流常用字母标识,其对照关系见表 2-3-1。

表 2-3-1　小型固定电感线圈的工作电流与标志字母的对照关系

标识字母	A	B	C	D	E
最大工作电流/mA	50	150	300	700	1 600

2. 色标法(与电阻相同)

色标法指的是,在电感线圈的外壳上涂有不同颜色的色环,用来表明其参量。第一条色环表示电感的第一位有效数字,第二条色环表示电感的第二位有效数字,第三位色环表示十的倍数,第四条色环表示允许偏差,数值与色环颜色所对应的关系见表2-3-2。

表 2-3-2　电感线圈或电阻数值与色环颜色所对应的关系

颜色	黑	棕	红	橙	黄	绿	蓝	紫	灰	白	金	银
代表数值	0	1	2	3	4	5	6	7	8	9	±5%	±10%
第一环	电感的第一位有效数字											
第二环	电感的第二位有效数字											
第三环	十的倍数(0 的个数)											
第四环	允许偏差											
第五环	为精密电阻误差色环,通常也是金、银和棕三种颜色,金色的误差为 5%,银色的误差为 10%,棕色的误差为 1%,无色的误差为 20%											

倒数第二环,可以是金色(代表×0.1 Ω)和银色的(代表×0.01 Ω),最后一环误差可以是无色(±20%)的。

2.3.4　表面贴片电感线圈的型号及其含义

表面贴片电感线圈的型号及其含义举例见表2-3-3。

表 2-3-3　表面贴片电感线圈的型号及其含义举例

	L	102	S	B
L 102S B	代表该器件为电感器件	代表容量,末尾的 2 代表 0 的个数,单位 μH,102 代表 1 000 μH	代表表面贴装器件,该位仅对表贴器件有效	代表该器件的封装尺寸

表面贴片电感线圈封装尺寸型号与字母的对应关系见表2-3-4。

表 2-3-4　表面贴片电感线圈封装尺寸型号与字母的对应关系

字母	A	B	C	D	E
尺寸	0805	1206	1210	1812	7227

尺寸"0805"的含义是用英寸来表示的表面贴片器件的尺寸,"08"表示长度是 0.08 in[①],"05"表示宽度为 0.05 in,1 in = 0.025 4 m,其他尺寸型号的含义依此类推。

例如,L100SB 的含义是 10 μH,"1206"封装;L101SB 的含义是 100 μH,"1206"封装;L202SC 的含义是 2 000 μH,"1210"封装。

---

① 　1 in = 2.54 cm。

2.4 变 压 器

变压器(Transformer)是利用电磁感应的原理来改变交流电压的装置,主要构件是初级线圈、次级线圈和铁芯(磁芯)。变压器的主要功能有:电压变换、电流变换、阻抗变换、隔离、稳压(磁饱和变压器)等。

本节主要介绍变压器的分类、型号及其命名方法。

2.4.1 变压器的分类

按照不同属性,变压器可分为不同类型。按相数分,可把变压器分为单相变压器和三相变压器;按冷却方式分,可分为依靠空气对流进行自然冷却或增加风机冷却的干式变压器和依靠油作为冷却介质的油浸式变压器;按用途的不同可把变压器分为用于输配电系统的升、降电压的电力变压器,用于测量仪表和继电保护装置上的互感器,专门用于产生高压对电气设备进行高压试验的试验变压器,具有特殊用途的特种变压器,如电炉变压器、整流变压器、调整变压器、电容式变压器、移相变压器等;按绕组形式可分为用于连接电力系统中的两个电压等级的双绕组变压器,用于电力系统区域变电站中连接三个电压等级的三绕组变压器,用于连接不同电压的电力系统作为普通的升压器或降压器的自耦变电器;按工作频率的不同可分为低频、中频、高频、脉冲变压器。

2.4.2 变压器的型号及其命名方法

变压器的型号主要由以下三部分构成。

第一部分:主称,用字母表示。

第二部分:功率,用数字表示,计量单位用 VA 或 W 标志,但 RB 型变压器(音频输入变压器)除外。

第三部分:序号,用数字表示。

变压器型号中主称部分字母所表示的意义见表 2-4-1。

表 2-4-1 变压器型号中主称部分字母所表示的意义

序号	字母	意 义
1	DB	电源变压器
2	CB	音频输出变压器
3	RB	音频输入变压器
4	GB	高压变压器
5	HB	灯丝变压器
6	S 或 ZB	音频(定阻式)输送变压器
7	S 或 EB	音频(定压式或自耦式)输送变压器

例如,DB-60-2 表示 60 VA 电源变压器

2.4.3 电子变压器

近年来电子仪器仪表中常用的一种小型变压器,被称为电子变压器。电子变压器的输

入电压为 AC220 V,输出电压为 AC12 V,功率可达 300 W。它主要是在高频电子镇流器电路的基础上研制出来的一种变压器电路,其性能稳定、体积小、功率大,克服了传统的硅钢片变压器体积大、笨重、价格高等缺点。

电子变压器是无稳压型开关电源,它实际上就是一种逆变器。首先把交流电整流成直流电,然后用电子元件组成一个高频振荡器,把直流电变为高频交流电,通过开关变压器输出所需要的电压,然后二次整流,供用电器使用。电子变压器具有体积小、重量轻、价格低等优点,所以被广泛用在各种电器中。

电子变压器的分类方式一般有两种,一是按工作频率分,二是按用途分。

按工作频率分类如下。

工频变压器:工作频率为 50 Hz 或 60 Hz。

中频变压器:工作频率为 400 Hz 至 1 kHz。

音频变压器:工作频率为 20 Hz 至 20 kHz。

超音频变压器:20 kHz 以上,不超过 100 kHz。

高频变压器:工作频率通常为 1 kHz 至 100 kHz,或更高。

按用途分类如下。

电源变压器:用于提供电子设备所需电源的变压器。

音频变压器:用于音频放大电路和音响设备的变压器。

脉冲变压器:工作在脉冲电路中的变压器,其波形一般为单极性矩形脉冲波。

特种变压器:具有特殊功能的变压器,如参量变压器、稳压变压器、超隔离变压器、传输线变压器、漏磁变压器。

开关电源变压器:用于开关电源电路中的变压器。

通信变压器:用于通信网络中起隔直、滤波作用的变压器。

电子变压器的性能指标主要包括以下内容:电感(Inductance)、漏电感(Leakage Inductance)、直流电阻(DC Resistance)、圈数比(Turn Radio)、耐压(Hi-POT)、绝缘阻抗(Insulation Resistance)、机械尺寸(Mechanical Dimension)、层间绝缘(Layer Insulation)、在线测试(In Circuit Test)信息。

2.5　晶　体　管

晶体管被认为是现代最伟大的发明之一,在重要性方面可以与印刷术、汽车和电话等发明相提并论。晶体管是所有现代电器的关键元件,其重要性主要在于,使用晶体管可以实现大规模生产的高度自动化的能力,大幅度降低了生产成本。

广义的晶体管是指以半导体材料为基础的单一元件,包括二极管、晶体管、场效应管、可控硅等。二极管由一个 pn 结构成,具有单向导电性。晶体管,内部含有两个 pn 结,外部通常有三个引出电极,主要分为两大类:双极型晶体管(BJT)和场效应管(FET)。双极型晶体管有三个极,分别是由 n 型或 p 型半导体材料组成发射极(Emitter)、基极(Base)和集电极(Collector)。它对电信号有放大和开关等作用,应用十分广泛。场效应管有三个极,分别是源极(Source)、栅极(Gate)和漏极(Drain)。

本节主要介绍晶体管的分类、型号及其命名方法。

2.5.1 二极管

二极管的英文是 Diode。二极管有正、负两个端子,一端称为阳极,一端称为阴极,具有单向导电性,是一个由 p 型半导体和 n 型半导体材料接触后形成的 pn 结,在其界面处两侧形成空间电荷层,形成自建电场。当不存在外加电压时,由于 pn 结两边载流子浓度差引起的扩散电流和自建电场引起的漂移电流相等而使二极管处于电平衡状态。当外界有正向电压偏置时,外界电场和自建电场的互相作用使载流子的扩散电流增加引起正向电流。当外界有反向电压偏置时,外界电场使自建电场进一步加强,形成在一定反向电压范围内与反向偏置电压值无关的反向饱和电流。当反向偏置电压较大时,将产生反向击穿。

反向击穿按机理分为齐纳击穿和雪崩击穿两种情况。在高掺杂浓度的情况下,因势垒区宽度很小,反向电压较大时,破坏了势垒区内共价键结构,使价电子脱离共价键束缚,产生电子-空穴对,致使电流急剧增大,这种击穿称为齐纳击穿。如果掺杂浓度较低,势垒区宽度较宽,不容易产生齐纳击穿。但是,当反向电压增大到较大数值时,外加电场使电子漂移速度加快,从而与共价键中的价电子相碰撞,把价电子撞出共价键,产生新的电子-空穴对。新产生的电子-空穴对被电场加速后又撞出其他价电子,载流子雪崩式地增加,致使电流急剧增加,这种击穿称为雪崩击穿。无论哪种击穿,若对其电流不加限制,都将造成 pn 结永久性损坏。

2.5.1.1 二极管的分类

按照不同属性,二极管可以分为多种类型。按照所用的半导体材料的不同,可分为锗二极管(Ge 管)和硅二极管(Si 管)。根据其不同用途,可分为检波二极管、整流二极管、稳压二极管、开关二极管、隔离二极管、肖特基二极管、发光二极管、硅功率开关二极管、旋转二极管等。按照管芯结构,又可分为点接触型二极管、面接触型二极管及平面型二极管。点接触型二极管是用一根很细的金属丝压在光洁的半导体晶片表面,通以脉冲电流,使触丝一端与晶片牢固地烧结在一起,形成一个 pn 结。由于是点接触,该型二极管只允许通过较小的电流(不超过几十毫安),适用于高频小电流电路,如收音机的检波电路等。面接触型二极管的 pn 结面积较大,允许通过较大的电流(几安到几十安),主要用于把交流电变换成直流电的"整流"电路中。平面型二极管是一种特制的硅二极管,它不仅能通过较大的电流,而且性能稳定可靠,多用于开关、脉冲及高频电路中。

发光二极管也是由一个 pn 结构成的,具有单向导电性,但其正向工作电压(开启电压)比普通二极管高,为 1~2.5 V,反向击穿电压比普通二极管低,约为 5 V。当正向电流达到 1 mA 时开始发光,发光强度与工作电流近似成正比;但工作电流达到一定数值时,发光强度逐渐趋于饱和,与工作电流成非线性关系。一般小型发光二极管正向工作电流为 10~20 mA,最大正向工作电流为 30~50 mA。发光二极管的外形可以做成矩形、圆形、字形、符号形等多种形状,又有红、绿、黄、橙等多种颜色。它具有体积小、功耗低、容易驱动、光效高、发光均匀稳定、响应速度快以及寿命长等特点,普遍用在指示灯及大屏幕显示装置中。

2.5.1.2 二极管的主要用途

二极管用途主要体现在以下几个方面:

整流。整流二极管主要用于整流电路,即把交流电变换成脉动的直流电。整流二极管都是面结型的,因此结电容较大,工作频率较低,一般为 3 kHz 以下。

开关。二极管在正向电压作用下电阻很小,处于导通状态,相当于一只接通的开关;在反向电压作用下,电阻很大,处于截止状态,如同一只断开的开关。利用二极管的开关特性,可以组成各种逻辑电路。

限幅。二极管正向导通后,它的正向压降基本保持不变(硅管为 0.7 V,锗管为 0.3 V)。利用这一特性,在电路中将其用作限幅元件,可以把信号幅度限制在一定范围内。

续流。在开关电源的电感中和继电器等感性负载中起续流作用。

检波。检波二极管的主要作用是把高频信号中的低频信号检出。它们的结构为点接触型。其结电容较小,工作频率较高。检波二极管一般都采用锗材料制成。

阻尼。阻尼二极管多用在高频电压电路中,能承受较高的反向击穿电压和较大的峰值电流,一般用在电视机电路中。常用的阻尼二极管有 2CN1、2CN2、BSBS44 等。

显示。也被称作数码显示管,例如用在 VCD、DVD、计算器等显示器上。

稳压。这种管子是利用二极管的反向击穿特性制成的,在电路中其两端的电压保持基本不变,起到稳定电压的作用。常用的稳压管有 2CW55、2CW56 等。

触发。触发二极管又称双向触发二极管,属三层结构,是具有对称性的二端半导体器件,常用来触发双向可控硅,在电路中作过压保护等用途。

2.5.1.3 国产二极管型号命名及含义

国家标准将国产二极管的型号命名分为五个部分:第一部分用数字"2"表示主称为二极管,第二部分用字母表示二极管的材料和特性,第三部分用字母表示二极管的类别,第四部分用数字表示序号,第五部分用字母表示二极管的规格档次,国产二极管型号命名及含义见表 2-5-1。

表 2-5-1 国产二极管型号命名及含义

第一部分:主称		第二部分:材料和特性		第三部分:类别		第四部分:序号	第五部分:规格档次
数字	含义	字母	含义	字母	含义		
2	二极管	A	n型锗材料	P	小信号管(普通管)	用数字表示同一类型产品的序号	用字母A、B、C、D、…表示同一型号器件的规格档次
				W	电压调整管和电压基准管(稳压管)		
				L	整流堆		
				N	阻尼管		
		B	p型锗材料	Z	整流管		
				U	光电管		
		C	n型硅材料	K	开关管		
				B 或 C	变容管		
				V	混频检波管		
				JD	激光管		
		D	p型硅材料	S	隧道管		
				CM	磁敏管		
				H	恒流管		
		E	化合物材料	Y	体效应管		
				EF	发光二极管		

例如,2AP9 的意义:2——二极管,A——n 型锗材料,p——普通管,9——序号。2CW56 的意义:2——二极管,C——n 型硅材料,W——稳压管,56——序号。二极管的图形符号如图 2.5.1 所示。

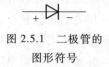

图 2.5.1　二极管的图形符号

2.5.2　晶体管

2.5.2.1　晶体管的分类

按照不同属性,晶体管可以分为不同类型。根据掺杂类型不同,可分为 npn 型和 pnp 型两种;根据使用的半导体材料不同,可分为硅管和锗管两类,锗管多为 pnp 型,硅管多为 npn 型;按工作频率的不同可分为高频($f>3$ MHz)、低频($f<3$ MHz)和开关晶体管;按输出功率的不同可分为大功率($P_c>1$ W)、中功率($P_c=0.5\sim1$ W)和小功率($P_c<0.5$ W)晶体管;按功能和用途的不同可分为光电管、发光管、变容管、微波管、整流管、稳压管等;按封装材料的不同,可分为金属壳封装管和塑封管。

npn 型和 pnp 型晶体管的结构示意图和图形符号如图 2.5.2 所示。这两者图形符号的不同之处在于发射极的箭头方向是不同的。

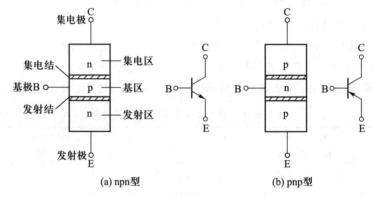

(a) npn型　　　　　　　　　(b) pnp型

图 2.5.2　晶体管的结构示意图和图形符号

2.5.2.2　晶体管的型号命名及含义

国产晶体管的型号命名由五部分组成,各部分的含义见表 2-5-2。第一部分用数字"3"表示主称为晶体管。第二部分用字母表示晶体管的材料和特性。第三部分用字母表示晶体管的类别。第四部分用数字表示同一类型产品的序号。第五部分用字母表示规格和档次。

国外有关半导体分立器件型号的命名方法有所不同。

日本生产的半导体分立器件的型号由五至七部分组成,通常只用到前五个部分,其各部分的符号意义如下。

第一部分:用数字表示器件有效电极数目或类型。0——光电(即光敏)二极管、晶体管及上述器件的组合管,1——二极管,2——晶体管或具有两个 pn 结的其他器件,3——具有四个有效电极或具有三个 pn 结的其他器件……依此类推。

第二部分:日本电子工业协会(JEIA)注册标志。S——已在日本电子工业协会(JEIA)注册登记的半导体分立器件。

表 2-5-2　晶体管型号命名及含义

第一部分:主称		第二部分: 晶体管的材料和特性		第三部分: 类别		第四部分: 序号	第五部分: 规格和档次
数字	含义	字母	含义	字母	含义		
3	晶体管	A	n 型锗材料	G	高频小功率管	用数字表示同一类型产品的序号	用字母 A、B、C、D、…表示同一型号器件的改进型产品。
				X	低频小功率管		
		B	p 型锗材料	A	高频大功率管		
				D	低频大功率管		
		C	n 型硅材料	T	闸流管		
				K	开关管		
		D	p 型硅材料	V	微波管		
				B	雪崩管		
				J	阶跃恢复管		
		E	化合物材料	U	(光电管)		
				J	结型场效应管		

第三部分:用字母表示器件使用材料极性和类型。A——pnp 型高频管,B——pnp 型低频管,C——npn 型高频管,D——npn 型低频管,F——p 控制极可控硅,G——n 控制极可控硅,H——n 基极单结晶体管,J——p 沟道场效应管,K——n 沟道场效应管,M——双向可控硅。

第四部分:用数字表示在日本电子工业协会(JEIA)登记的顺序号。两位以上的整数——从"11"开始,不同公司的性能相同的器件可以使用同一顺序号,数字越大,越是近期产品。

第五部分:用字母表示同一型号的改进型产品标志。A、B、C、D、E、F 表示这一器件是原型号产品的改进产品。

美国晶体管或其他半导体器件的命名较混乱。美国电子工业协会(EIA)半导体分立器件命名方法如下。

第一部分:用符号表示器件用途的类型。JAN——军级,JANTX——特军级,JANTXV——超特军级,JANS——宇航级,(无)——非军用品。

第二部分:用数字表示 pn 结数目。1——二极管,2——晶体管,3——三个 pn 结器件,n——n 个 pn 结器件。

第三部分:美国电子工业协会(EIA)注册标志。N——该器件已在美国电子工业协会(EIA)注册登记。

第四部分:美国电子工业协会(EIA)登记顺序号。多位数字——该器件在美国电子工业协会登记(EIA)的顺序号。

第五部分:用字母表示器件分档。A、B、C、D、…为同一型号器件的不同档别。如:

JAN2N3251A 表示 pnp 硅高频小功率开关晶体管,JAN——军级,2——晶体管,N——EIA 注册标志,3251——EIA 登记顺序号,A——2N3251A 档。

2.5.3 场效应管

2.5.3.1 场效应管分类及其工作原理

场效应管也被称为单极型晶体管,特点是依靠一种极性的多数载流子参与导电。按照不同的属性,可以分成不同类型。按照结构不同可以分为结型场效应管(JFET)和绝缘栅型场效应管(MOS 管)两大类;按沟道材料的不同可分为 n 沟道和 p 沟道两种;按导电方式的不同又可分为耗尽型与增强型,结型场效应管均为耗尽型,绝缘栅型场效应管既有耗尽型的,也有增强型的。

结型场效应管(JFET)和绝缘栅型场效应管(MOS 管)的工作原理分别是:

以 n 沟道结型场效应管为例。n 沟道结型场效应管是由于 pn 结中的载流子已经耗尽,故 pn 结基本上是不导电的,形成了所谓耗尽区,当漏极电源电压 U_{ED} 一定时,如果栅极的负电压越大,pn 结交界面所形成的耗尽区就越厚,则漏极、源极之间导电的沟道越窄,漏极电流 I_D 就越小;反之,如果栅极的负电压没有那么大,则沟道变宽,I_D 变大,所以用栅源电压 U_{EG} 可以控制漏极电流 I_D 的变化,就是说,场效应管是电压控制元件。

绝缘栅型场效应管是由金属、氧化物和半导体所组成的,所以又称为金属-氧化物-半导体场效应管,简称 MOS 管。它也有两种结构形式,分别是 n 沟道型和 p 沟道型。无论是什么沟道,它们又可分为增强型和耗尽型两种。

n 沟道增强型 MOS 管的工作原理是利用栅源电压 U_{GS} 来控制"感应电荷"的多少,以改变由这些"感应电荷"形成的导电沟道的状况,然后达到控制漏极电流 I_D 的目的。在制造管子时,通过工艺使绝缘层中出现大量正离子,故在交界面的另一侧能感应出较多的负电荷,这些负电荷把高渗杂质的 n 区接通,形成了导电沟道,即使在 $U_{GS}=0$ 时也有较大的漏极电流 I_D。当栅极电压改变时,沟道内被感应的电荷量也改变,导电沟道的宽窄也随之而变,因而漏极电流 I_D 随着栅极电压的变化而变化。

n 沟道与 p 沟道场效应管的电路符号如图 2.5.3 所示。

n 沟道与 p 沟道场效应管符号的区别,符号中箭头的指向与前面所学过的二极管、晶体管一样是由 p 区指向 n 区。在 n 沟道场效应管中,源极是 n 型半导体,栅极是 p 型半导体,在符号中箭头就由栅极指向源极。反之,在 p 沟道场效应管中,源极是 p 型半导体,栅极是 n 型半导体,在符号中箭头指向就是由源极指向栅极。

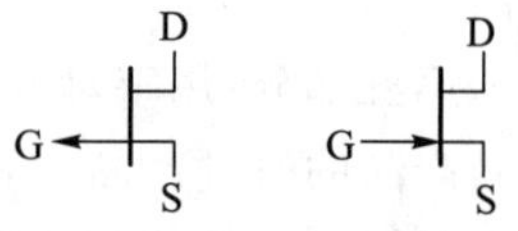

图 2.5.3　n 沟道与 p 沟道场效应管的电路符号

2.5.3.2 场效应管特点

与晶体管相比,场效应管具有如下特点。

场效应管是电压控制器件,它通过 U_{GS}(栅源电压)来控制 I_D(漏极电流)。

场效应管的控制输入端电流极小,因此它的输入电阻很大($10^7 \sim 10^{12}\ \Omega$)。

它利用多数载流子导电,因此它的温度稳定性较好。

它组成的放大电路的电压放大系数要小于晶体管组成放大电路的电压放大系数。

场效应管的抗辐射能力强。

它不存在杂乱运动的电子扩散引起的散粒噪声,所以噪声低。

2.5.3.3　场效应管的作用

场效应管可应用于放大电路。由于场效应管放大器的输入阻抗很高,因此耦合电容的容量可以较小,不必使用电解电容器。

场效应管很高的输入阻抗非常适合用作阻抗变换。因此它常用于多级放大器的输入级作阻抗变换。

场效应管可以用作可变电阻。

场效应管可以方便地用作恒流源。

场效应管也可用作电子开关。

2.5.3.4　场效应管的型号及其命名方法

场效应管有两种命名方法。

第一种命名方法与晶体管相同,第三位字母 J 代表结型场效应管,O 代表绝缘栅型场效应管。第二位字母代表材料,D 是 p 型硅 n 沟道;C 是 n 型硅 p 沟道。例如,3DJ6D 是结型 p 沟道场效应管,3DO6C 是绝缘栅型 n 沟道场效应管。

第二种命名方法是 CS××#,CS 代表场效应管,×× 以数字代表型号的序号,#用字母代表同一型号中的不同规格。例如 CS14A、CS45G 等。

2.5.3.5　场效应管的主要参量

1. 直流参量

饱和漏极电流 I_{DSS} 可定义为:当栅极、源极之间的电压等于零,而漏极、源极之间的电压大于夹断电压时的漏极电流。夹断电压 U_P 可定义为:当 U_{DS} 一定时,使 I_D 减小到一个微小的电流时所需的 U_{GS}。开启电压 U_T 可定义为:当 U_{DS} 一定时,使 I_D 到达某一个数值时所需的 U_{GS}。

2. 交流参量

交流参量可分为输出电阻和低频互导 2 个参量,输出电阻一般在几十千欧到几百千欧之间,而低频互导一般在十分之几至几毫希的范围内,特殊的可达 100 mS,甚至更高。

低频跨导是描述栅源电压对漏极电流的控制作用。

极间电容是指场效应管三个电极之间的电容,值越小表示其性能越好。

3. 极限参量

① 最大漏极电流是指管子正常工作时漏极电流允许的上限值。

② 最大耗散功率是指在管子中的功率,受到管子最高工作温度的限制。

③ 最大漏源电压是指发生在雪崩击穿、漏极电流开始急剧上升时的电压值。

④ 最大栅源电压是指栅源间反向电流开始急剧增加时的电压值。

除以上参量外,还有极间电容、高频参量等其他参量。漏源击穿电压是当漏极电流急剧上升,产生雪崩击穿时的 U_{DS}。栅极击穿电压是当结型场效应管正常工作时,栅、源极之间的 pn 结处于反向偏置状态,若电流过高,则产生击穿现象。

2.5.4　晶闸管

可控硅又称为晶闸管(thyristor),单向晶闸管的结构、符号和伏安特性如图 2.5.4 所示。

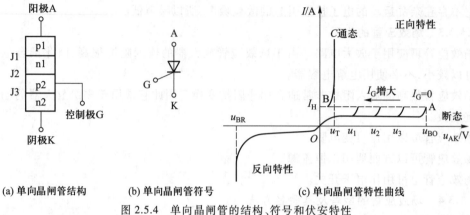

(a) 单向晶闸管结构　　(b) 单向晶闸管符号　　(c) 单向晶闸管特性曲线

图 2.5.4　单向晶闸管的结构、符号和伏安特性

从单向晶闸管特性曲线可以看出,如果 $I_G = 0$(控制极 G 开路),阳极 A 和阴极 K(也就是 CMOS 器件的 V_{DD} 和 V_{EE})之间的电压 u_{AK} 为正向时,当 u_{AK} 大于 u_{BO} 后,阳极 A 与阴极 K 之间的电流特性从 A 点跳到 B 点,并且急剧上升,u_{BO} 称为正向转折电压,这种现象称为晶闸管被正向触发或正向击穿。此后,即使 u_{AK} 下降,晶闸管仍处于正向导通状态。但是,如果 I_G 上有电流(控制极 G 接控制电压),随着 I_G 电流增大,转折点电压依次降到 u_3、u_2、u_1。同样,晶闸管被正向触发以后,即使 I_G 上的电流撤销,晶闸管仍然处于正向击穿状态,如果没有保护措施,过大的阳极电流将造成晶闸管的烧毁。从特性曲线上还可以看到,当阳极的电流 $I_A <$ I_H 时,晶闸管的特性曲线从 B 点调回到 A 点,晶闸管由导通状态转变成阻断状态。I_H 称为维持电流。

2.6　继　电　器

继电器的英文名称是 Relay,是一种控制器件,是当输入量的变化达到预定要求时,在输出电路中使被控量发生预定的阶跃变化的一种电器,通常应用于自动化的控制电路中。它实际上是用小电流去控制大电流通断的一种"自动开关",故在电路中起着自动调节、安全保护、转换通断等作用。

2.6.1　继电器的分类

按照属性不同可将继电器分为不同类型。

1. 按继电器的工作原理或结构特征分类

电磁继电器:利用输入电路的内电路在电磁铁芯与衔铁间产生的吸力作用而工作的一种电气继电器。

固体继电器:指电子元件履行其功能而无机械运动构件的、输入和输出隔离的一种继电器。

温度继电器:当外界温度达到给定值时发生动作的继电器。

干簧继电器:利用密封在管内,具有触点簧片和衔铁磁路双重作用的干簧动作来开、闭或转换线路的继电器。

时间继电器:当加上或除去输入信号时,输出部分需延时或限时到规定时间才闭合或断开其被控线路的继电器。

高频继电器:用于切换高频、射频线路而具有最小损耗的继电器。

极化继电器:由极化磁场与控制电流通过控制线圈所产生的磁场综合作用而动作的继电器。继电器的动作方向取决于控制线圈中流过的电流方向。

其他类型的继电器:如光继电器、声继电器、热继电器、仪表式继电器、霍耳效应继电器、差动继电器等。

2. 按继电器的外形尺寸分类

微型、小微型、超小微型继电器。对于密封或封闭式继电器,外形尺寸为继电器本体三个相互垂直方向的最大尺寸,不包括安装件、引出端、压筋、压边、翻边和密封焊点的尺寸。

3. 按继电器的负载分类

微功率继电器、弱功率继电器、中功率继电器、大功率继电器。

4. 按继电器的防护特征分类

密封式继电器、封闭式继电器、敞开式继电器。

5. 按继电器动作原理分类

电磁型、感应型、整流型、电子型、数字型等。

6. 按照输入的物理量分类

电流继电器、电压继电器、功率方向继电器、阻抗继电器、频率继电器、气体继电器。

7. 按照继电器在保护回路中所起作用的分类

启动继电器、量度继电器、时间继电器、中间继电器、信号继电器、出口继电器。

2.6.2 继电器的型号及其命名方法

一般国产继电器的型号由四部分组成,具体情况见表 2-6-1。

表 2-6-1 国产继电器的型号及其命名方法

第一部分:主称		第二部分:字母表示形状特征		第三部分:数字表示序号	第四部分:字母表示防护特征	
字母	含义	字母	含义		字母	含义
JR	小功率				F	封闭式
JAG	干簧式	W	微型			
JZ	中功率					
JQ	大功率					
JC	磁电式	X	小型			
JU	热、温度					
JT	特种	C	超小型		M	密封式
JM	脉冲					
JS	时间					

型号举例:JRX-13F:封闭式小功率小型继电器,JR——小功率继电器,X——小型,13——序号。

2.6.3　不同类继电器的原理及作用

1. 电磁式继电器

电磁式继电器一般由铁芯、线圈、衔铁、触点簧片等组成,其结构如图 2.6.1 所示。只要在线圈两端加上一定的电压,线圈 A 中就会流过一定的电流,从而产生电磁效应,衔铁 B 就会在电磁力吸引的作用下克服返回弹簧 C 的拉力吸向铁芯,从而带动衔铁动合触点的动触点 D 与静触点 E 吸合,使动断触点的动触点与静触点断开。当线圈断电后,电磁铁的吸力也随之消失,衔铁就会被线圈释放,在弹簧的作用下返回原来的位置,使动断触点的动触点与原来的静触点吸合,使动合触点恢复断开状态。这样吸合、释放,实现了电路的导通和切断。

继电器线圈未通电时处于断开状态的静触点,称为动合触点;处于接通状态的静触点称为动断触点。动合触点以"合"字的拼音字头"H"表示。动断触点用"断"字的拼音字头"D"表示。还有一类触点称为转换型触点组,这种触点组共有三个触点,即中间是动触点,上下各一个静触点。线圈不通电时,动触点和其中一个静触点断开,并和另一个闭合。线圈通电后,动触点就移动,使原来断开的触点闭合,原来闭合的触点断开,达到转换的目的。这样的触点组用"转"字的拼音字头"Z"表示。

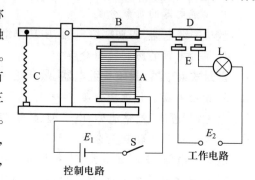

图 2.6.1　电磁式继电器结构原理图

继电器的输入变量可以是电流、电压、功率、阻抗、频率、温度、压力、速度、光等感应机构,对被控电路实现"通"和"断"。在继电器的输入部分和输出部分之间,还有对输入量进行耦合隔离,功能处理和对输出部分进行驱动的中间机构。

2. 固态继电器

固态继电器是一种以两个接线端为输入端,另两个接线端为输出端的四端器件,中间采用隔离器件实现输入输出的电气隔离。

固态继电器的负载电源有交流型和直流型;按隔离形式不同可分为混合型、变压器隔离型和光电隔离型,以光电隔离型为最多。

3. 热敏干簧继电器

热敏干簧继电器是一种利用热敏磁性材料检测和控制温度的新型热敏开关。它由感温磁环、恒磁环、干簧管、导热安装片、塑料衬底及其他一些附件组成。热敏干簧继电器不用线圈励磁,而由恒磁环产生的磁力驱动开关动作。恒磁环能否向干簧管提供磁力是由感温磁环的温控特性决定的。

4. 磁簧继电器

磁簧继电器是以线圈产生磁场使磁簧管发生动作的继电器,磁簧继电器尺寸小、重量轻、反应速度快、跳动时间短。

当整块铁磁金属或者其他导磁物质与之靠近的时候,电路开通或者闭合。它由永久磁铁和干簧管组成。永久磁铁、干簧管固定在一个不导磁也不带有磁性的支架上。以永久磁铁的南北极的连线为轴线,这个轴线与干簧管的轴线重合或者基本重合。由远及近地调整永久磁铁与干簧管之间的距离,当干簧管刚好发生动作时,将磁铁的位置固定下来。这时,当有整块导磁材料,例如铁板同时靠近磁铁和干簧管时,干簧管会再次发生动作,恢复到没有磁场作用时的状态;当该铁板离开时,干簧管立即发生相反方向的动作。磁簧继电器结构坚固,触点为密封状态,耐用性高,可以作为机械设备的位置限制开关,也可以用以探测铁制门、窗等是否在指定位置。

5. 光继电器

光继电器为 AC/DC 并用的半导体继电器,是发光器件和受光器件一体化的器件。输入侧和输出侧电气性绝缘,但信号可以通过内部的光信号装置传输。

光继电器的寿命为半永久性,它还具有微小电流驱动、高阻抗绝缘耐压、超小型、光传输、无接点等特点。

光继电器主要应用于量测设备、通信设备、保全设备、医疗设备等。

6. 时间继电器

时间继电器是一种利用电磁原理或机械原理实现延时控制的电器。时间继电器由电磁系统、延时机构和触点三部分组成。它的种类很多,有空气阻尼型、电动型和电子型等。在交流电路中常采用空气阻尼型时间继电器,它是利用空气通过小孔节流的原理来获得延时动作的。空气阻尼型时间继电器的延时范围大(有 0.4~60 s 和 0.4~180 s 两种),结构简单,但准确度较低。

时间继电器又可分为通电延时型和断电延时型两种类型。

空气阻尼型时间继电器的工作原理如下。当线圈通电(电压规格有 AC380 V、AC220 V 或 DC220 V、DC24 V 等)时,衔铁及托板被铁芯吸引而瞬时下移,使瞬时动作触点接通或断开,但是活塞杆和杠杆不能同时跟着衔铁下落,因为活塞杆的上端连着气室中的橡皮膜,当活塞杆在释放弹簧的作用下开始向下运动时,橡皮膜随之向下凹,上面空气室的空气变得稀薄而使活塞杆受到阻尼作用而缓慢下降。经过一定时间后,活塞杆下降到一定位置,便通过杠杆推动延时触点动作,使动断触点断开,动合触点闭合。从线圈通电到延时触点完成动作,这段时间就是继电器的延时时间。延时时间的长短可以用螺钉调节空气室进气孔的大小来改变。

吸引线圈断电后,继电器依靠恢复弹簧的作用而复原。空气经出气孔被迅速排出。

7. 中间继电器

中间继电器采用线圈电压较低的多个优质密封小型继电器组合而成,具有防潮、防尘、不断线、可靠性高、功耗小、温升低、不需外附大功率电阻、可任意安装及接线方便等特点。中间继电器触点容量大,工作寿命长;继电器动作后有发光二极管指示,便于现场观察。此外,部分中间继电器具有延时功能,只需用面板上的拨码开关指定,延时精度高,延时范围可在 0.02~5.00 s 任意指定。

中间继电器可用于各种保护线路和自动控制线路,以增加这些电路的触点数量和触点容量。

自动控制电路常分成主电路和控制电路两部分,继电器主要用于控制电路,接触器主要用于主电路。通过继电器可实现用一路控制信号控制另一路或几路信号的功能,完成启动、停止、联动等控制,主要控制对象是接触器。接触器的触头比较大,承载能力强,通过它来实现弱电到强电的控制,控制对象是电器。

中间继电器的触点具有一定的带负荷能力,当负载容量比较小时,可以用来替代小型接触器,比如电动卷闸门和一些小家电的控制。这样做的优点是不仅可以起到控制的目的,而且可以节省空间,使电器的控制部分做得比较精致。

8. 功率方向继电器

所谓的功率方向继电器,就是当输入量达到规定值时,使被控制的输出电路导通或断开的电器。它可分为电流、电压、频率、功率等电气量作为输入量的继电器和温度、压力、速度等非电气量作为输入量的继电器两大类。功率方向继电器的特点是动作速度快、稳定性好、寿命长、体积小。它广泛应用于电力保护、自动化、运动、遥控、测量和通信等装置中。

9. 过电流继电器

过电流继电器,简称 CO,是当电流超过其设定值而动作的继电器,可用作系统线路的过载保护。最常用的是感应型过电流继电器,利用电磁铁与铝或铜制的旋转盘相对,依靠电磁感应原理使旋转圆盘转动,以达到保护作用。

10. 过电压继电器

过电压继电器,简称 OV,它的主要用途是当系统的电压上升至额定值的 120% 以上时,过电压继电器动作而使断路器跳脱,保护电力设备免遭损坏。

11. 欠电压继电器

欠电压继电器,简称 UV,其构造与过电压继电器相同,所不同的是当外加电压过低时转盘会立即转动。

12. 接地过电压继电器

接地过电压继电器,简称 OVG,或称接地报警继电器,简称 GR,其构造与过电压继电器相同,用于三相三线非接地系统,接于开口三角形接地的接地互感器上,用以检测零相电压。

13. 接地过电流继电器

接地过电流继电器,简称 GCR,是一种高压线路接地保护继电器。主要用途是:

(1) 高电阻接地系统的接地过电流保护。

(2) 发电机定子绕组的接地保护。

(3) 分相发电机的层间短路保护。

(4) 接地变压器的过热保护。

14. 选择性接地继电器

选择性接地继电器,简称 SG,又称方向性接地继电器,简称 DG,用于非接地系统作配电线路保护,架空线及电缆系统也能使用。

选择性接地继电器的工作原理是:由接地电压互感器检出零相序线路接地时,选择性接地继电器能确定故障线路而发出警报,并按照需要选择故障线路将其断开,而继续向正常线路送电。

15. 缺相继电器

缺相继电器,简称 OPR,或称缺相保护继电器,简称 PHR,在三相线路中,当电源端断路而造成缺相时,缺相继电器能够立即将线路切断,防止电动机缺相运转而烧毁。

16. 比率差动继电器

比率差动继电器,简称 RDR。它主要应用于变压器、交流电动机、交流发电机的差动保护。上面讨论的过电流保护继电器,在外部故障所产生的异常电流流过时,起保护设备的作用。若变压器两侧电流不平衡时也可能造成继电器误动作,比率差动继电器可避免这一弱点。

2.7 常用的传感器件

传感器的英文名称是 Transducer/Sensor。它是一种对模拟物理量变化能迅速感应并按一定规律转换为电信号或其他所需形式的信息输出,以满足信息的传输、处理、存储、显示、记录和控制等要求的器件。

2.7.1 传感器的分类

传感器是将外界信号转换为电信号的装置,所以它由敏感元件和转换元件两部分组成。敏感元件品种繁多,就其感知外界信息的原理来讲,可分为:① 物理类,基于力、热、光、电、磁和声等物理效应。② 化学类,基于化学反应的原理。③ 生物类,基于酶、抗体和激素等分子识别功能。一般情况下,根据其基本感知功能,传感器可分为热敏元件、光敏元件、气敏元件、力敏元件、磁敏元件、湿敏元件、声敏元件、放射线敏感元件、色敏元件和味敏元件等十大类。下面对常用的热敏、光敏、气敏、力敏和磁敏传感器及其敏感元件进行介绍。

2.7.2 温度传感器及热敏元件

温度传感器主要由热敏元件组成。热敏元件品种较多,市场上销售的有双金属片、铜热电阻、铂热电阻、热电偶及半导体热敏电阻等。以半导体热敏电阻为探测元件的温度传感器应用广泛,这是因为在元件允许工作条件范围内,半导体热敏电阻具有体积小、灵敏度高、精度高的特点,而且制造工艺简单、价格低廉。

热敏传感器的典型代表是半导体热敏电阻。半导体热敏电阻按温度特性可分为两类,随温度上升电阻增加的为正温度系数热敏电阻,反之为负温度系数热敏电阻。

正温度系数热敏电阻的工作原理如下。正温度系数热敏电阻以钛酸钡为基本材料,再掺入适量的稀土元素,利用陶瓷工艺高温烧结而成。纯钛酸钡是一种绝缘材料,但掺入适量的稀土元素,如镧(La)和铌(Nb)等以后,变成了半导体材料,被称为半导体化钛酸钡。它是一种多晶体材料,晶粒之间存在着晶粒界面,对于导电电子而言,晶粒间界面相当于一个势垒。当温度低时,由于半导体化钛酸钡内电场的作用,导电电子可以很容易越过势垒,所以电阻值较小;当温度升高到居里点(即临界温度,一般钛酸钡的居里点为 120 ℃)时,内电场受到破坏,不能帮助导电电子越过势垒,所以表现为电阻值急剧增大。因为这种元件未达居里点前电阻随温度变化非常缓慢,所以它具有恒温、调温和自动控温的功能,还具有只发热,不发红,无明火,不易燃烧,使用电压交、直流 3～440 V 均可,使用寿命长等特点。这种元件非常适用于电动机等电器装置的过热探测。

负温度系数热敏电阻的工作原理如下。负温度系数热敏电阻是以氧化锰、氧化钴、氧化镍、氧化铜和氧化铝等金属氧化物为主要原料,采用陶瓷工艺制造而成的。这些金属氧化物材料都具有半导体性质,完全类似于锗、硅晶体材料,体内的载流子(电子和空穴)数目少,电阻较高;温度升高后,体内载流子数目增加,电阻值降低。负温度系数热敏电阻类型很多,按使用温度可分为低温(−60~300 ℃)、中温(300~600 ℃)、高温(>600 ℃)三种。这种元件具有灵敏度高、稳定性好、响应快、寿命长、价格低等优点,广泛应用于需要定点测温的温度自动控制电路,如冰箱、空调、温室等的温控系统。

热敏电阻与简单的放大电路结合,就可检测千分之一摄氏度的温度变化。所以和电子仪表组成测温计后,热敏电阻能完成高精度的温度测量。普通用途的热敏电阻工作温度为−55~315 ℃,特殊用途的低温热敏电阻的工作温度低于−55 ℃,可达−273 ℃。

热敏电阻的特性参量及其命名方法参见电阻部分。

2.7.3　光敏传感器

光敏传感器是最常见的传感器之一,它的种类繁多,主要有:光电管、光电倍增管、光敏电阻、光敏晶体管、太阳能电池、红外线传感器、紫外线传感器、光纤式光电传感器、色彩传感器、CCD 和 CMOS 图像传感器等。它在自动控制和非电荷量测控技术中占有非常重要的地位。

2.7.3.1　光敏传感器的原理

光敏传感器是利用光敏元件将光信号转换为电信号的传感器,它的敏感波长包括可见光、红外线和紫外线。光敏传感器不只局限于对光的探测,还可以作为探测元件组成其他传感器,对许多非电量进行检测,具体测量时只要将这些非电量转换为光信号的变化即可。

光敏传感器可以应用于太阳能草坪灯、光控小夜灯、照相机、监控器、光控玩具、光控开关、摄像头、防盗钱包、光控音乐盒、生日音乐蜡烛、音乐杯、人体感应灯、人体感应开关等电子产品的光控领域。

2.7.3.2　光敏传感器的特性参数

本节重点介绍光敏晶体管、太阳能电池、红外线传感器和色彩传感器。

1. 光敏晶体管

光敏晶体管又称光电晶体管,它是一种光电转换器件,其基本原理是光照到 pn 结上时,pn 结吸收光能并转化为电能。当光敏晶体管加上反向电压时,管子中的反向电流随着光照强度的改变而改变,光照强度越大,反向电流越大。大多数光敏晶体管都工作在这种状态。

当具有光敏特性的 pn 结受到光辐射时,形成光电流,由此产生的光生电流由基极进入发射极,从而在集电极回路中得到一个放大了 β 倍的信号电流。不同材料制成的光敏晶体管具有不同的光谱特性,具有较好的光电流放大作用,即较高的灵敏度。

光敏晶体管主要用于测量光亮度。为了防止学校"长明灯"现象屡禁不止,可以在教室等场所安装一个由光敏晶体管附加电磁继电器的控制电路,当亮度达到一定程度的时候,教室或宿舍里内日光灯将无法启动。这种电路在技术上可以采用多点取样的办法来达到较好的效果。

光敏晶体管的主要特性参量有以下几种。

（1）光谱特性

光敏晶体管由于使用的材料不同,分为锗光敏晶体管和硅光敏晶体管,使用较多的是硅光敏晶体管。光敏晶体管的光谱特性指的是光敏晶体管对不同波长光的响应灵敏度。

（2）伏安特性

光敏晶体管的伏安特性是指在给定的光照度下集电极与发射极间的电压与光电流的关系。

（3）光电特性

光敏晶体管的光电特性反映了当外加电压恒定时,光电流 I_L 与光照度之间的关系。

（4）温度特性

温度对光敏晶体管的暗电流及光电流都有影响。由于光电流比暗电流大得多,在一定温度范围内温度对光电流的影响比对暗电流的影响要小。

（5）暗电流 I_D

在无光照的情况下,集电极与发射极间的电压为规定值时,流过集电极的反向漏电流称为光敏晶体管的暗电流。

（6）光电流 I_L

在规定光照度下,当施加规定的工作电压时,流过光敏晶体管的电流称为光电流,光电流越大,说明光敏晶体管的灵敏度越高。

（7）集电极—发射极击穿电压 U_{CE}

在无光照下,集电极电流 I_C 超过规定值时,集电极与发射极之间的电压称为集电极—发射极击穿电压。

（8）最高工作电压 U_{RM}

在无光照下,集电极电流 I_C 为规定的允许值时,集电极与发射极之间的电压称为最高工作电压。

（9）最大功率 P_M

最大功率指光敏晶体管在规定条件下能承受的最大功率。

（10）峰值波长 λ_p

当光敏晶体管的光谱响应为最大时,对应的波长称为峰值波长。

（11）光电灵敏度

在给定波长的入射光输入单位光功率时,光敏晶体管管芯单位面积输出光电流称为光电灵敏度。

（12）响应时间

响应时间指光敏晶体管对入射光信号的反应速度,一般为 $1\times10^{-3}\sim1\times10^{-7}$ s。

光敏晶体管的型号及其命名方法参见晶体管部分,不同的是在型号的第三部分中用 U 代表光电器件。

2. 太阳能电池

单晶硅的原子是按照一定的规律排列的。硅原子的外层电子壳层中有 4 个电子。每个原子的外层电子都有固定的位置,并受原子核的约束。它们在外来能量的激发下,如受到太阳光辐射时,会摆脱原子核的束缚而成为自由电子,并同时在它原来的地方留出一个空位,即半导体物理学中所谓的"空穴"。由于电子带负电,空穴就表现为带正电。自由电子和空穴就是单晶硅中可以运动的电荷。在纯净的硅晶体中,自由电子和空穴的数目是相等的。如果在硅晶体中掺入能够俘获电子的硼、铝、镓或铟等杂质元素,那么它就成为空穴型半导体,简称 p 型半导体。如果在硅晶体中掺入能够释放电子的磷、砷或锑等杂质元素,那么它就成了自由电子型的半导体,简称 n 型半导体。若把这两种半导体结合在一起,由于自由电子和空穴的扩散,在交界面处便会形成 pn 结,并在 pn 结的两边形成内建电场,又称势垒电场。由于此处电阻特别高,因此此处也称为阻挡层。当太阳光照射 pn 结时,在半导体内的电子由于获得了光能而产生能级跃迁,相应地便产生了电子—空穴对,并在势垒电场的作用下,自由电子被驱向 n 区,空穴被驱向 p 区,从而使 n 区有过剩的自由电子,p 区有过剩的空穴;于是,就在 pn 结的附近形成了与势垒电场方向相反的光生电场。太阳能电池能级结构图如图 2.7.1 所示。

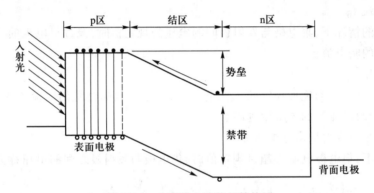

图 2.7.1　太阳能电池能级结构图

光生电场的一部分抵消势垒电场,其余部分使 p 区带正电,n 区带负电,于是,就使得在 n 区与 p 区之间的薄层产生了电动势,即光生电动势。接通电路时便有电能输出。这就是 pn 结接触型单晶硅太阳能电池发电的基本原理。若把几十个、数百个太阳能电池单体串联、并联起来,组成太阳能电池组体,在太阳光的照射下,便可获得相当可观的电能。

太阳能电池可分为 p+/n 型结构和 n+/p 型结构。其中,第 1 个符号,即 p+/和 n+/,表示太阳能电池正面光照层半导体材料的导电类型;第 2 个符号,即 n 和 p,表示太阳能电池背面衬底半导体材料的导电类型。

太阳能电池的电性能与制造电池所用的半导体材料的特性有关。在太阳光照射时,太阳能电池输出电压的极性,p 区一侧电极为正,n 区一侧电极为负。当太阳能电池作为电源与外电路连接时,太阳能电池在正向状态下工作。

硅太阳能电池的性能参量主要有:短路电流、开路电压、峰值电流、峰值电压、峰值功率、填充因子和转换效率等。

（1）短路电流（I_{sc}）

当将太阳能电池的正负极短路、使 $U=0$ 时,此时的电流就是电池片的短路电流,短路电流的单位是 A(安培),短路电流随着光强的变化而变化。

（2）开路电压（U_{oc}）

当将太阳能电池的正负极不接负载,处于开路状态,使 $I=0$ 时,太阳能电池正负极间的电压就是开路电压,开路电压的单位是 V（伏特）。单片太阳能电池的开路电压不随电池片面积的增减而变化,一般为 0.5~0.7 V。

（3）峰值电流（I_m）

峰值电流也叫最大工作电流或最佳工作电流。峰值电流是指太阳能电池片输出最大功率时的工作电流,峰值电流的单位是 A（安培）。

（4）峰值电压（U_m）

峰值电压也叫最大工作电压或最佳工作电压。峰值电压是指太阳能电池片输出最大功率时的工作电压,峰值电压的单位是 V。峰值电压不随电池片面积的增减而变化,一般为 0.45~0.5 V,典型值为 0.48 V。

（5）峰值功率（P_m）

峰值功率也叫最大输出功率或最佳输出功率。峰值功率是指太阳能电池片正常工作或测试条件下的最大输出功率,也就是峰值电流与峰值电压的乘积:$P_m=I_m \times U_m$。峰值功率的单位是 W（瓦）。太阳能电池的峰值功率取决于太阳辐照度、太阳光谱分布和电池片的工作温度,因此太阳能电池的测量要在标准条件下进行,测量标准为欧洲委员会的 101 号标准,其条件是:辐照度 1 kW/m^2、AM（光线通过大气的实际距离与大气的垂直厚度之比）1.5、测试温度 25 ℃。

（6）填充因子（FF）

填充因子也叫曲线因子,是指太阳能电池的最大输出功率与开路电压和短路电流乘积的比值。计算公式为 $FF=P_m/(I_{sc} \times U_{oc})$。填充因子是评价太阳能电池输出特性好坏的一个重要参量,它的值越高,表明太阳能电池输出特性越趋于矩形,电池的光电转换效率越高。串联、并联电阻对填充因子有较大影响,太阳能电池的串联电阻越小,并联电阻越大,填充因子的系数越大。填充因子的系数取值范围一般是 0.5~0.8,也可以用百分数表示。

（7）转换效率（η）

转换效率是指太阳能电池受光照时的最大输出功率与照射到电池上的太阳能量功率的比值,即

$\eta=P_m$（电池片的峰值效率）$/A$（电池片的面积）$\times P_{in}$（单位面积的入射光功率）,其中 $P_{in}=1$ kW/m^2 = 100 mW/cm^2。

组件的板形设计一般从两个方向入手:一是根据现有电池片的功率和尺寸确定组件的功率和尺寸大小,二是根据组件尺寸和功率要求选择电池片的尺寸和功率。

电池组件不论功率大小,一般都是由 36 片、72 片、54 片和 60 片等几种串联形式组成的。常见的排布方法有 4 片×9 片、6 片×6 片、6 片×12 片、6 片×9 片和 6 片×10 片等。

用作传感器的太阳能电池被称为光伏器件。它有个重要的性能指标是光谱灵敏度,主要是指在某一有效波长的光的照射下输出电压或电流对输入光功率的比值,因此又分为电压灵敏度或电流灵敏度。

3. 红外线传感器

红外线传感器是利用红外线的物理性质来进行测量的传感器。红外线具有反射、折射、

散射、干涉、吸收等性质。任何物质,只要它本身具有一定的温度(高于绝对零度),都能辐射红外线。红外线传感器测量时不与被测物体直接接触,因而不存在摩擦,并且有灵敏度高、响应快等优点。

红外线传感器包括光学系统、检测元件和转换电路。光学系统按结构不同可分为透射式和反射式两类。检测元件按工作原理可分为热敏检测元件和光电检测元件。热敏检测元件应用最多的是热敏电阻。热敏电阻受到红外线辐射时温度升高,电阻发生变化,通过转换电路变成电信号输出。光电检测元件常用的是光敏元件,通常由硫化铅、硒化铅、砷化铟、砷化锑、碲镉汞三元合金、锗及硅掺杂等材料制成。

红外线传感器常用于无接触温度测量、气体成分分析和无损探伤,在医学、军事、空间技术和环境工程等领域得到了广泛应用。例如采用红外线传感器远距离测量人体表面温度的热像仪,可以发现温度异常的部位,及时对疾病进行诊断治疗;利用人造地球卫星上的红外线传感器对地球云层进行监视,可实现大范围的天气预报;采用红外线传感器可检测飞机上正在运行的发动机的过热情况等。

市场上常用的红外线光电传感器(又称光电开关),是利用物体对近红外线光束的反射原理,由同步回路感应反射回来的光,据其强弱来检测物体的存在与否。常见的红外线光电开关有对射式和反射式两种,反射式光电开关是利用物体反射光电开关发射出的红外线,由光电开关接收,从而判断是否有物体存在。如有物体存在,光电开关接收到红外线,其触点动作,否则其触点复位。对射式光电开关是由分离的发射器和接收器组成的。当无遮挡物时,接收器接收到发射器发出的红外线,其触点动作;当有物体挡住时,接收器便接收不到红外线,其触点复位。

不同的应用场合使用不同的红外线光电开关。在电磁振动供料器上常用光纤式光电开关,在间歇式包装机包装膜的供送装置中使用的是漫反射式光电开关,在连续式高速包装机中常用槽式光电开关。在光电开关的使用过程中一定要注意选择光电开关的品种、型号以及厂家等。

接近型光电开关的型号及其命名方法如图 2.7.2 所示。

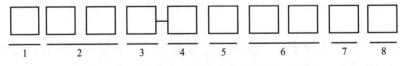

图 2.7.2 接近型光电开关的型号及其命名方法

图 2.7.2 中,第 1 部分用 1 位或 2 位字母表示开关种类。

第 2 部分由 2 位构成,前 1 位是字母,后 1 位是固定的数字 8,表示开关外形。

第 3 部分有时候用 M,有时候不用。该位表示安装方式。

第 4 部分用 1 位或 2 位字母表示电源类型。

第 5 部分用数字表示检测距离。

第 6 部分用 1 或 2 位字母表示输出状态。

第 7 部分用字母表示连接方式。

第 8 部分用字母表示感应面的方向。

接近型光电开关的型号说明见表2-7-1。

表 2-7-1　接近型光电开关的型号说明

序号	标记类别	标记符号	标记含义
1	开关种类	无标记/Z C/CZ N X F V	电感式/电感式自诊断 电容式/电容式自诊断 NAMUR 安全开关 模拟式 霍耳式 干簧式
2	外形代号	J B Q L P E U G T	螺纹圆柱形 圆柱形 角柱形 方形 扁平形 矮圆柱形 槽形 组合形 特殊形
3	安装方式	无标记 M	非埋入式(齐平安装式) 埋入式(非齐平安装式)
4	电源电压	A D DB W X	交流 20~250 V 直流 10~30 V(模拟量 15~30 V) 直流 10~65 V 交直流 20~250 V 特殊电压
5	检测距离	0.8~120 mm	以实际感应距离为准
6	输出状态	K H C SK SH ST NK NH NC PK PH PC Z GT 注① HT 注② NT PT	二线常开 二线常闭 二线开闭可选 交流三线常开 交流三线常闭 交流三线开+闭 三线 npn 常开 三线 npn 常闭 三线 npn 开闭可选 三线 pnp 常开 三线 pnp 常闭 三线 pnp 开闭可选 三线 npn、pnp 开闭全能转化 交流四线开+闭 交流四线开+闭 四线 npn 开+闭 四线 pnp 开+闭

续表

序号	标记类别	标记符号	标记含义
7	连接方式	J X 无标记 A2 B C2 F G Q S2 L R E	无线继电器输出 特殊输出 1.5 m 引线 2 为 2 m、3 为 3 m 引线,以此类推 内接线端子 C×162 为 2 芯,5 为 5 芯插,以此类推 塑料螺纹四芯插座 金属螺纹四芯插座 塑料四芯插座 2 芯航插座(C5 为 5 芯)类推 三芯插座 多功能插座 特殊插件
8	感应面方向	无标记 Y W S M	对端 左端 右端 上端 分离式

注①②:具体情况参照实物接线图

4. 色彩传感器

色彩传感器分为三种不同类型:光到电流转换、光到电压转换、光到数字转换。光是色彩传感器的输入部分,所产生的光电流的幅度非常低,必须经过放大才可使光电流转换成可用的水平。实用的模拟输出色彩传感器会有一个跨阻抗放大器,并提供电压输出。

光到电流转换器由光电二极管或具有色彩滤波器的光电二极管组成,在光电二极管外壳上有一个能让光照射到光敏区的窗口,光电二极管工作在反向电压下。无光照时,反向偏置的 pn 结中只有微弱的反向漏电流——暗电流通过。当有能量大于 pn 结半导体材料禁带宽度的光子照射时,半导体材料各区域中的价电子吸收光子能量后,将挣脱束缚而成为自由电子,同时产生一个空穴,这些由光照产生的自由电子和空穴称为光生载流子。在远离耗尽层的 p 区和 n 区中,因电场强度弱,光生载流子只能作扩散运动,在扩散过程中因复合而消失,不可能形成光电流,而耗尽层中由于电场强度大,光生自由电子和空穴将在电场力作用下以很大速度分别向 n 区和 p 区运动,并到达电极沿外电路运动,形成光电流。光电流的方向由光电二极管的负极到正极。将转换成的光电流经过外部电路转换成电压输出,然后通过 A/D 转换器将电压转换成数字量输出,输送到微控制器中。感测色彩的一般做法是把三至四个光电二极管组合在一块芯片上,将红、绿、蓝滤色器置于光电二极管的表面(通常将两个蓝滤色器组合在一起以补偿硅片对于蓝光的低灵敏度)。独立的跨阻抗放大器将每个光电二极管的输出馈送到具有 8 位半分辨率的 A/D 转换器中。

光到电流转换器适合响应时间短,定制增益以及速度调节在光线变化条件下的应用。光到电流转换器的原理及伏安关系如图 2.7.3 所示。

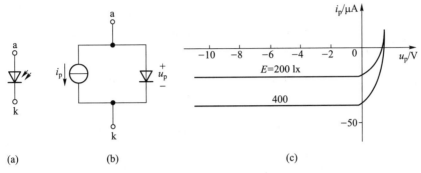

图 2.7.3 光到电流转换器的原理及伏安关系

光到电压转换器原理如下。光到电压转换器由搭配色彩滤波器的光电二极管阵列组成,并整合一个跨阻抗放大器。使用外部电路,将模拟电压转换成数字量输出,然后才能输送到数字信号处理器。光到电压色彩传感器由色彩滤波器后面的光电二极管阵列与整合的电流到电压转换电路(通常是跨阻抗放大器)组成,落在每个光电二极管上的光转换成光电流,其幅度取决于经过色彩滤波器输出的入射光的亮度及波长。如果没有色彩滤波器,典型的硅光电二极管会对从超紫色区阈值到可视区域的波长作出响应,在光谱接近红外线的部分,峰值响应区域位于 800 nm 和 950 nm 之间。红色、绿色和蓝色透射色彩滤波器将重塑和优化光电二极管的光谱响应。正确设计的滤波器将对模仿人眼滤波后的光电二极管阵列提供光谱响应。三个光电二极管中的每个光电二极管的光电流会使用电流到电压转换器,转换成电压输出。所以光到模拟电压转换器适合要求设计周期较短的应用。光到模拟电压转换的色彩传感器内部结构如图 2.7.4 所示。

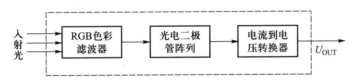

图 2.7.4 光到模拟电压转换的色彩传感器内部结构

使用色彩传感器测量 LED 亮度随时间变化情况,提供光学反馈,控制光源的色彩点,或者可与色彩控制器技术结合使用,形成闭环色彩管理系统。所以这种方法所需的元件数量比分立型光电二极管的要少。由于对噪声敏感的模拟电路位于芯片之上,因此压缩了对印刷电路板的占用空间,降低了安装成本,并且简化了设计和印刷电路板布局。

色彩传感器的型号以深圳某公司生产的颜色传感器为例进行讨论。这个公司生产的颜色传感器有激光型色标传感器 PC-L 系列,精细型色标传感器 PC-C 系列,放大器分离型颜色传感器 PC-100 系列,PC-H40、PC-H38、PC-130 系列,精细型色标传感器 PC-C 系列等。以 PC-C 系列的精细型色标传感器为例进行简单介绍,见表 2-7-2。

表 2-7-2   PC-C 系列的精细型色标传感器型号及性能对照表

类型	反射型 精细型			
型号 npn	PC-CS003n	PC-CR003n	PC-CG003n	PC-CB003n
pnp	PC-CS003p	PC-CR003p	PC-CG003p	PC-CB003p
检测距离	10~30 mm	10~30 mm	10~30 mm	10~30 mm
被检测物体	任意两种不同颜色			
光源	白色 LED	红色 LED	绿色 LED	蓝色 LED
光点大小	4~5 mm	4~5 mm	4~5 mm	3~4 mm
最小检测物体	1 mm	1 mm	1 mm	1 mm
电源电压	DC 12~24 V+/-10%；纹波电压(P-P)最大 10%			
控制输出	npn 或 pnp 最大 100 mA(40 V)；剩余电压最大 1 V			
电流消耗	最大 25 mA			
反应时间	0.5 ms			
灵敏度调节	按键设定			
输出类型	LIGHT-ON/DARK-ON			
指示灯	输出及电源:红色 LED;稳定操作:绿色 LED			
电路保护	逆电流保护、过电流保护、过电压保护			
防护等级	IP66			
环境光度	白炽灯:最大 5 000 lx;日光灯:最大 20 000 lx			
环境温度	-20~55 ℃,无凝结			
相对湿度	35%~85%,无凝结			
外壳	铁			
长度	2 m			
重量	70 g			

其他颜色传感器的型号及性能可查阅相关资料或浏览相关厂家网站。

2.8   光电耦合器

光电耦合器简称光耦,是把发光器件(如发光二极体)和光敏器件(如光敏晶体管)组装在一起,通过光线实现耦合,构成的光—电转换器件。这里主要讨论光电耦合器的分类、原理、型号及其使用过程中的注意事项。

2.8.1 光电耦合器分类

光电耦合器最常用的分类方法是按其输出类型的不同进行划分,主要有五种类型:① 晶体管输出的光电耦合器;② 高速输出的光电耦合器;③ 逻辑输出的光电耦合器;④ 可控硅输出的光电耦合器;⑤ 继电器输出的光电耦合器。

光电耦合器内部结构是由三部分组成的,即光的发射、光的接收和信号放大。所有的光电耦合器,第一和第二部分都是一样的,就是光的发射和光的接收,区别在于第三部分,即信号放大。第三部分做成类似可控硅,那就是光可控硅;做个简单的晶体管,那就是常用的普通光电耦合器;做个类似耐高压的 MOS 管,就是光继电器。

下面仅以晶体管输出的光电耦合器为例,讨论一下光电耦合器的基本结构和原理。

普通光电耦合器按输出结构分为三种类型:无基极引线光电耦合器,有基极引线光电耦合器,双晶体管的达林顿光电耦合器。其中无基极引线光电耦合器是最基础的光电耦合器,是最常用的光电耦合器,也是用量最大的光电耦合器。其他类型的光电耦合器都是直接或者间接在它的基础上发展而来的。

无基极引线光电耦合器,有三种封装:DIP-4、SMD-4、HDIP-4,分别对应双列直插、贴片、宽脚。常用型号有 PC817、TLP521-1、PS2501-1、LTV-817、K1010、EL817,该光电耦合器可以组成双光电耦合器 DIP-8,4 组光电耦合器输出 DIP-16,双光电耦合器常用型号有 PC827、TLP521-2、PS2501-2、LTV817-2、K1020,4 组光电耦合器常用型号有 PC847、TLP521-4、PS2501-4、LTV817-4、K1040。

有基极引线光电耦合器,其封装一般采用 DIP-6 或 SMD-6,常用型号有 PC733H、TLP630、LTV-733、KP6010。

双晶体管的达林顿光电耦合器,其封装一般采用 DIP-4 或 SMD-4,常用型号有 PC852、TLP627、PS2532-1、LTV-852、KP4010,该光电耦合器可以组成双光电耦合器输出,封装为 DIP-8,4 组光电耦合器输出,封装为 DIP-16,双光电耦合器常用型号有 PC8D52、TLP627-2、PS2532-2、LTV852-2、KP4020,4 组光电耦合器常用型号有 PC8Q52、TLP627-4、PS2532-4、LTV852-4、KP4040。

光电耦合器按输入结构分为直流输入型和交流输入型。直流输入型的输入端是一个二极管,所以只有一个方向可以导通。交流输入型就是在原有一个输入二极管上再反向并联一个二极管,变成两个二极管,也就能实现双向导通。

光电耦合器按封装形式来分有 DIP、SMD、HDIP、SOP、SSOP,此处 SMD 就是在 DIP 的基础上把引脚弯曲 90°,原来是直插的要通过印刷电路板焊接,SMD 封装的芯片可以在印刷电路板表面直接焊接,HDIP 是在 DIP 的基础上把引脚弯曲 45°,再弯曲 135°。

2.8.2 光电耦合器的工作原理

图 2.8.1 为常用的晶体管型光电耦合器原理图。当电信号送入光电耦合器的输入端时,发光二极

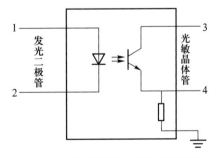

图 2.8.1 晶体管型光电耦合器原理图

管通过电流而发光,光敏元件受到光照后产生电流,集电极与发射极导通;当输入端无信号时,发光二极管不亮,光敏晶体管截止,集电极与发射极不通。从数字信号的角度看,当输入为低电平 **0** 时,光敏晶体管截止,输出为高电平 **1**;当输入为高电平 **1** 时,光敏晶体管饱和导通,输出为低电平 **0**。这种光电耦合器价格便宜,应用广泛。

2.8.3   光电耦合器的作用

光电耦合器的作用是能有效地抑制尖脉冲和各种干扰信号,使通道上的信号质量大幅度提高,其主要原因有以下几方面。

(1)光电耦合器的输入阻抗很小,只有几百欧姆,而干扰源的阻抗较大,通常为 $10^5 \sim 10^6\ \Omega$。根据分压原理可知,即使干扰电压的幅度较大,但馈送到光电耦合器输入端的干扰电压会很小,只能形成很微弱的电流,不能使发光二极管发光,从而不会影响输出端电势的变化。

(2)光电耦合器的输入回路与输出回路之间没有电器联系,也没有共同接地。输入回路和输出回路之间的分布电容极小,而绝缘电阻又很大,因此回路一边的各种干扰都很难通过光电耦合器馈送到另一边去,避免了共阻抗耦合的干扰信号的产生。

(3)光电耦合器可起到很好的安全保障作用,即使当外部设备出现故障,甚至输入信号线短接时,也不会损坏仪表。因为光电耦合器的输入回路和输出回路之间可以承受几千伏的高压。

(4)光电耦合器的反应速度极快,其回应延迟时间只有 $10\ \mu s$ 左右,适用于对回应速度要求很高的场合。

2.8.4   光电耦合器的型号及其命名方法

当前,光电耦合器型号的命名尚不统一,一些国际大公司的产品都有自己的命名规则。光电耦合器的常用型号和功能特点对照表见表 2-8-1。

表 2-8-1   光电耦合器的常用规格型号和功能特点对照表

规格型号	功能特点	规格型号	功能特点
4N25	晶体管输出	4N33MC	达林顿管输出
4N25MC	晶体管输出	4N35	达林顿管输出
4N26	晶体管输出	4N36	晶体管输出
4N27	晶体管输出	4N37	晶体管输出
4N28	晶体管输出	4N38	晶体管输出
4N29	达林顿管输出	4N39	可控硅输出
4N30	达林顿管输出	6N135	高速光耦晶体管输出
4N31	达林顿管输出	6N136	高速光耦晶体管输出
N32	达林顿管输出	6N137	高速光耦晶体管输出
4N33	达林顿管输出	6N138	达林顿管输出

规格型号	功能特点	规格型号	功能特点
6N139	达林顿管输出	TLP521-2	双光耦
MOC3020	可控硅驱动输出	TLP521-4	四光耦
MOC3021	可控硅驱动输出	TLP621	四光耦
MOC3023	可控硅驱动输出	TIL113	达林顿管输出
MOC3030	可控硅驱动输出	TIL117 TTL	逻辑输出
MOC3040	过零触发可控硅输出	PC814	单光耦
MOC3041	过零触发可控硅输出	PC817	单光耦
MOC3061	过零触发可控硅输出	H11A2	晶体管输出
MOC3081	过零触发可控硅输出	H11D1	高压晶体管输出
TLP521-1	单光耦	H11G2	电阻达林顿管输出

光电耦合器根据输出和输入的关系可分为两种,一种为非线性光电耦合器,另一种为线性光电耦合器。常用的 4N 系列光电耦合器属于非线性光电耦合器。非线性光电耦合器的电流传输特性曲线是非线性的,这类光电耦合器适合于数字量信号的传输,不适合于传输模拟量信号。

常用的线性光电耦合器是 PC817A~C 系列。线性光电耦合器的电流传输特性曲线接近于直线,并且小信号时性能较好,能以线性特性进行隔离控制。开关电源中常用的光耦是线性光电耦合器。常用的 4 脚线性光电耦合器有 PC817A~C、PC111、TLP521 等;六脚线性光电耦合器有 TLP632、TLP532、PC614、PC714、PS2031 等。

光电耦合器的增益被称为晶体管输出器件的电流传输比（CTR）,其定义是光电晶体管集电极电流与发光二极管正向电流的比值（ICE/IF）。光电晶体管集电极电流与 U_{CE} 有关,即集电极和发射极之间的电压。还有一种光电耦合器是可控硅光电耦合器。moc3063、IL420 等都属于可控硅光电耦合器。它们的主要指标是负载能力。moc3063 的负载能力是 100 mA,IL420 是 300 mA。

2.9 常用的连接器件

连接器,即 Connector。国内亦称作接插件、插头和插座,一般是指电器连接器,即连接两个有源器件的器件,可传输电流或信号。连接器常见的品牌有加奈美、纽崔克、东芝、Molex 等。

连接器是电子设备中不可缺少的部件,其形式和结构是多种多样的,随着应用对象、频率、功率、应用环境等不同,有各种不同形式的连接器。其作用就是要保证电流或信息可靠顺畅地流通。这里主要讨论连接器的性能、分类及其型号。

2.9.1　连接器的性能

连接器的基本性能有三类,即机械性能、电气性能和环境性能。

插拔力是连接器重要的机械性能。插拔力分为插入力和拔出力,拔出力亦称分离力。在使用和设计中,对两者的要求是不同的。在有关标准中,有最大插入力和最小分离力规定,这表明,从使用角度来看,插入力要小,在设计中有低插入力 LIF 的限制和无插入力 ZIF 的结构。而分离力则不能太小,否则会影响接触的可靠性。

另一个重要的机械性能是连接器的机械寿命。机械寿命实际上是一种耐久性(durability)指标,在国标 GB 5095 中把它称为机械操作。它是以一次插入和一次拔出为一个循环,以在规定的插拔循环后连接器能否正常完成其连接功能作为评判依据。连接器的插拔力和机械寿命与接触件结构决定的正压力大小,接触部位镀层质量决定的动摩擦因数以及接触件排列尺寸精度决定的对准度有关。

连接器的电气性能主要包括接触电阻、绝缘电阻和抗电强度。高质量的电连接器应当具有低而稳定的接触电阻,从几毫欧到数十毫欧不等。绝缘电阻是衡量连接器接触件之间和接触件与外壳之间绝缘性能的指标,其数量级为数百兆欧至数千兆欧不等。抗电强度又称介质耐压,是表征连接器接触件之间或接触件与外壳之间承受额定试验电压的能力。

常见的环境性能包括耐温、耐湿、耐盐雾、耐振动和冲击等的能力。目前连接器的最高工作温度为 200 ℃,少数高温特种连接器除外,最低工作温度为-65 ℃。由于连接器工作时,电流在接触点处会产生热量,导致温升,因此一般认为工作温度应等于环境温度与接触点温升之和。在某些规范中,明确规定了连接器在额定工作电流下容许的最高温升。

湿潮气体的侵入会影响连接器的绝缘性能,并锈蚀金属零件。恒定湿热试验条件为相对湿度 90%~95%(依据产品规范,可达 98%)、温度+40 ℃±20 ℃,试验时间不低于 96 小时。

连接器在含有潮湿气体和盐分的环境中工作时,其金属结构件、接触件表面处理层有可能产生电化学腐蚀,影响连接器的物理和电气性能。为了评价连接器耐受这种环境的能力,部分标准规定了盐雾试验。它将连接器悬挂在温度受控的试验箱内,将规定浓度的氯化钠溶液用压缩空气喷出,形成盐雾大气,其暴露时间至少有 48 小时。

耐振动和冲击是连接器的重要性能,在特殊的应用环境,如航空航天、铁路和公路运输中尤为重要,它是检验连接器机械结构的坚固性和电接触可靠性的重要指标。冲击试验应规定峰值加速度、持续时间和冲击脉冲波形,以及电气连续性中断的时间。

根据使用要求,连接器的其他环境性能还有密封性、耐液体浸渍、耐低气压等。

2.9.2　连接器的分类

按照不同属性可将连接器划分为不同种类型。按外形结构的横截面形状的不同可将连接器划分为圆形和矩形;按工作频率的不同可分为低频和高频(以 3 MHz 为界限)。同轴连接器属于圆形,印制电路板连接器属于矩形,而流行的矩形连接器其截面实际上为梯形,近似于矩形。按照用途、安装方式、特殊结构、特殊性能等因素综合考虑,还可以把连接器划分为以下几种类别:① 低频圆形连接器;② 矩形连接器;③ 印制电路板连接器;④ 射频连接器;⑤ 光纤连接器等。

2.9.3 连接器的型号

由于连接器的结构日益多样化,新的结构和应用领域不断出现,人们根据电子设备内外连接的功能,将互连(interconnection)分为五个层次。

(1)芯片封装的内部连接。

(2)IC 封装引脚与印刷电路板的连接。典型连接器为 IC 插座。

(3)印制电路板与导线或印制电路板的连接。典型连接器为印制电路板连接器。

(4)底板与底板的连接。典型连接器为机柜式连接器。

(5)设备与设备之间的连接。典型产品为圆形连接器。

在我国,连接器与开关、键盘等统称为电接插元件,而电接插元件与继电器则统称为机电组件。

2.10 电子信息系统的输入和输出器件

输入和输出器件是电子信息系统不可缺少的重要组成部分。这两个环节质量的优劣对系统质量的影响非常直观。本节主要介绍常用的以及近年来发展起来的高端智能输入、输出器件。

2.10.1 常用的输入器件——按键

按键开关也称之为轻触开关,英文名称为 Touch Switch,是一种电子开关,使用时以满足一定条件的操作力向操作方向施加作用,使开关实现闭合或接通,当撤销作用力时,开关即断开,其内部结构是靠金属弹片受力变化来实现通断的。按键开关有接触电阻小、误操作少、规格多样化等优点,在电子仪器设备中得到广泛的应用。产品结构有立式、卧式和组合式等几类,满足各种电子产品要求。安装尺寸有 6.5 mm×4.5 mm,5.5 mm×4 mm 和 6 mm×4 mm 等。国外生产的还有 4.5 mm×4.5 mm 小型按键开关和片式按键开关,片式按键开关适合于表面组装。

当前,还出现了薄膜开关,其功能与按键开关相同,但电阻大、手感差。为了克服手感差的现象,薄膜开关内装上了接触簧片结构的薄膜开关。

以硅胶为原料所制做的按键被称为硅胶按键,它具有优良的耐热性、耐寒性、耐腐蚀性、电气绝缘性、耐疲劳等特点。硅胶(Silica gel;Silica)也被称为硅橡胶,是一种高活性吸附材料,属非晶态物质,不溶于水和任何溶剂,无毒无味,化学性质稳定,除强碱、氢氟酸外不与任何物质发生反应。各种型号的硅胶因其制造方法不同而形成不同的微孔结构。硅胶根据其孔径的大小分为:大孔硅胶、粗孔硅胶、B 型硅胶、细孔硅胶。硅胶按键制作需要考虑硅胶产品的直径、长宽高的尺寸、按键行程距离、按力要求、产品硬度、颜色、导电要求等;硅胶按键包括单点硅胶按键、遥控器硅胶按键、手机硅胶按键、轻触硅胶按键、透光硅胶按键、镭雕按键、贴片式硅胶按键等。按键没有统一的型号,使用时可以根据自己的需要进行设计。有很多厂家可以根据用户的需要进行设计和加工,尤其是硅胶薄膜按键。典型的组合式薄膜硅胶按键如图2.10.1所示。

2.10.2　常用的输出器件——显示器件

小型电子仪器主要的输出设备有数码管显示器、液晶显示器和微型打印机等。

2.10.2.1　数码管

数码管是一种半导体发光器件,其基本单元是发光二极管,有时也被称为LED,其英文名称是LED Segment Displays。数码管按段数可分为七段数码管和八段数码管,八段数码管比七段数码管多一个小数点(DP)的发光二极管单元,按能够显示的数位可分为1位、2位、3位、4位、5位、6位、7位等数码管。

图 2.10.1　典型的组合式薄膜硅胶按键

数码管按发光二极管单元连接方式可分为共阳数码管和共阴数码管。共阳数码管是指将所有发光二极管的阳极接到一起形成公共阳极(COM)的数码管,这种数码管在应用时一般将公共极COM接到+5 V,当某一字段发光二极管的阴极为低电平时,相应字段就点亮,当某一字段的阴极为高电平时,相应字段就不亮。共阴数码管是指将所有发光二极管的阴极接到一起形成公共阴极(COM)的数码管,共阴数码管在应用时应将公共阴极COM接到地线GND上,当某一字段发光二极管的阳极为高电平时,相应字段就点亮,当某一字段的阳极为低电平时,相应字段就不亮。这两种数码管的发光原理是一样的,只是它们的电源极性不同。数码管的颜色有红、绿、蓝、黄等几种。选用时要注意产品尺寸颜色、功耗、亮度、波长等。数码管引脚与内部接线原理如图2.10.2所示。图2.10.3是一个7段2位带小数点的数码管的外形图。

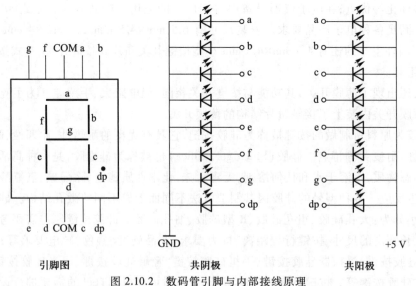

引脚图　　　　　共阴极　　　　　共阳极

图 2.10.2　数码管引脚与内部接线原理

数码管的驱动方式可以分为静态和动态两种。

静态驱动。静态驱动也称直流驱动,是指每个数码管的每一个段码都由一个单片机的I/O端口进行驱动,或者使用译码器译码后进行驱动。静态驱动的优点是编程简单,显示亮度高,缺点是占用I/O端口多。

图 2.10.3　7 段 2 位带小数点的
LED 数码管外形图

动态驱动。数码管动态驱动接口电路是单片机系统中应用最为广泛的一种驱动方式,通过分时轮流控制各个数码管的 COM 端,使各个数码管轮流受控显示,这就是动态驱动。在轮流显示过程中,每位数码管的点亮时间为1~2 ms,由于人的视觉暂留现象及发光二极管的余晖效应,尽管实际上各位数码管并非同时点亮,但只要扫描的速度足够快,给人的印象就是一组稳定的显示数据,不会有闪烁感。动态显示的效果和静态显示基本上是一样的,还能够节省大量的I/O端口,而且功耗更低。

静态驱动时,推荐使用电流 10~15 mA;动态驱动时,平均电流为 4~5 mA,峰值电流 50~60 mA。在电压方面,查引脚排布图,看一下每段的芯片数量是多少,当颜色为红色/黄绿色时,由于这种芯片导通电压为 1.9 V,因此整个数码管的驱动电压为 1.9 V 乘以每段芯片串联的个数;同理,当颜色为绿色/蓝色时,驱动电压为 3.1 V 乘以每段芯片串联的个数。

因生产厂家不同,数码管的型号命名也不完全相同。通常情况下,数码管的型号由 7 部分构成,如图 2.10.4 所示。

图 2.10.4　数码管型号结构图

数码管型号各部分的含义见表 2-10-1。

表 2-10-1　数码管型号各部分的含义

序号	1	2	3	4	5	6	7
内容	JM	S	三位数字	数字	数字	1 位英文字母	1~2 位英文字母
含义	厂家代号	数码管的缩写	字符高度的英寸①数。如 056 表示 0.56 英寸;160 表示 1.60 英寸	字符位数 1 表示 1 位;2 表示 2 位;以此类推	模具编号	A、C、E……表示共阴极;B、D、F……表示共阳极	R:红色;H:高亮红;S:超高亮红; G:绿色;PG:纯绿色;E:橙红;Y:黄色;B:蓝色;EG:橙绿双色;HG:高亮红双色

---

① 1 英寸 = 0.025 4 m,现不推荐使用此单位。

2.10.2.2 液晶显示器

液晶显示器的工作原理:液晶显示器是由液晶材料制备的显示器件。液晶是有机化合物,在常温条件下,既能呈现出液体的流动性,又有晶体的光学各向异性。在电场、磁场、温度、应力等外部条件的影响下,其分子容易发生再排列,使液晶的光学性质随之发生变化。液晶的这种各向异性及其分子排列易受外加电场、磁场的控制的特性,可以实现光被电信号调制,从而制成液晶显示器件。这种器件在不同电流电场作用下,液晶分子会规则旋转90°排列,产生透光度的差别,如此在电源ON/OFF下产生明暗的区别,依此原理控制每个像素,便可构成所需图像。

液晶的物理特性是:当通电时,排列有秩序,光线容易通过;不通电时排列混乱,阻止光线通过。液晶面板包含了两片相当精致的无钠玻璃素材,中间夹着一层液晶。当光束通过这层液晶时,液晶本身或规则排列或扭转呈不规则形状,因而阻隔或使光束顺利通过,控制光线不通过的部分可显出不同的文字和图案,这就是黑白液晶显示器的工作原理。大多数液晶都属于有机复合物,由长棒状的分子构成。在自然状态下,这些棒状分子的长轴大致平行。

对于笔记本电脑或者桌面型的显示器需要采用更加复杂的结构,需要具备专门处理彩色显示的色彩过滤层。通常,在彩色LCD面板中,每一个像素都是由三个液晶单元格构成的,其中每一个单元格前面都分别有红色、绿色或蓝色的过滤器。这样,通过不同单元格的光线就可以在屏幕上显示出不同的颜色。由于LCD屏只含有固定数量的液晶单元,在全屏幕使用过程中只有一种分辨率显示。

笔记本液晶屏常用的是TFT显示屏。TFT指的是薄膜晶体管,英文全称为 Thin Film Transistor。TFT显示屏是有源矩阵类型液晶显示器,在其背部设置特殊发光管,TFT可以主动对屏幕上各个独立的像素进行控制。TFT的采用可以提高反应时间为80 ms,改善了传统液晶屏闪烁模糊的现象,有效地提高了播放动态画面的能力,TFT屏幕有出色的色彩饱和度和更高的对比度,太阳光下依然能被看得非常清楚,但缺点是比较耗电,而且成本也较高。

液晶显示器的技术参量如下。

① 可视面积。液晶显示器所标示的尺寸就是实际可以使用的屏幕范围。一个15.1英寸的液晶显示器约等于17英寸CRT屏幕的可视范围。

② 点距。举例来说,一般14英寸液晶显示器的可视面积为285.7 mm×214.3 mm,它的最大分辨率为1 024×768,那么点距就等于:可视宽度/水平像素,或者可视高度/垂直像素,即285.7 mm/1 024≈0.279 mm,或者是214.3 mm/768≈0.279 mm。

③ 色彩度。指的是色彩表现度。色彩可以看成是由红、绿、蓝三种基本色组成的。液晶显示器面板是由1024×768个像素点组成显像的,每个独立像素上的色彩是由红、绿、蓝(R、G、B)三种基本色来控制的。大部分厂商生产出来的液晶显示器,每种基本色(R、G、B)由6位二进制数表现方式,即64种表现度,那么每个独立的像素就有64×64×64=262 144种色彩。现在,有不少厂商使用了所谓的FRC(Frame Rate Control)技术,以仿真的方式来表现出全彩的画面,也就是每个基本色(R、G、B)能达到8位二进制数的表现方式,即256种表现度,那么每个独立的像素就有高达256×256×256=16 777 216种色彩了。

④ 对比度。它的定义是最大亮度值(全白)除以最小亮度值(全黑)的比值。这个值与

液晶屏制造时选用的控制 IC、滤光片和定向膜等配件有关,对一般用户而言,对比度能够达到 350 : 1 就足够了。

⑤ 亮度。液晶显示器的最大亮度,通常由冷阴极射线管(背光源)来决定,亮度值一般都在 200~250 cd/m² 间。技术上来说,液晶显示器可以达到高亮度,但是这并不代表亮度值越高越好,因为太高亮度的显示器有可能使观看者眼睛受伤。液晶是一种介于固态与液态之间的物质,本身是不能发光的,需要借助额外的光源。因此,灯管数目关系着液晶显示器亮度。最早的液晶显示器只有上下两个灯管,发展到现在,普及型的液晶显示器最少也是四个灯管,高端的是六个灯管。四灯管设计分为多种摆放形式,最常见的一种是四个边各有一个灯管,但缺点是屏幕中间会出现黑影,解决的方法就是将四个灯管由上到下平行排列。六灯管设计实际使用的是三根灯管,厂商将三根灯管都弯成"U"形,然后平行放置,以达到六根灯管的效果。

⑥ 信号响应时间。信号响应时间指的是液晶显示器对于输入信号的反应速度,也就是液晶由暗转亮或由亮转暗的反应时间,通常是以 ms(毫秒)为单位。此值当然是越小越好。如果响应时间太长,就有可能使液晶显示器在显示动态图像时,有尾影拖曳的感觉。一般的液晶显示器的响应时间范围为 2~5 ms。要说清这一点,还要从人眼对动态图像的感知谈起。人眼存在"视觉残留"的现象,高速运动的画面在人脑中会形成短暂的视觉残留。动画片、电影正是应用了视觉残留的原理,让一系列渐变的图像在人眼前快速连续显示,便形成动态的影像。人能够接受的动态画面显示速度一般最低为每秒 24 张,这也是电影每秒 24 帧播放速度的由来,如果显示速度低于这一标准,人就会明显感到画面的停顿和不适。按照这一指标计算,每张画面显示的时间需要小于 40 ms。这样,对于液晶显示器来说,响应时间 40 ms 就成了一道坎。响应时间高于 40 ms 的显示器便会出现明显的画面闪烁现象,让人感觉眼花。如果想让图像画面达到不闪的程度,就最好使显示器达到每秒 60 帧的速度。

可以算出相应反应时间下的每秒画面数如下。

响应时间 30 ms:1/(0.030 s)= 每秒约显示 33 帧画面;

响应时间 25 ms:1/(0.025 s)= 每秒约显示 40 帧画面;

响应时间 16 ms:1/(0.016 s)= 每秒约显示 63 帧画面;

响应时间 12 ms:1/(0.012 s)= 每秒约显示 83 帧画面;

响应时间 8 ms:1/(0.008 s)= 每秒约显示 125 帧画面;

响应时间 4 ms:1/(0.004 s)= 每秒约显示 250 帧画面;

响应时间 3 ms:1/(0.003 s)= 每秒约显示 333 帧画面;

响应时间 2 ms:1/(0.002 s)= 每秒约显示 500 帧画面;

响应时间 1 ms:1/(0.001 s)= 每秒约显示 1 000 帧画面;

⑦ 可视角度。液晶显示器的可视角度左右对称,而上下则不一定对称。举个例子,当背光源的入射光通过偏光板、液晶及取向膜后,输出光便具备了特定的方向特性,也就是说,大多数从屏幕射出的光具备了垂直方向。假如从一个非常倾斜的角度观看一个全白的画面,人们可能会看到黑色或是色彩失真。一般来说,上下角度要小于或等于左右角度。如果可视角度为左右 80°,表示在始于屏幕法线 80° 的位置之内可以清晰地看见屏幕图像。但是,由于人的视力范围不同,如果没有站在最佳的可视角度内,所看到的颜色和亮度将会有

误差。现在有些厂商就开发出各种广视角技术,试图改善液晶显示器的视角特性。

2.10.2.3 微型打印机

微型打印机原理如下。微型打印机机主要是指宽度小于 84 mm 的小型打印机,主要应用在小型的电子系统中,包括 POS 机、税控机、ATM 等设备的内置或外挂式微型打印机。微型打印机外形如图 2.10.5 所示。

图 2.10.5 微型打印机外形

打印机是一种复杂而精密的机械电子装置,其结构基本可分为机械装置和控制电路两部分,这两部分是密切相关的。机械装置包括打印头、字车机构、走纸机构、色带传动机构、墨水(墨粉)供给机构以及硒鼓传动机构等,它们都是打印机系统的执行机构,由控制电路统一协调和控制。而打印机的控制电路则包括 CPU 主控电路、驱动电路、输入输出接口电路及检测电路等。

针式微型打印机至少由以下基本关键部件组成:打印机芯、打印控制器、电源和外壳,而打印机芯又由打印头和字车电动机运动机构、走纸电动机运动机构以及各种传感器等组成。针式微型打印机的关键部件与热敏式微型打印机最大的区别在于,一般的行式热敏微型打印机没有字车电动机运动机构和打印头的运动机构,而这些主要是由热敏微型打印机的打印头不同于针式微型打印机所决定的,这也同时决定了不同的打印方式和控制方法。

针式微型打印机是通过控制打印头运动和走纸运动,并控制打印头出针击打色带和打印纸,把色带上相应点的墨汁印在打印纸上,从而在纸上打印出所需的信息。直热行式热敏微型打印机,其热敏头由一排紧密均匀排列的特殊材料的可加热电阻组成,每个单元电阻对应一个点,控制其不同点的通电即可对相应的点加热,而与其紧密接触的带热敏涂层的热敏纸受热就可以印出相应的点信息,再同时通过走纸的控制,就可以打印出各种信息。另一种热敏微型打印机——热转印微型打印机,其工作原理与直热行式热敏微型打印机基本相同,不同之处在于:热转印微型打印机通过加热带有热敏涂层的碳带,把相应碳带加热点上的涂层材料转印到普通的打印纸上。

按照不同的分类方式可把微型打印机分为不同种类型。按用途分为专用微型打印机和通用微型打印机。所谓专用微型打印机是指用于特殊用途的微型打印机,比如专业条码微型打印机,专业证卡微型打印机等,这些微型打印机通常需要专业的软件或驱动程序进行支持。通用微型打印机使用范围比较广,可以支持很多种设备的打印输出。

微型打印机按打印方式可分为针式微型打印机、热敏微型打印机、热转印微型打印机等。

针式微型打印机:针式微型打印机采用的打印方式是打印针撞击色带,将色带的油墨印在打印纸上。

热敏微型打印机:热敏微型打印机的工作方式是用加热的方式使涂在打印纸上的热敏介质变色。

热转印微型打印机:热转印微型打印机是将碳带上的碳粉通过加热的方式印在打印纸上。目前除了条码打印机和车票打印机,热转印微型打印机在国内的其他领域使用很少。

此外还有微型字模打印机,这种打印机多用在出租车计价器、银行取款机等场合。

微型打印机按工作场所可分为便携式微型打印机、台式微型打印机和嵌入式微型打印机。

便携式微型打印机:便携式微型打印机体积较小,采用电池供电,利用红外或蓝牙技术进行数据通信,使用串口通信。

台式微型打印机:通常置于桌面,通过串口或并口接收数据打印;它主要用于 POS 机打印小票或配合仪器仪表打印测试结果。

嵌入式微型打印机:严格说来,嵌入式微型打印机不能算一个完整产品,而是一个产品的部件,是个只需要简单安装就能实现打印功能的模块,常用于嵌入仪器仪表进行打印。

热敏微型打印机和针式微型打印机性能特点有所不同。

(1)打印速度

针式微型打印机一般打印速度为每秒 3~5 行,这取决于打印头的工作频率、控制器的处理速度等因素。而热敏微型打印机正好克服了这些速度的限制,打印速度能达到 50 mm/s 甚至 150 mm/s,是针式微型打印机的几倍。

(2)多层打印能力

直热式热敏微型打印机的热敏头只能与单层的热敏纸表面接触,而无法传热到复印联的热敏纸上,所以只能实现单层打印;而针式微型打印机利用了击针的力度,可以把针的撞击传递到 2 层的带复印涂层的复写纸上,从而实现了 1+2 多层打印能力。这是针式微型打印机在打印发票以及其他需要打印复印联的应用上所具有的独特优势。

(3)体积

通常热敏微型打印机的体积比针式微型打印机的体积会稍小些,这主要是热敏微型打印机机芯小于针式微型打印机机芯决定的。

(4)打印分辨率

热敏微型打印机的打印分辨率比针式微型打印机要高很多,所以其打印的效果也比针式微型打印机好。常用的行式热敏微型打印机的打印头横向分辨率为 203 dpi,根据不同的应用还有 300 dpi 甚至更高分辨率的;针式微型打印机的打印头的纵向分辨率一般为 72 dpi,但通过合适的控制方式,可达到 144 dpi。

(5)打印耗材

针式微型打印机使用的是普通打印纸和色带,这两者的成本都相对较低;直热式热敏微型打印机必须用专用的热敏纸,尽管不需要色带,但耗材成本还是高于针式微型打印机。热转印式热敏微型打印机大部分性能与直热式热敏微型打印机相同,但因其采用热转印碳带,所以在耗材方面增加了碳带的成本,但因采用普通的打印纸从而降低了纸张成本。

总之,直热式热敏微型打印机主要在噪声、速度和分辨率上优于针式微型打印机,而针式微型打印机却在拷贝能力和打印后纸张的保存效果(热转印式除外)上优于直热式热敏微型打印机,这些各自的优点奠定了这两大类微型打印机各自的应用领域。

常用的嵌入式微型打印机,如炜煌系列 WH-7 型打印机,其性能为:

结构符合人体工程学,方便手持。

接口丰富、扩展性强、支持 232、USB、蓝牙、WiFi、红外接口。

低功耗设计、大容量电池支持超长时间打印。

任意晶格字库下载、设备自动识别。

支持一维、二维条码打印。

兼容 ESC/POS 指令集、更多字符样式设置指令。

可识别 IC 卡和 SIM 卡;具有存储记忆功能。

具有权限管理功能:

打印方式:热敏行式打印。

纸宽:57 mm。

分辨率:8 dots/mm;384 dots/line。

打印头寿命:50 km。

打印速度:70 mm/sec。

充电器:输入 AC100~240 V,1.0 A;输出 DC8.4 V,1.2 A。

电池:输出 DC7.4 V(8.4 V~6.8 V),1 800 mAh。

充电时间:2.5 h。

纸的规格:热敏卷纸(57 mm 宽,ϕ40 mm);

温度:打印机−10~50 ℃(14~122 ℉);电池 0~40 ℃(32~104 ℉)。

湿度:打印机 10%~90% RH;电池 20%~70% RH。

电池重量:0.100 kg。

在使用时可以对照选择。

2.11　蜂　鸣　器

蜂鸣器是一种一体化结构的电子讯响器,英文名称是 buzzer。它采用直流电压供电,广泛应用于各种电子产品中作为发声器件。蜂鸣器主要分为压电式蜂鸣器和电磁式蜂鸣器两种类型。蜂鸣器在电路中用字母"H"或"HA"表示。蜂鸣器在线路图中的符号如图 2.11.1 所示。

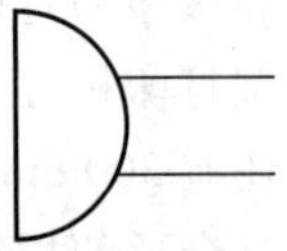

2.11.1　蜂鸣器的分类

图 2.11.1　蜂鸣器在
线路图中的符号

蜂鸣器按照不同属性可分为不同种类型。

按驱动电路的设置不同,可分为有源蜂鸣器和无源蜂鸣器。

按内部构造的不同,可分为电磁式蜂鸣器和压电式蜂鸣器。

按封装方式的不同,可分为插针蜂鸣器(DIP BUZZER)和贴片式蜂鸣器(SMD BUZZER)。

按电流类型的不同,可分为直流蜂鸣器和交流蜂鸣器,其中,以直流蜂鸣器最为常见。

压电式蜂鸣器使用压电材料,即当受到外力导致压电材料发生形变时,压电材料会产生电荷。同样,当通电时压电材料会发生形变,以此发出声音。

电磁式蜂鸣器主要利用通电导体会产生磁场的特性,用一个固定的永久磁铁与通电导体产生磁力推动固定在线圈上的鼓膜,从而产生声音。

由于两种蜂鸣器发音原理不同,压电式蜂鸣器结构简单耐用,但音调单一音色差,适用于报警器等设备,而电磁式蜂鸣器音色好,所以多用于语音、音乐等设备。

2.11.2 蜂鸣器的结构原理

上文提到了,蜂鸣器按内部结构的不同,可分为压电式蜂鸣器和电磁式蜂鸣器两种。

压电式蜂鸣器主要由多谐振荡器、压电蜂鸣片、阻抗匹配器及共鸣箱、外壳等组成。有的压电式蜂鸣器外壳上还装有发光二极管。

多谐振荡器由晶体管或集成电路构成。接通电源(1.5~15 V 直流工作电压)后,多谐振荡器起振,输出 1.5~2.5 kHz 的音频信号。阻抗匹配器推动压电蜂鸣片发声。压电蜂鸣片由锆钛酸铅或铌镁酸铅压电陶瓷材料制成。在陶瓷片的两面镀上银电极,经极化和老化处理后,再与黄铜片或不锈钢片粘在一起。

电磁式蜂鸣器由振荡器、电磁线圈、磁铁、振动膜片及外壳等组成。

接通电源后,振荡器产生的音频信号电流通过电磁线圈,使电磁线圈产生磁场。振动膜片在电磁线圈和磁铁的相互作用下,周期性地振动发声。

2.11.3 有源蜂鸣器与无源蜂鸣器的识别

从外观上看,两种蜂鸣器基本相同,但两者的高度略有区别,例如同一生产厂家的同类产品,有源蜂鸣器的高度为 9 mm,而无源蜂鸣器的高度为 8 mm。如将两种蜂鸣器的引脚都朝上放置时,可以看出有绿色电路板的一种是无源蜂鸣器,没有电路板而用黑胶封闭的一种是有源蜂鸣器。

分辨有源蜂鸣器和无源蜂鸣器,还可以用万用表电阻挡测试。用黑表笔接蜂鸣器"−"引脚,红表笔在另一引脚上来回碰触,如果触发出咔、咔声,且电阻只有 8 Ω(或 16 Ω)的是无源蜂鸣器;如果能发出持续声音,且电阻在几百欧甚至上千欧的,是有源蜂鸣器。

有源蜂鸣器直接接上额定电源就可连续发声,而无源蜂鸣器则和电磁扬声器一样,需要接在音频输出电路中才能发声。

2.11.4 常用蜂鸣器的型号和参量

某公司生产的蜂鸣器和扬声器型号齐全,其电磁式蜂鸣器的序列型号见表 2-11-1。

表 2-11-1 电磁式蜂鸣器的序列型号

序号	型号	特征名称	尺寸	图形
1	PS-PBZ12095D24033YBWH50	带端子抗跌落蜂鸣器	尺寸:12 mm(直径)×9.5 mm(高度)	

序号	型号	特征名称	尺寸	图形
2	PS-PBZ12095D2405YBWH	有源电磁式带端子蜂鸣器(DC5 V)	尺寸:12.0 mm(直径)×9.5 mm(高度)	
3	PS-PBZ12095D2412YB-H	有源电磁式耐高温车载用蜂鸣器(DC12 V)	尺寸:12.0 mm(直径)×9.5 mm(高度)	
4	PS-PBZ12095D2401YB	1.5 V有源电磁式蜂鸣器	尺寸:12 mm(直径)×9.5 mm(高度)	
5	PS-PBZ1614D2412YB	有源电磁式蜂鸣器(DC12 V)	尺寸:16 mm(直径)×14 mm(高度)	
6	PS-PBZ09042D2805YB	有源电磁式蜂鸣器(DC5 V)	尺寸:9 mm(直径)×4.2 mm(高度)	

序号	型号	特征名称	尺寸	图形
7	PS-PBZ09055D2805YBW	有源电磁式带线蜂鸣器(DC5 V)	尺寸:9 mm(直径)×5.5 mm(高度)	
8	PS-PBZ12095D2305YB	有源电磁式蜂鸣器(DC5 V)	尺寸:12 mm(直径)×9.5 mm(高度)	
9	PS-PBZ09055D2805YB	有源电磁式蜂鸣器(DC5 V)	尺寸:9 mm(直径)×5.5 mm(高度)	

压电式蜂鸣器的序列型号见表 2-11-2。

表 2-11-2　压电式蜂鸣器的序列型号

序号	型号	特征名称	尺寸	图形
1	PS-M1032CY3210W	无源压电式蜂鸣器(10Vp-p)	尺寸:13 mm(直径)×3.2 mm(高度)	
2	PS-M4314DY2812P	有源压电式蜂鸣器	尺寸:43 mm(直径)×14 mm(高度)	

续表

序号	型号	特征名称	尺寸	图形
3	PS-M14075DY4012P-H	耐高温有源压电式蜂鸣器(DC3 ~ 15 V)	尺寸:14 mm(直径)×7.5 mm(高度)	
4	PS-MABZ30245DY3512W	有源压电式带线蜂鸣器(DC12 V)	尺寸:30.0 mm(直径)×24.5 mm(高度)	
5	PS-M1707C4012P	压电式无源蜂鸣器(焊线结构)	尺寸:17 mm(直径)×7 mm(高度)	
6	PS-M3020DY3012P	压电式有源蜂鸣器(DC12 V)	尺寸:30.0 mm(直径)×20.0 mm(高度)	
7	PS-M2312DY2824W150	带线有源压电式蜂鸣器(DC24 V)	尺寸:23 mm(直径)×12 mm(高度)	
8	PS-MABZ2210CY2509P	无源压电式插针式蜂鸣器(9Vp-p)	尺寸:22 mm(直径)×10 mm(高度)	

序号	型号	特征名称	尺寸	图形
9	PS-MABZ30095DY3512W	有源压电式带线蜂鸣器(DC12 V)	尺寸:30 mm(直径)×9.5 mm(高度)	

SMD 贴片蜂鸣器系列见表 2-11-3。

表 2-11-3　SMD 贴片蜂鸣器系列

序号	型号	特征名称	尺寸	图形
1	PS-SBZ9018C5212YB	9018 压电式贴片无源蜂鸣器	尺寸:9 mm(长度)×9 mm(宽度)×18 mm(高度)	
2	PS-SBZ5230C4003YA	无源贴片蜂鸣器(新型结构)	尺寸:5.2 mm(长度)×5.2 mm(宽度)×3.0 mm(高度)	
3	PS-SBZ12870C24015YB	SMD 贴片无源蜂鸣器	尺寸:12.8 mm(长度)×12.8 mm(宽度)×7.0 mm(高度)	
4	PS-SBZ5220C4003YA	贴片无源蜂鸣器(新开模产品)	尺寸:5.2 mm(长度)×5.2 mm(宽度)×2.0 mm(高度)	

续表

序号	型号	特征名称	尺寸	图形
5	PS-SBZ1404C4005YB	压电式无源贴片式蜂鸣器(5Vp-p)	尺寸:14 mm(长度)×14 mm(宽度)×4 mm(高度)	
6	PS-SBZ2311C4012YB	压电式无源贴片式蜂鸣器(12Vp-p)	尺寸:23 mm(直径)×10.8 mm(高度)	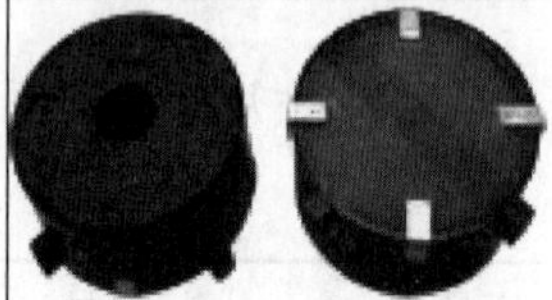
7	PS-SBZ1203C4005RA	压电式无源贴片蜂鸣器(5Vp-p)	尺寸:12 mm(长度)×12 mm(宽度)×3 mm(高度)	
8	PS-SBZ12807D2412YB	SMD 贴片式有源蜂鸣器(DC12 V)	尺寸:12.8 mm(长度)×12.8 mm(宽度)×7.5 mm(高度)	
9	PS-SBZ1403C2705YA	电磁式无源贴片式蜂鸣器(5Vp-p)	尺寸:14 mm(长度)×11 mm(宽度)×3 mm(高度)	

压电陶瓷蜂鸣片系列的序列型号见表 2-11-4。

表 2-11-4　压电陶瓷蜂鸣片系列的序列型号

序号	型号	特征名称	尺寸	图形
1	PS-15T-7.0E1	异形蜂鸣片(直径 15 mm)	尺寸:φ8~35 mm 等规格	

续表

序号	型号	特征名称	尺寸	图形
2	PS-21T-5.0B1	铝壳蜂鸣片(直径 15 mm)	尺寸:$\phi8\sim35$ mm 等规格	
3	PS-21T-4.0B1-L	塑胶壳蜂鸣片(直径 21 mm)	尺寸:$\phi8\sim35$ mm 系列规格	
4	PS-15T-4.0B1-L	带线蜂鸣片(直径 15 mm)	尺寸:$\phi8\sim35$ mm 等规格	
5	PS-11T-8.0A1-5	压电陶瓷蜂鸣片(直径 11 mm)	尺寸:$\phi8\sim35$ mm 等规格	
6	PS-12T-5.8B1	自激式蜂鸣片(直径 12 mm)	尺寸:$\phi8\sim35$ mm 等规格	

　　本章主要介绍了在电子信息系统设计或集成的过程中常用的一些分立器件,以及它们的工作原理、型号等技术参量。这些信息是技术人员需要经常用到的,但受限于篇幅,本书介绍并不全面,在使用时应参照相应手册或网络信号。

参 考 文 献

第三章　模拟集成电路

集成电路,英文名称是 Integrated Circuit,是 20 世纪 50 年代后期至 20 世纪 60 年代发展起来的一种新型半导体器件。它是经过氧化、光刻、扩散、外延、蒸铝等半导体制造工艺,把构成具有一定功能的电路所需的半导体器件,电阻、电容等元件及它们之间的连接导线全部集成在一小块硅片或锗片上,然后焊接封装在一个管壳内的电子器件。其封装外壳有圆壳式、扁平式或双列直插式等多种形式。集成电路技术包括芯片设计技术与制造技术,其技术含量主要体现在加工设备、加工工艺、封装测试、批量生产及设计创新的能力上。基于锗(Ge)的集成电路的发明者为杰克·基尔比,基于硅(Si)的集成电路的发明者是罗伯特·诺伊思。当今半导体工业大多数应用的是基于硅的集成电路。

集成电路具有体积小,重量轻,引出线和焊接点少,寿命长,可靠性高,耗电少等优点,而且成本低,便于大规模生产。它不仅在工业或民用电子设备方面得到了广泛的应用,同时在军事、通信、遥感等方面也得到了广泛的应用。

按照不同属性可把集成电路分为不同类型。按其功能、结构的不同,可以把集成电路分为模拟集成电路、数字集成电路和数/模混合集成电路三大类。

集成电路按制做工艺可分为半导体集成电路和膜集成电路。膜集成电路又可分为厚膜集成电路和薄膜集成电路。

按集成度高低的不同可分为小规模集成电路(Small Scale Integrated Circuits,缩写为SSIC)、中规模集成电路(Medium Scale Integrated Circuits,缩写为 MSIC)、大规模集成电路(Large Scale Integrated Circuits,缩写为 LSIC)、超大规模集成电路(Very Large Scale Integrated Circuits,缩写为 VLSIC)、特大规模集成电路(Ultra Large Scale Integrated Circuits,缩写为ULSIC)、巨大规模集成电路(Giga Scale Integration Circuits,缩写为 GSIC)。

集成电路按导电类型可分为双极型集成电路和单极型集成电路,他们都是数字集成电路。双极型集成电路的制做工艺复杂,功耗较大,典型的有 TTL、ECL、HTL、LST-TL、STTL 等类型。单极型集成电路的制做工艺简单,功耗也较低,易于制成大规模集成电路,典型的有CMOS、NMOS、PMOS 等类型。

集成电路按外形可分为适合用于大功率场合的金属外壳晶体管圆形封装型和适用于小功率场合的扁平型和双列直插型等。

本章将按照功能、处理信号的性质不同等线索,介绍一些常用的模拟集成电路。

模拟集成电路的英文名称是 Analog Integrated Circuit,主要用来产生、放大和处理各种模拟信号。所谓的模拟信号是指幅度随时间变化的信号。模拟集成电路的基本电路包括电流源、单级放大器、滤波器、反馈电路等,由它们组成的高一层次的基本电路为运算放大器、比较器,更高一层次的电路有开关电容电路、锁相环电路、A/D 转换器、D/A 转换器等。根据输出与输入信号之间的响应关系,又可以将模拟集成电路分为线性集成电路和非线性集成电路两大类。前者的输出与输入信号之间的响应通常呈线性关系,其输出的信号形状与输入信号是相似的,只是被放大了,并且是按固定的倍数进行放大的。而非线性集成电路的输出信号对输入信号的响应呈非线性关系,比如平方关系、对数关系等,故称为非线性电路。常见的非线性电路有振荡器、定时器、锁相环电路等。

3.1　运算放大器

　　模拟集成电路的应用通常是将温度、湿度、光学、压电、声电等各种传感器或天线采集的外界自然信号,经过模拟电路预处理后,转为合适的数字信号输入数字信息处理系统中;经过数字信息处理系统处理后的信号再通过模拟电路进行后处理,转换为声音、图像、无线电波等模拟信号进行输出。模拟集成电路应用过程见图 3.1.1。在这些应用过程中,运算放大器的应用极其普遍,本节主要讨论运算放大器及其应用。

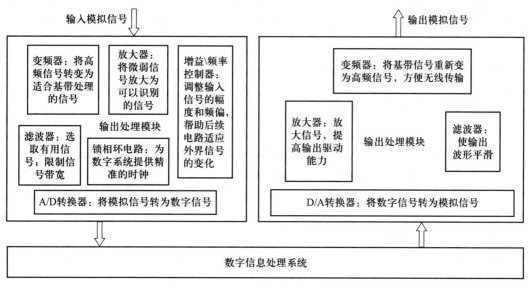

图 3.1.1　模拟集成电路应用过程

　　运算放大器(简称"运放")是具有很高放大倍数的电路单元。在实际电路中,它通常与反馈网络共同组成某种功能模块。它是一种带有特殊耦合电路及反馈的放大器。其输出信号可以是输入信号加、减或微分、积分等数学运算的结果。由于它早期应用于模拟计算机中,用以实现数学运算,故得名"运算放大器"。运算放大器是一个从功能的角度命名的电路单元,可以由分立的器件实现,也可以由半导体芯片实现。随着半导体技术的发展,大部分的运算放大器是以单芯片的形式存在的。运算放大器的种类繁多,广泛应用于电子行业当中。

　　运算放大器所能够实现的数学运算及其电路,在有关课程中都已进行了详细的介绍。本书只从工程实践的角度去探讨有关电路的应用。

3.1.1　运算放大器的分类

按照集成运算放大器的参量来分,集成运算放大器可分为如下几类。

① 通用型。通用型运算放大器就是以通用为目的而设计的。这类器件的主要特点是价格低廉,其性能指标适合于一般场合使用。例如 μA741(单运放)、LM358(双运放)、LM324(四运放)及以场效应管为输入级的 LF356 都属于此种。它们是目前应用最为广泛的集成运算放大器。

② 高阻型。这类集成运算放大器的特点是差模输入阻抗非常高,输入偏置电流非常小,一般 $R_i > 1\ G\Omega \sim 1\ T\Omega$,$I_b$ 为几皮安到几十皮安。实现这些指标的主要措施是利用场效应管高输入阻抗的特点,用场效应管组成运算放大器的差分输入级。这类集成运算放大器不仅输入阻抗高,输入偏置电流低,而且具有高速、宽带和低噪声等优点,但输入失调电压较大。常见的这类集成器件有 LF355、LF347(四运放)及具有更高输入阻抗的 CA3130、CA3140 等。

③ 低温漂型。在精密仪器和弱信号检测等自动控制仪表中,运算放大器的失调电压要小且不随温度的变化而变化。低温漂型运算放大器就是为此而设计的。当前常用的高精度、低温漂运算放大器有 OP07、OP27、AD508 及由 MOSFET 组成的斩波稳零型低漂移器件 ICL7650 等。

④ 高速型。在快速 A/D 和 D/A 转换器、视频放大器中,要求集成运算放大器的转换速率 SR 一定要高,单位增益带宽 BWG 一定要足够大,通用型集成运算放大器是不能适用于高速应用的场合的。高速型运算放大器主要特点是具有高的转换速率和宽的频率响应。常见的高速型运算放大器有 LM318、μA715 等,其 $SR = 50 \sim 70\ V/\mu s$,$BWG > 20\ MHz$。

⑤ 低功耗型。电子电路集成化的最大优点是能使复杂电路小型化、轻便化,同时,随着便携式仪器应用范围的扩大,必须使用满足低电源电压供电、低功率消耗等条件的运算放大器。常用的低功耗型运算放大器有 TL-022C、TL-060C 等,其工作电压为 ±2 ~ ±18 V,消耗电流为 50 ~ 250 μA。目前有的产品功耗已达 μW 级,例如 ICL7600 的供电电源为 1.5 V,功耗为 10 mW,可采用单节电池供电。

⑥ 高压大功率型。运算放大器的输出电压主要受供电电源的限制。在普通的运算放大器中,输出电压的最大值一般仅几十伏,输出电流仅几十毫安。若要提高输出电压或增大输出电流,普通的运算放大器外部必须要加辅助电路。高压大电流集成运算放大器外部不需要附加任何电路,即可输出高电压和大电流。例如 D41 集成运算放大器的电源电压可达 ±150 V,μA791 集成运放的输出电流可达 1 A。

⑦ 可编程控制型。在仪器仪表的使用过程中都会涉及量程的问题,为了得到固定的电压输出,往往需要改变运算放大器的放大倍数。可编程控制运算放大器就具有这样的功能。例如 PGA103A,通过控制 1,2 脚的电平来改变放大的倍数。

3.1.2　运算放大器的应用举例

这里以普通型运放 LM324 为例进行介绍。

LM324 是四运放集成电路,外形如图 3.1.2 所示。它的内部包含四组形式完全相同的运算放大器,除电源共用外,四组运放相互独立。每一组运算放大器可用图 3.1.3 所示的符号来表示,它有 5 个引出脚,其中"+""−"为两个信号输入端,"v_+""v_-"为正、负电源端,"v_o"为输出端。两个信号输入端中,$v_{i-}(−)$为反相输入端,表示运算放大器输出端 v_o 的信号与该输入端的相位相反;$v_{i+}(+)$为同相输入端,表示运算放大器输出端 v_o 的信号与该输入端的相位相同。LM324 的引脚排列如图 3.1.4 所示。

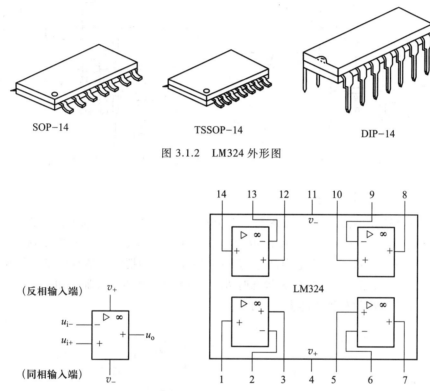

图 3.1.2 LM324 外形图

图 3.1.3 每一组运算放大器的符号　　　图 3.1.4 LM324 的引脚排列

LM324 的应用主要有以下几个方面:

1. 反相交流放大器

由 LM324 构成的反相交流放大器电路如图 3.1.5 所示。此放大器可代替晶体管进行交流放大,可用于扩音机前置放大电路等,电路无需调试。放大器采用单电源供电,由 R_1、R_2 组成 $1/2v_+$ 偏置,C_1 是消振电容。

放大器电压放大倍数 A_v 仅由外接电阻 R_i、R_f 决定:$A_v = -R_f/R_i$。负号表示输出信号与输入信号相位相反。按图中所给定的数值,$A_v = -10$。此电路输入电阻为 R_i。一般情况下,先取 R_i 与信号源内阻相等,然后根据要求的放大倍数选定 R_f。C_o 和 C_i 为耦合电容。

2. 同相交流放大器

由 LM324 构成的同相交流放大器电路如图 3.1.6 所示。同相交流放大器的特点是输入阻抗高。其中的 R_1、R_2 组成 $1/2v_+$ 分压电路,通过 R_3 对运算放大器进行偏置。电路的电压

放大倍数 A_v 也仅由外接电阻决定: $A_v = 1 + R_f/R_4$,电路输入电阻为 R_3。R_4 的阻值范围为几千欧姆到几十千欧姆。

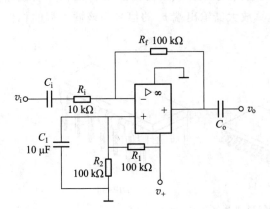

图 3.1.5　由 LM324 构成的反相交流放大器电路　　　图 3.1.6　由 LM324 构成的同相交流放大器电路

3. 交流信号三分配放大器

由 LM324 构成的交流信号三分配放大器电路如图 3.1.7 所示。此电路可将输入交流信号分成三路输出,三路信号可分别用作指示、控制、分析等用途。本电路输出对信号源的影响极小。因运算放大器 A_1 输入电阻高,运算放大器 $A_1 - A_4$ 均把输出端直接接到负输入端,信号输入至正输入端,相当于同相放大状态时 $R_f = 0$ 的情况,故各放大器的电压放大倍数均为 1,与由分立元件组成的射极跟随器作用相同。

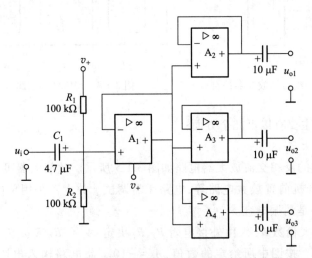

图 3.1.7　由 LM324 构成的交流信号三分配放大器

R_1、R_2 组成 $1/2v_+$ 偏置,静态时 A_1 输出端电压为 $1/2v_+$,故运算放大器 $A_2 - A_4$ 输出端电压亦为 $1/2v_+$,通过输入输出电容的隔直作用,取出交流信号,形成有源带通滤波器。许多音响装置的频谱分析器均使用此电路作为带通滤波器,以选出各个不同频段的信号,并利用发光二极管点亮的多少来指示出信号幅度的大小。这种有源带通滤波器的中心频率为 f_o,在中

心频率 f_o 处的电压增益 $A_o = B_3/2B_1$。品质因数 B，在 3 dB 带宽下 $B = 1/(\pi \cdot R_3 \cdot C)$。也可根据设计确定的 Q、f_o、A_o 值，去求出带通滤波器的各元件参数值。$R_1 = Q/(2\pi f_o A_o C)$，$R_2 = Q/((2Q_2 - A_o) \times 2\pi f_o C)$，$R_3 = 2Q/(2\pi f_o C)$。上式中，当 $f_o = 1$ kHz 时，C 取 0.01 μF。此电路亦可用于一般的选频放大。

4. 比较器

当去掉运放的反馈电阻时，或者说反馈电阻趋于无穷大时（即开环状态），理论上认为运放的开环放大倍数也为无穷大（实际上是很大，如 LM324 运放开环放大倍数为 100 dB，即 10 万倍）。此时运算放大器便形成一个电压比较器，其输出若不是高电平（v_+），就是低电平（v_- 或接地）。当正输入端电压高于负输入端电压时，运算放大器输出低电平。

图 3.1.8 所示是由两个 LM324 运算放大器构成的一个电压上下限比较器。电阻 R_1、$R_{1'}$ 组成分压电路，为运算放大器 A_1 设定比较电平 u_1；电阻 R_2、$R_{2'}$ 组成分压电路，为运算放大器 A_2 设定比较电平 u_2。输入电压 u_i 同时加到 A_1 的正输入端和 A_2 的负输入端之间，当 $u_i > u_1$ 时，运算放大器 A_1 输出高电平；当 $u_i < u_2$ 时，运算放大器 A_2 输出高电平。运算放大器 A_1、A_2 只要有一个输出高电平，晶体管 BG$_1$ 就会导通，发光二极管 LED 就会点亮。若选择 $u_1 > u_2$，则当输入电压 u_i 越出 $[u_2, u_1]$ 区间范围时，LED 点亮，这便是一个电压双限指示器。若选择 $u_2 > u_1$，则当输入电压在 $[u_2, u_1]$ 区间范围时，LED 点亮，这是一个"窗口"电压指示器。此电路与各类传感器配合使用，稍加变通，便可用于各种物理量的双限检测、短路和断路报警等场合。

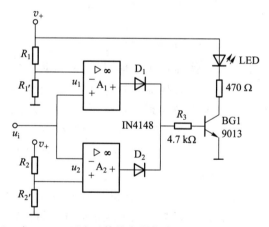

图 3.1.8 由 LM324 两个运算放大器构成的一个电压上下限比较器

5. 单稳态触发器

由 LM324 构成的单稳态触发器电路如图 3.1.9 所示。此电路可用在一些自动控制系统中。电阻 R_1、R_2 组成分压电路，为运算放大器 A_1 负输入端提供偏置电压 u_1，作为比较电压基准。静态时，电容 C_1 充电完毕，运算放大器 A_1 正输入端电压 u_2 等于电源电压 v_+，故 A_1 输出高电平。当输入电压 u_i 变为低电平时，二极管 D_1 导通，电容 C_1 通过 D_1 迅速放电，使 u_2 突然降至低电平，此时因为 $u_1 > u_2$，故运放 A_1 输出低电平。当输入电压变高时，二极管 D_1 截止，电源电压经过 R_3 支路给电容 C_1 充电，当 C_1 上充电电压大于 u_1 时，即 $u_2 > u_1$，A_1 输出又变为高电平，从而结束了一次单稳态触发。显然，提高 u_1 或增大 R_2、C_1 的数值，都会使单稳态触发器延时时间增大,反之则缩短。

如果将二极管 D_1 去掉,则此电路具有加电延时功能。刚加电时,$u_1 > u_2$,运算放大器 A_1 输出低电平,随着电容 C_1 不断充电,u_2 不断升高,当 $u_2 > u_1$ 时,A_1 输出才变为高电平。加电延时功能波形图如图 3.1.10 所示。

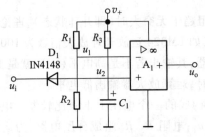 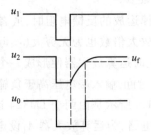

图 3.1.9　由 LM324 构成的单稳态触发器电路　　　　图 3.1.10　加电延时功能波形图

3.2　A/D 转换器

模拟量转换成数字量的过程被称为模数转换,简称 A/D(Analog to Digital)转换。完成模数转换的电路被称为 A/D 转换器,简称 ADC(Analog to Digital Converter)。数字量转换成模拟量的过程称为数模转换,简称 D/A(Digital to Analog)转换。完成数模转换的电路称为 D/A 转换器,简称 DAC(Digital to Analog Converter)。

在实际应用中,物理量由传感器转换为电信号,经放大送入 A/D 转换器转换为数字量,由数字电路进行处理,再由 D/A 转换器还原为模拟量,去驱动执行部件。为了保证数据处理结果的准确性,A/D 转换器和 D/A 转换器必须有足够的转换精度。同时,为了适应某些电路需要,A/D 转换器和 D/A 转换器还必须有足够快的转换速度。因此,转换精度和转换速度乃是衡量 A/D 转换器和 D/A 转换器性能优劣的主要标志。

通常的 A/D 转换器是将一个输入电压信号转换为一个输出的数字信号。由于数字信号本身不具有实际意义,仅仅表示相对大小,故任何一个 A/D 转换器都需要一个参考模拟量作为转换的标准,比较常见的参考标准为最大的可转换信号。而输出的数字量则表示输入信号相对于参考信号的大小。A/D 转换一般要经过取样、保持、量化及编码 4 个过程。在实际电路中,这些过程有时是合并进行的。

3.2.1　A/D 转换器的主要技术参量

3.2.1.1　转换精度

1. 分辨率

A/D 转换器的分辨率以输出二进制(或十进制)数的位数来表示。它说明 A/D 转换器对输入信号的分辨能力。从理论上讲,n 位输出的 A/D 转换器能区分 2^n 个不同等级的输入模拟电压,能区分输入电压的最小值为满量程输入的 $1/2^n$。其中,n 是输出二进制数位数。在最大输入电压一定时,输出位数越多,分辨率越高。例如 A/D 转换器输出为 8 位二进制数,输入信号最大值为 5 V,那么这个转换器应能区分出输入信号的最小电压约为 19.53 mV。

2. 转换误差

转换误差通常是以输出误差的最大值形式给出的。它表示 A/D 转换器实际输出的数字量和理论上的输出数字量之间的差别,常用最低有效位的倍数表示。例如转换误差为相对误差 ≤±LSB/2,这就表明实际输出的数字量和理论上应得到的输出数字量之间的误差小于最低位的半个字。

3.2.1.2 转换时间

转换时间是指 A/D 转换器从转换控制信号到来开始,到输出端得到稳定的数字信号所经历的时间。它是转换速度快慢的标志。A/D 转换器的转换时间与转换电路的类型有关,不同类型的转换器转换速度相差甚远。其中闪烁型 A/D 转换器的转换速度最快,8 位二进制输出的单片集成闪烁型 A/D 转换器转换时间可在 50 ns 以内;逐次比较型 A/D 转换器次之,它们多数转换时间范围在 10~50 μs;间接 A/D 转换器的转换速度最慢,如双积分型 A/D 转换器的转换时间大都在几十毫秒至几百毫秒之间。在实际应用中,技术人员应从系统数据总的位数、精度要求、输入模拟信号的范围以及输入信号极性等方面综合考虑 A/D 转换器的选用。

3.2.2 常用 A/D 转换器的类型

3.2.2.1 积分型 A/D 转换器

积分型 A/D 转换器称双斜率或多斜率 A/D 转换器,是应用最为广泛的 A/D 转换器类型。这里以典型的双斜率 A/D 转换器为例说明积分型 A/D 转换器的工作原理。双斜率 A/D 转换器的结构示意图如图 3.2.1 所示。

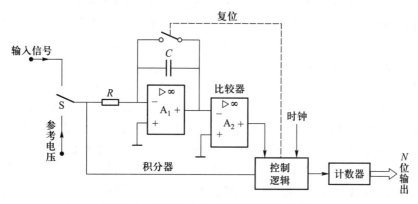

图 3.2.1 双斜率 A/D 转换器的结构示意图

双斜率 A/D 转换器由 1 个带有输入切换开关的模拟积分器、1 个比较器和 1 个计数器构成。积分器对输入电压在固定的时间间隔内积分,该时间间隔通常对应于内部计数单元的最大数。达到规定时间后计数器复位并将积分器输入连接到比较器反极性(负)参考电压。在这个反极性信号作用下,积分器被"反向积分"直到输出回到零,并使计数器终止,积分器复位。

积分型 A/D 转换器的采样速度和带宽都非常低,但它们的精度可以做得很高,并且抑制高频噪声和固定的低频干扰(如 50 Hz 或 60 Hz)的能力较好,使其对于嘈杂的工业环境以及不要求高转换速率的情况下被应用。

3.2.2.2   逐次逼近型 A/D 转换器

逐次逼近型 A/D 转换器包括 1 个比较器、1 个 D/A 转换器、1 个逐次逼近寄存器(SAR)和 1 个逻辑控制单元,其结构示意图如图 3.2.2 所示。

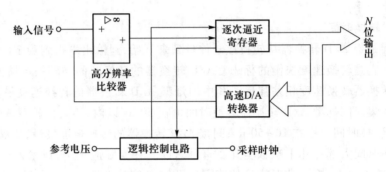

图 3.2.2   逐次逼近型 A/D 转换器结构示意图

该 A/D 转换器的工作原理大致如下:启动转换后,控制逻辑电路首先把逐次逼近寄存器的最高位置记为 1,其他位置记为 0,逐次逼近寄存器此时的状态经 D/A 转换后得到约为满量程输出一半的电压值。这个电压值在比较器中与输入信号进行比较。比较器的输出反馈到逐次逼近寄存器,并在下一次比较前对其进行修正。在逻辑控制电路的时钟驱动下,逐次逼近寄存器不断进行比较和移位操作,直到完成最低有效位(LSB)的转换。这时逐次逼近寄存器的各位值均已确定,逐次逼近转换完成。

由于逐次逼近型 A/D 转换器在 1 个时钟周期内只能完成 1 位转换。N 位转换需要 N 个时钟周期,故这种 A/D 转换器采样速率不高,输入带宽也较低。它的优点是原理简单,便于实现,不存在延迟问题,适用于中速率而分辨率要求较高的场合。

3.2.2.3   闪烁型 A/D 转换器

与一般的 A/D 转换器相比,闪烁型 A/D 转换器转换速度是最快的。由于不用逐次比较,它对 N 位数据不是转换 N 次,而是只转换一次即可,所以转换速度大为提高。图 3.2.3 所示为 N 位闪烁型 A/D 转换器结构示意图。转换器内有一定参考电压,模拟输入信号被同时加到 2N−1 个锁存比较器。每个比较器的参考电压由电阻网络构成的分压器引出,其参考电压比下一个比较器的参考电压高一个最低有效位。当模拟信号输入时,凡参考电压比模拟信号低的那些比较器均输出高电平(逻辑 1),反之输出低电平(逻辑 0)。这样得到的数码称之为温度计码。该码被加到译码逻辑电路,然后送到二进制数据输出驱动器上的输出寄存器。

尽管闪烁型 A/D 转换器具有极快的速度(最高 1 GHz 的采样速率),但其分辨率受限于管芯尺寸、过大的输入电容以及数量巨大的比较器所产生的功率消耗。结构复杂的并行比较器之间还要求精密地匹配,因此任何失配都会造成静态误差。

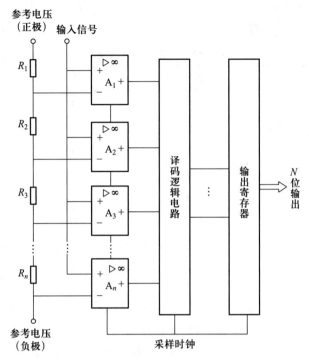

图 3.2.3 N 位闪烁型 A/D 转换器结构示意图

3.2.3 两种常用的 A/D 转换器芯片

3.2.3.1 ADC0809 芯片

ADC0809 是 8 位逐次逼近型 A/D 转换器,其引脚图如图 3.2.4 所示。

它由一个 8 路模拟开关、一个地址锁存译码器、一个 A/D 转换器和一个三态输出锁存器组成。多路开关可选通 8 个模拟通道,允许 8 路模拟量分时输入,共用 A/D 转换器进行转换。三态输出锁存器用于锁存 A/D 转换完成后的数字量,当 OE 端为高电平时,才可以从三态输出锁存器取走转换完成的数据。

各引脚的含义和作用分别是:

IN$_0$~IN$_7$:8 条模拟量输入通道。ADC0809 对输入模拟量要求是:信号单极性;电压范围是 0~5 V,若信号太小,必须进行放大;输入的模拟量在转换过程中应该保持不变,如若模拟量变化太快,则需在输入前增加采样-保持电路。

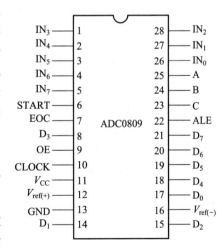

图 3.2.4 ADC0809 的引脚图

地址输入和控制端有 4 个。ALE 为地址锁存允许输入端,高电平有效。当 ALE 为高电平时,地址锁存与译码器将 A,B,C 三个地址端的地址信号进行锁存,经译码后被选中的通道的模拟量进入 A/D 转换器进行转换。A、B 和 C 为地址输入端,用于选通 IN_0-IN_7 上的一路模拟量输入。输入通道选择表见表 3-2-1。

表 3-2-1 输入通道选择表

序号	引脚 C	引脚 B	引脚 A	被选通道
0	0	0	0	IN_0
1	0	0	1	IN_1
2	0	1	0	IN_2
3	0	1	1	IN_3
4	1	0	0	IN_4
5	1	0	1	IN_5
6	1	1	0	IN_6
7	1	1	1	IN_7

数字量输出及控制端共有 11 个。ST 端为转换启动信号。在 ST 信号上升时,所有内部寄存器清零;下降时,开始进行 A/D 转换;在转换期间,ST 应保持低电平。EOC 端为转换结束信号。当 EOC 为高电平时,表明转换结束;否则,表明芯片正在进行 A/D 转换。OE 端为输出允许信号,用于控制三条输出锁存器向外界输出转换得到的数据。OE = 1,输出转换得到的数据;OE = 0,输出数据线 D_7—D_0 呈高阻状态。CLK 端为时钟信号输入端。因 ADC0809 的内部没有时钟电路,所需时钟信号必须由外界提供,通常信号频率为 500 kHz。$V_{REF(+)}$ 和 $V_{REF(-)}$ 为参考电压输入端。

3.2.3.2 8 位串行 A/D 转换器 TLC549

TLC549 是某仪器公司生产的 8 位串行 A/D 转换器芯片,可与通用微处理器、控制器通过 CLK、CS、DATA OUT 三条串行接口线进行串行通信。它具有 4 MHz 片内系统时钟和软、硬件控制电路,转换时间最长 17 μs,转换速度为 40 000 次/s。总失调误差最大为 ±0.5 LSB,典型功耗值为 6 mW。它采用差分参考电压高阻输入,抗干扰性能好,可按比例量程校准转换范围。V_{REF-} 接地时,V_{REF+} - V_{REF-} ≥ 1 V,可用于较小信号的采样。TLC549 引脚分布图如图 3.2.5 所示。

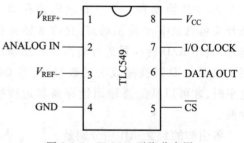

图 3.2.5 TLC549 引脚分布图

TLC549 的极限参量如下:

电源电压:6.5 V。

输入电压范围:0.3 V ~ V_{CC} +0.3 V。

输出电压范围:0.3 V ~ V_{CC} +0.3 V。

峰值输入电流(任一输入端):±10 mA。

总峰值输入电流(所有输入端):±30 mA。

工作温度:TLC549C:0~70 ℃;

TLC549I:-40~85 ℃;

TLC549M:-55~125 ℃。

TLC549 内设片内系统时钟,该时钟与 I/O CLOCK 端是独立工作的,无须特殊的速度或相位匹配,其工作时序图如图 3.2.6 所示。

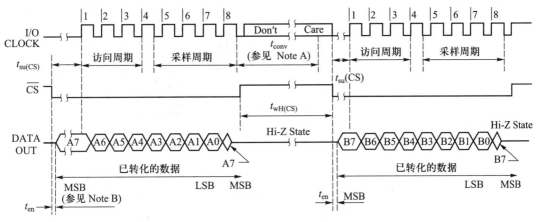

图 3.2.6　TLC549 工作时序图

当 CS 为高电平时,数据输出端(DATA OUT)处于高阻状态,此时 I/O CLOCK 端不起作用。这种 CS 控制的作用是允许在同时使用多片 TLC549 时,可以共用 I/O CLOCK 端,以减少多路(片)A/D 转换器并用时的 I/O 控制端口数量。

1. 一组正常的控制时序

(1) 将 CS 置于低电平。内部电路在测得 CS 端处于下降沿后,再等待内部时钟(4 MHz,250 ns)的两个上升沿和一个下降沿,然后确认这一变化,最后自动将前一次转换结果的最高位(D_7)输出到 DATA OUT 端上。

(2) 前 4 个 I/O CLOCK 周期的下降沿依次移出第 2、第 3、第 4 和第 5 个转换位(D_6、D_5、D_4、D_3),片上采样保持电路在第 4 个 I/O CLOCK 下降沿开始采样模拟输入。

(3) 接下来的 3 个 I/O CLOCK 周期的下降沿移出第 6、第 7、第 8(D_2、D_1、D_0)个转换位。

(4) 最后,芯片上的采样-保持电路在第 8 个 I/O CLOCK 周期的下降沿将移出第 6、第 7、第 8(D_2、D_1、D_0)个转换位。这个过程将持续 4 个内部时钟周期,然后开始进行 32 个内部时钟周期的 A/D 转换。第 8 个 I/O CLOCK 周期后,CS 端必须为高电平,或 I/O CLOCK 端保持低电平,这种状态需要维持 36 个内部系统时钟周期,以等待保持和转换工作的完成。如果 CS 端为低电平时 I/O CLOCK 端上出现一个有效干扰脉冲,则微处理器/控制器将与器件的 I/O 时序失去同步;若 CS 端为高电平时出现一次有效低电平,则将使引脚重新初始化,从而脱离原转换过程。

在 36 个内部系统时钟周期结束之前,实施步骤(1)—(4),可以重新启动一次新的 A/D 转换,与此同时,正在进行的转换将会终止,此时输出的是前一次的转换结果,而不是正在进行的转换结果。

若要在特定的时刻采样模拟信号,应使第 8 个 I/O CLOCK 周期时钟的下降沿与该时刻对应,因为芯片虽在第 4 个 I/O CLOCK 周期时钟下降沿开始采样,却在第 8 个 I/O CLOCK 周期的下降沿开始保存。

2. 应用接口及采样程序

TLC549 可以方便地与具有串行外围接口(SPI)的单片机或微处理器配合使用,也可以与 51 系列通用单片机连接使用。与 51 系列单片机的接口示意图如图 3.2.7 所示,其采样程序框图如图 3.2.8 所示。

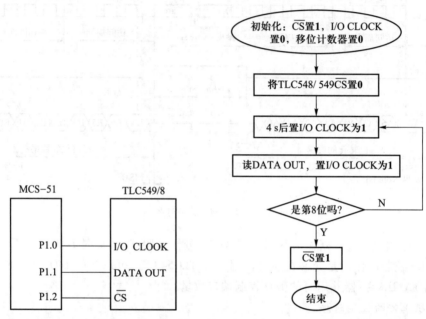

图 3.2.7　TLC549 与 51 系列单片机的接口示意图　　图 3.2.8　TLC549 采样程序框图

TLC549 片型小,采样速度快,功耗低,价格便宜,控制简单。它适用于低功耗的袖珍仪器上的单路 A/D 转换或多路并联采样。

3.3　D/A 转换器

D/A 转换器是将数字量转换为模拟量的电路,主要用于数据传输系统、自动测试设备、图像信号的处理和识别、数字通信和语音信息处理等场合。

3.3.1　D/A 转换器的原理与分类

D/A 转换器输入的数字量是由二进制代码按数位组合来表示的。在 D/A 转换中,要将数字量转换成模拟量,必须先把每一位代码按其"权"的大小转换成相应的模拟量,然后将各分量相加,其总和就是与数字量相对应的模拟量。这就是 D/A 转换的基本原理。

在集成化的 D/A 转换器中,通常采用电阻网络将数字量转换为模拟电流,然后再用运算放大器完成模拟电流到模拟电压的转换。目前 D/A 转换器的集成电路芯片大都包含了这两个部分,如果是只包含电阻网络的 D/A 转换器集成电路芯片,则需要使用外接运算放大器才能将模拟电流转换为模拟电压。

D/A 转换器简称为 DAC,主要由数字寄存器、模拟电子开关、位权网络、求和运算放大器和基准电压源(或恒流源)组成。它的工作原理是用存于数字寄存器的数字量的各位数码,分别控制对应位的模拟电子开关,使数码为 **1** 的位在位权网络上产生与其位权成正比的电流值,再由运算放大器对各电流值求和,并转换成电压值。

根据位权网络的不同,可以构成不同类型的 D/A 转换器,如权电阻网络 D/A 转换器、$R\text{-}2R$ 倒 T 形电阻网络 D/A 转换器和单值电流型网络 D/A 转换器等。权电阻网络 D/A 转换器的转换精度取决于基准电压 V_{REF},以及模拟电子开关、运算放大器和各权电阻值的精度。它的缺点是各权电阻的阻值都不相同,位数多时,其阻值相差甚远,这给保证精度带来很大困难,特别是对于集成电路的制作很不利,因此在集成的 D/A 转换器中很少单独使用该电路。

在 D/A 转换器芯片中,按数字量输入方式的不同,可将 D/A 转换器芯片分为并行输入 D/A 转换器和串行输入 D/A 转换器。按模拟量输出方式的不同,可将 D/A 转换器芯片分为电流输出 D/A 转换器和电压输出 D/A 转换器。按 D/A 转换器的分辨率的不同,可将 D/A 转换器芯片分为低分辨率 D/A 转换器、中分辨率 D/A 转换器和高分辨率 D/A 转换器。

3.3.2　D/A 转换器的性能指标

1. 分辨率

它反映了 D/A 转换器对模拟量的分辨能力。其定义为基准电压与 2^n 之比值,其中,n 为 D/A 转换器的位数 。在实际使用中,一般用输入数字量的位数来表示分辨率大小,因为分辨率一般取决于 D/A 转换器的位数。

2. 转换时间

转换时间是指输入二进制数变化量是满量程时,D/A 转换器的输出达到与最终值的误差小于等于 $\pm 1/2$ LSB 时所需要的时间。对于电流输出 D/A 转换器来说,转换时间是很快的,约为几微秒,而电压输出 D/A 转换器的转换时间主要取决于运算放大器的响应时间。

3. 绝对精度

绝对精度指输入满刻度数字量时,D/A 转换器的实际输出值与理论值之间的偏差,该偏差用最低有效位 LSB 的分数来表示。

D/A 转换器的转换精度与 D/A 转换器的集成芯片的结构和接口电路配置有关。如果不考虑其他 D/A 转换误差,D/A 的转换精度就是分辨率的大小,因此要获得高精度的 D/A 转换结果,首先要保证选择有足够分辨率的 D/A 转换器。同时 D/A 转换精度还与外接电路的配置有关,当外部电路器件或电源误差较大时,会造成较大的 D/A 转换误差,当这些误差超过一定程度时,D/A 转换就会产生错误。

在 D/A 转换过程中,影响转换精度的主要因素有失调误差、增益误差、非线性误差和微分非线性误差。

3.3.3　常用的 D/A 转换器芯片

3.3.3.1　DAC0832

DAC0832 是典型的 D/A 转换芯片。它的特点是 8 位并行、中速(建立时间 1 μs)、电流型、价位较低。

DAC0832 引脚和逻辑结构如图 3.3.1 所示。它有 20 个引脚、双列直插式封装。其中：$DI_7—DI_0$ 端为数字量输入信号端，DI_0 为最低位，DI_7 为最高位；ILE 用于输入锁存允许信号，高电平有效；$\overline{CS}$ 为片选信号，低电平有效；$\overline{WR_1}$ 用于写信号 1，低电平有效；当 ILE、$\overline{CS}$、$\overline{WR_1}$ 同时有效时，$LE_1=\mathbf{1}$，输入寄存器的输出随输入而变化；$\overline{WR_1}$ 由低电平跳向高电平过程中 $LE_1=\mathbf{0}$，将输入数据锁存到输入寄存器。$\overline{X_{FER}}$ 用于转移控制信号，低电平有效；$\overline{WR_2}$ 用于写入信号 2，低电平有效；当 $\overline{X_{FER}}$、$\overline{WR_2}$ 同时有效时，$LE_2=\mathbf{1}$，DAC 寄存器输出随输入而变化；$\overline{WR_1}$ 由低电平跳向高电平过程中，LE2＝0，则输入数据的内容将被锁存到 DAC 寄存器，数据进入 D/A 转换器，开始 D/A 转换。I_{OUT1} 是模拟电流输出端 1，当输入数字为全 **1** 时，输出电流最大，约为 $255V_{REF}/256R_{FB}$；当输入数字为全 **0** 时，输出电流为 0，I_{OUT2} 模拟电流输出端 2，$I_{OUT1}+I_{OUT2}=255V_{REF}/256R_{FB}$。

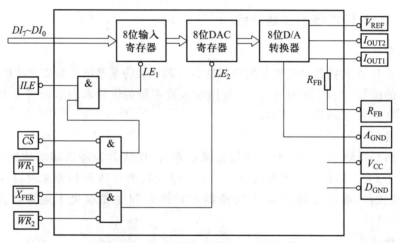

图 3.3.1　DAC0832 的引脚和逻辑结构

DAC0832 与单片机系统的连接有两种工作方式：(1) 单缓冲工作方式，一个寄存器工作于直通状态，另一个工作于受控锁存器状态；(2) 双缓冲工作方式，两个寄存器均工作于受控锁存器状态。在不要求多相 D/A 转换器同时输出时，可以采用单缓冲方式，此时只需一次写操作，就开始转换，可以提高 D/A 转换器的数据吞吐量。单缓冲工作方式如图 3.3.2 所示，输入寄存器工作于受控状态，DAC 寄存器工作于直通状态。单缓冲工作方式的内部原理如图 3.3.3 所示。

单缓冲工作方式下 PC 总线 I/O 时序图如图 3.3.4 所示。

双缓冲工作方式下，两个寄存器均工作于受控锁存器状态。其工作原理如图 3.3.5 所示，内部逻辑结构如图 3.3.6 所示。

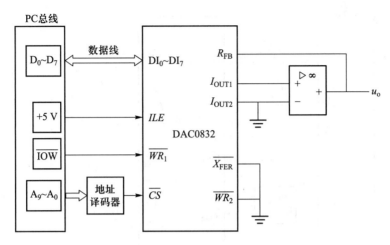

图 3.3.2 单缓冲工作方式

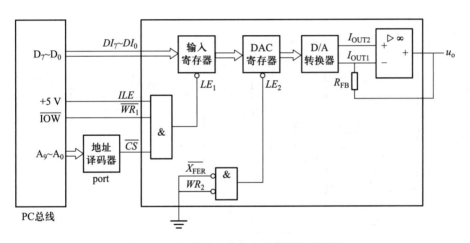

图 3.3.3 单缓冲工作方式内部结构原理图

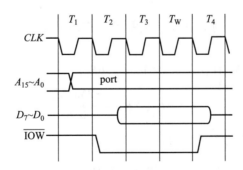

图 3.3.4 单缓冲工作方式下 PC 总线 I/O 时序图

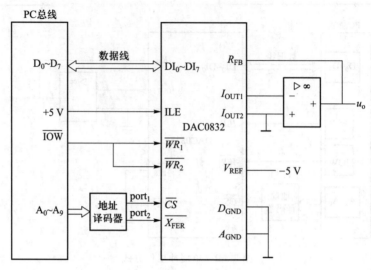

图 3.3.5 双缓冲工作方式原理图

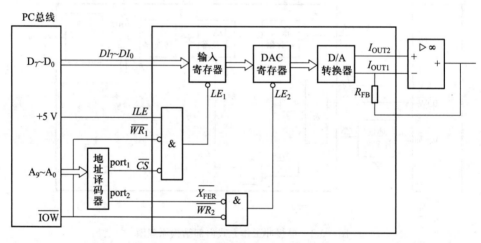

图 3.3.6 双缓冲工作方式内部逻辑结构图

当要求多个模拟量同时输出时,可采用双重缓冲方式。双重缓冲方式的连接如图 3.3.7 所示。

当数字量为 0FFH = 255 时,$I_{OUT1} = 255 V_{REF}/256 R_{FB}$

$$u_o = -I_{OUT1} \times R_{FB} = \frac{-255 V_{REF}}{256}$$

当数字量为 0CDH = 205,$V_{REF} = -5$ V 时:

$$u_o = -205 V_{REF}/256 \approx 4 \text{ V}$$

根据上面的分析,保持数字量 0CDH = 205 不变,若 V_{REF} 接的是 -10 V,则 $u_o \approx 8$ V;若 V_{REF} 接的是 10 V,则 $u_o \approx -8$ V,以此类推。

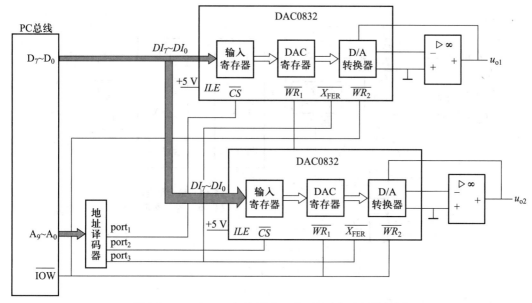

图 3.3.7　DAC0832 与计算机双重双缓冲方式的连接图

3.3.3.2　DAC1208

8 位 D/A 转换器的分辨率比较低,为了提高 D/A 转换器的分辨率,可采用 10 位、12 位或更多位数的 D/A 转换器。现以 12 位 DAC1208 为例说明这类 D/A 转换器与单片机的连接关系。

1. DAC1208 的内部结构和原理

DAC1208 系列的芯片常用的型号有 DAC1208、DAC1209、DAC1210,它们的转化误差略有差别,依次是 0.012%、0.024%、0.05%。DAC1208 的位数是 12 位,输出电流稳定时间 1 μs,V_{CC} 接直流 +5 ~ +15 V 电源,V_{REF} 接直流 -10 ~ +10 V 电源。DAC1208 的引脚分布如图 3.3.8 所示,DAC1208 的内部结构如图 3.3.9 所示。$\overline{CS}$ 为片选信号端,低电平有效。$\overline{WR_1}$、$\overline{WR_2}$ 用于写入信号,低电平有效。A_{GND} 和 D_{GND} 分别是模拟量接地端和数字量接地端。

$BYTE_1/\overline{BYTE_2}$ 为字节顺序控制信号端,当该管脚为高电平时,将开启 8 位和 4 位两只锁存器(见图 3.3.9),将 12 位数全部打入 DAC 寄存器中;当该管脚为低电平时,选中 4 位输入寄存器。在单片机给 DAC1208 送 12 位输入数字量时,必须先送高 8 位,再送低 4 位,否则结果将发生错误。$\overline{CS}$ 和 $\overline{WR_1}$ 用于控制输入寄存器,$\overline{X_{FER}}$ 和 $\overline{WR_2}$ 用于控制 12 位 DAC 寄存器。I_{OUT1} 为电流输出端 1,当 D/A 寄存器中全为 **1** 时,输出电流最大。当 D/A 寄存器中全为 **0** 时,输出电流为 0。I_{OUT2} 为电流输出端 2。$I_{OUT1} + I_{OUT2} =$ 常量。其他引脚的作用与 DAC0832 相同,这里就不再重复了。

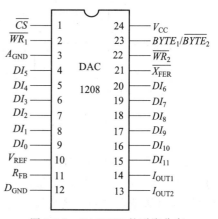

图 3.3.8　DAC1208 的引脚分布

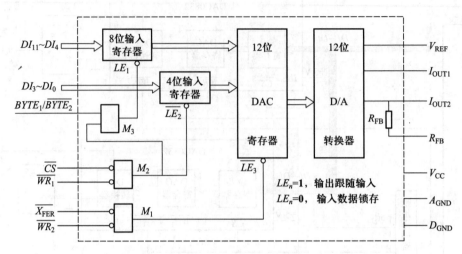

图 3.3.9 DAC1208 的内部结构示意图

2. MCS-51 与 DAC1208 的连接

MCS-51 与 DAC1208 的连接如图 3.3.10 所示。由于和 $\overline{CS}$ 相连的译码器的输出线为 7FH(**1111111B**),$\overline{X_{FER}}$ 的译码输出线为 7EH(**1111110B**),而 BYTE$_1$/$\overline{BYTE_2}$ 和 MCS-51 的地址线 A$_0$(即 Q$_0$)相连,因此 DAC1208 内部三个 I/O 端口实际上占用了四个 I/O 端口地址。其中,"4 位输入寄存器"端口地址为 FEH,"8 位输入寄存器"地址为 FFH,12 位 DAC 寄存器地址为 FCH 和 FDH。

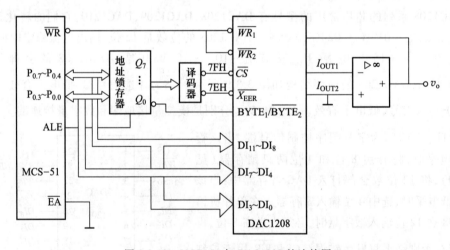

图 3.3.10 MCS-51 与 DAC1208 的连接图

图中还可以看出,DAC1208 是以双缓冲方式工作的。MCS-51 遵守先送高 8 位后送低 4 位的原则,分两批把 12 位数字量送到输入寄存器,然后通过 FCH 或 FDH 端口使 12 位 DAC 寄存器同时从输入寄存器接收数字量,进行 D/A 转换。

3.4 模拟多路开关

模拟多路开关又称为模拟多路复用器(Analog Multiplexer),其作用是将多路输入的模拟信号,按照时分多路(TDM)的原理,分别与输出端连接,以使得多路输入信号可以复用(共用)一套后端的装置。它的核心是电控开关。

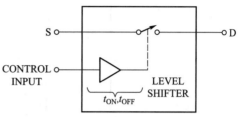

模拟多路开关的类型主要有:各种类型的继电器使用的机电式模拟多路开关,双极型和 MOS 型等的电子式模拟多路开关,用于控制领域的功率器件使用的固态继电器(SSR)。本节主要讨论双极型及 MOS 型等电子式模拟多路开关,其原理如图 3.4.1 所示。

图 3.4.1　电子式模拟多路开关原理图

3.4.1　模拟多路开关的主要参量

R_{ON} 被称为导通电阻,它是指开关闭合后,开关两端等效电阻的阻值。理想开关的 $R_{ON} = 0$。R_{OFF} 被称为断开电阻,指开关断开后,开关两端等效电阻的阻值。其理想值 $R_{OFF} = \infty$。t_{ON} 被称为接通延迟时间,指控制信号从到达最终值的 50% 到开关输出最终稳定值的 90% 之间的时延。t_{OFF} 被称为断开延迟时间,指控制信号从最终稳态值的 90% 到开关输出最终稳定值的 50% 之间的时延。I_C 被称为开关接通电流,指开关闭合后所能承受的流经开关的平均电流。I_{LKG} 被称为泄漏电流。在电子式开关中,因芯片内部半导体器件的缺陷,有微小的电流自输入端流出,经信号源内阻产生干扰,如图 3.4.2 所示。I_{LKG} 又分为开关断开时的 I_{DOFF}(漏极)和 I_{SOFF}(源极),以及开关闭合时的 I_{DON} 和 I_{SON}。

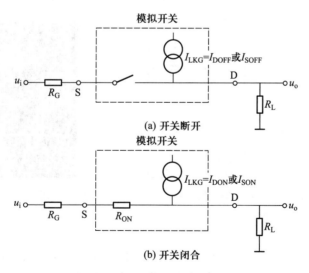

图 3.4.2　泄漏电流示意图

在 MOS 型开关器件中,各级之间以及相邻通道之间的杂散电容也是重要的参量,这些电容将影响开关的高频性能和带宽,杂散电容的分布如图 3.4.3 所示。

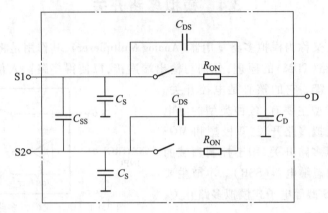

图 3.4.3　MOS 型开关器件杂散电容的分布

关断隔离度是指开关断开时,输入信号通过图 3.4.3 所示的电容 C_{DS} 和 C_D,对输出回路的影响程度,一般用分贝表示。该指标与输入信号的频率有关。

通道之间(Channel-to-Channel)的串扰是由于通道之间的电容 C_{SS}(见图 3.4.3)引起的,显然该指标也与输入信号的频率有关。当模拟开关切换时,开关输出端与地之间的电容还会引起严重的毛刺干扰。在图 3.4.4 所示的电路中,假设某个时刻 S2 闭合,S1 断开,C_{S2} 和 C_{S1} 都充电至 -5 V;当电路切换至 S1 闭合,S2 断开时,运算放大器 A_1 的输出端将出现一个负跳变的毛刺,在示波器上显示出的波形照片如图 3.4.5 所示。放大器 A_1 输出的开关控制信号在示波器上显示为每格 5 V。

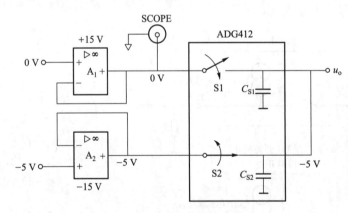

图 3.4.4　电子开关切换过程中
串扰原理示意图

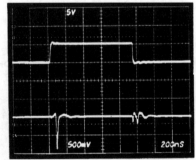

图 3.4.5　负跳变毛刺在示
波器上的波形照片

在电子式模拟多路开关中,由于工艺的原因,某些指标之间存在相互制约。例如,某些低 R_{ON}(小于 10 Ω)的 MOS 型开关,为了减小 R_{ON},需要占据较大的芯片面积,导致更大的分布电容,反而对开关的高频特性产生不利的影响。事实上,只要后端电路的输入阻抗大于10 MΩ,几十欧的 R_{ON} 对采集系统的整体性能影响很小。

3.4.2　电子式模拟多路开关的工作原理

3.4.2.1　基于双极型晶体管的电子式模拟多路开关

基于双极型晶体管的电子式模拟开关的原理图如图 3.4.6 所示。利用晶体管的开关特性,当 U_{Cn} 为高电平时,T_n 截止,第 n 路开关断开。当 U_{Cn} 为低电平时 T_n 导通,第 n 路开关闭合,以此类推。该电路的特点是接通时延小,速度快;泄漏电流大,导通电阻 R_{ON} 大,断开电阻 R_{OFF} 小,通道串扰大。这种电子式模拟多路开关属于电流控制器件,功耗大,集成度低,并且只能单向传输。

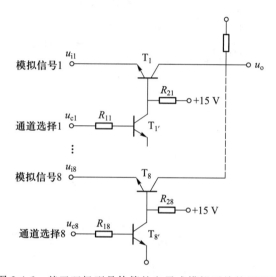

图 3.4.6　基于双极型晶体管的电子式模拟开关的原理图

3.4.2.2　绝缘栅场效应晶体管模拟多路开关

绝缘栅场效应晶体管模拟多路开关的英文名称是 Isolated Gate FET,简称为 IGFET。IG-FET 的栅极与源极之间、栅极与漏极之间均有一层绝缘层,多为二氧化硅 SiO_2,所以被称为"绝缘栅"。又因其栅极上沉积了一层金属铝或铜作为引线,其分层结构为金属—氧化物—半导体,所以 IGFET 更多地被称为"MOSFET"或 MOS 晶体管。MOSFET 的温度稳定性好、加工工艺简单,也是目前使用最为广泛的电子式模拟多路开关。在理论上,MOSFET 管具有双向特性,可以传输双极性信号。由于开关对电流的流向不存在选择问题,没有严格的输入端与输出端之分。但是 NMOS 和 PMOS 的导通电阻 R_{ON} 与输入信号电压 u_i 有关,它们的 R_{ON} 与 u_i 的关系曲线如图 3.4.7 所示。R_{ON} 随 u_i 变化将导致额外的误差。为消除这一现象,将一个 NMOS 和一个 PMOS 并联,形成 COMS(Complementary-MOS,互补 MOS)开关电路。

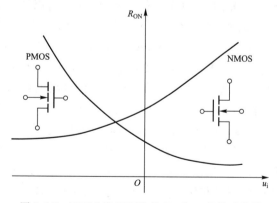

图 3.4.7　NMOS 和 PMOS 的 R_{ON} 与 u_i 的关系曲线

CMOS 开关电路原理图如图 3.4.8 所示,Q1 和 Q2 为一对控制管,Q3 和 Q4 为一对开关管,CMOS 开关的 R_{ON} 与 u_i 之间的关系如图 3.4.9 所示,R_{ON} 不再随 u_i 变化而改变,但 R_{ON} 仍然与电源电压和温度有关。

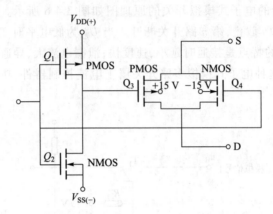

图 3.4.8   CMOS 开关电路原理图

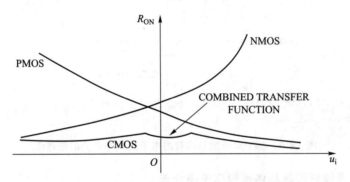

图 3.4.9   CMOS 开关的 R_{ON} 与 u_i 之间的关系

3.4.2.3   集成 CMOS 模拟多路开关

在数据采集系统中,使用最多的是 CMOS 型集成模拟多路开关,如果按照芯片中所集成的独立(指有单独的控制逻辑的单元电路个数以及每个单元所具有的输入通道数量)进行分类,多路复用器(Multiplexer,MUX)芯片可以统一表示为:$(N:1) \times K$,其中 K 为芯片中独立的单元个数,N 为每个单元的输入通道数。例如,早期的 CD4051、AD7501、AD7503 等产品就属于$(8:1) \times 1$;CD4052、AD7502 等产品则属于$(4:1) \times 2$,亦即在一个芯片上集成了 2 个独立的 4 选 1 多路开关(双 4 选 1)。$(1:N) \times K$ 表示多路分配器(DEMUX),$(M:N) \times K$ 则属于模拟多路交叉矩阵开关。从理论上说,模拟多路开关不能选择电流的方向,也就是说,开关是没有方向性的。但是受制造工艺限制,并且为了防止 CMOS 器件因静电放电(Electrostatic Discharge,ESD)而受到损毁,有些多路复用器不能反向运用,例如 AD7501 和 AD7502 等。而有些则对输入输出没有限制,可以反向运用,例如 CD4051。CD4051 正向使用是 8 选 1 模拟多路开关,反向使用则是 1 选 8 分配器。根据集成 MUX 内部各个通道之间的关系,参照传统开关的分类方式,集成 MUX 又可分为单刀单掷(Single Pole Single Throw,SPST)、双刀双掷(DPDT)、单刀双掷(SPDT)和双刀单掷(DPST)等。

3.4.3 选择集成 MUX 时需要考虑的因素

3.4.3.1 通道数量

集成 MUX 包括多个通道,通道数量对传输信号的精度和开关切换速率有直接影响。通道数越多,泄漏电流就越大,因为当芯片选通一路时,其他阻断的通道并不是完全断开的,而是处于高阻状态,会有泄漏电流对导通通道产生影响。另外通道越多,杂散电容越大,通道之间的串扰也越严重。在实际应用中,所选用产品的通道数往往要大于实际需要。此时,多余通道应接模拟地,或接 V_{ref}(等同于交流接地),一方面减少干扰,另外可用于自动校准。

3.4.3.2 R_{ON} 的一致性与平坦度

R_{ON} 过大会导致精度降低,尤其是开关的负载阻抗较低时影响较为严重,现已有大量 $R_{ON} < 10\ \Omega$ 的产品问世。CMOS 型模拟多路开关 R_{ON} 随输入电压 u_i 的变化还是有一些波动的,R_{ON} 的平坦度 ΔR_{ON} 是指在限定的 u_i 范围内 R_{ON} 的最大起伏值,$\Delta R_{ON} = R_{ON_{max}} - R_{ON_{min}}$。$\Delta R_{ON}$ 应越小越好。R_{ON} 的一致性表示各通道 R_{ON} 的差值。R_{ON} 的一致性好,系统在采集各路信号时由开关引起的误差也就越小。CMOS 型模拟多路开关的 R_{ON} 的值还与电源电压有直接关系,通常电源电压越大,R_{ON} 就越小。R_{ON} 与泄漏电流、寄生电容和开关速度是呈反比的。若要求 R_{ON} 小,则会扩大沟道面积,结果造成泄漏电流和寄生电容增大,也使得开关反应速度降低。

3.4.3.3 开关速度(T_{ON} 和 T_{OFF})

T_{ON} 和 T_{OFF} 反映了模拟多路开关接通或断开时间的长短。对于需要传输高速信号的场合,要求模拟多路开关的切换速度高,同时还应该考虑与后级采样保持电路和 A/D 转换器的速度相适应,科学合理地设定和分配技术指标。

3.4.3.4 泄漏电流(I_{LKG})

I_{LKG} 包括 I_{DOFF}、I_{SOFF}、I_{DON} 和 I_{SON}。早先一般的 CMOS 集成模拟多路开关的 I_{LKG} 约为几纳安,现有许多 I_{LKG} 在 1 pA 以下的产品已经得到广泛应用。

3.4.3.5 芯片的电源电压范围

电源电压与开关的 R_{ON} 和切换速度等有直接关系。电源电压越高,切换速度越快,导通电阻越小。现也有许多采用特殊工艺的低压器件,具有很低的 R_{ON}。另外一个需要特别指出的是,CMOS 模拟多路开关只能处理电源电压范围以内的模拟信号。假设 CMOS 模拟多路开关的电源电压范围是 $V_{EE} \sim V_{DD}$,控制端电压是 $0 \sim u_G$。某些产品的输入模拟信号的最大范围可以达到 $V_{EE} \sim V_{DD}$,即所谓"满电源电压幅度"(rail-to-rail)型器件。但是还有一些器件,限定了输入模拟信号的最大幅度 $|u_{max}|$ 不能超过 u_G。假如输入模拟信号幅度超过了上述范围,可能导致模拟多路开关的电源突然掉电,或者因某种非正常原因使模拟多路开关的电源电压突然大幅度地下降等极端情况,但是此时模拟多路开关输入端的模拟输入信号没有消失。

CMOS 芯片上既有 n 沟道的 NMOS(呈 npn 结构),又有 p 沟道的 PMOS(呈 pnp 结构),不可避免地存在着天然的"寄生"可控硅(Silicon Controlled Rectifier,SCR)结构。

一般的集成 CMOS 型模拟多路开关芯片工作时,由于芯片内部寄生的晶闸管结构,极易引发 V_{DD} 与 V_{EE} 之间的正向击穿,并且在触发诱因消失后,击穿依然存在,这就是所谓"栓锁效应"。有以下几种原因可能引发集成 CMOS 型模拟多路开关的栓锁效应:第一是因为干扰导致输入模拟信号超过了所允许的最大范围;第二是 CMOS 器件输入端的高阻特性,会引起静电电荷集聚,如果无处泄放就会产生静电高压;第三是控制信号受到的干扰或噪声影响,V_{DD} 和 V_{EE} 的故障以及各种可能的误操作。为了防止因栓锁效应造成器件损毁,过去常在 CMOS 型模拟多路开关的 V_{DD} 和 V_{EE} 之间串联一个 100 Ω 的小电阻进行限流,或者串联一个正向二极管,除了限流外,同时控制寄生的晶闸管结构。

3.4.3.6　故障保护和 ESD(静电阻抗或静电释放)保护

集成 COMS 型模拟多路开关在应用中,当输入线路出现故障,或因 CMOS 器件输入端的高阻特性而积累了大量静电电荷时,除了导致 CMOS 的栓锁效应造成模拟多路开关的损毁之外,还可能威胁到整个系统的安全。为防止出现此类现象,模拟多路开关的每个输入端都必须并联一个瞬态二极管(即瞬态电压抑制器,Transient Voltage Supression,TVS)。采用双向 TVS 保护模拟多路开关的原理图如图 3.4.10 所示。现已有许多带故障保护或 ESD 保护的产品,可抵抗高达 ±30 kV 的短时间故障脉冲或静电放电,无需使用价格不菲的瞬态二极管。

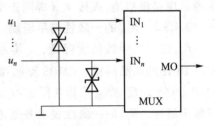

图 3.4.10　采用双向 TVS 保护模拟多路开关的原理图

3.4.3.7　通断逻辑采用"先断后合"

早期许多模拟多路开关产品使用诸如"EN""INH"等引脚,通过恰当的控制时序保证开关在切换时是"先断后合"。现在有许多模拟多路开关器件在内部设置了"先断后合"逻辑,不仅无需再担心控制时序能否确保"先断后合",而且还能在很大程度上消除开关寄生的输出电容引起的切换毛刺。

3.4.3.8　单端输入和差分输入

单端(Single-Ended)输入模拟信号以多路模拟开关的模拟地为参考点,每路信号只需要一个通道。差分输入可以有效抑制共模干扰,但是每路信号需要使用 2 个性能一致的多路模拟开关通道传输"+"和"−"信号。为了保证两个通道特性一致,应该选择 $(N:1)\times2$ 类型的产品,而这种产品正是为差分输入设计的。

3.4.3.9　关断隔离度(Off Isolation)

对于高速信号,CMOS 型多路模拟开关内部的寄生电容还影响了关断隔离度。T 型开关是一种提高关断隔离度的有效方法。如图 3.4.11 所示,当通道接通时,S_1 和 S_3 闭合,S_2 断开;当通道关断时,S_1 和 S_3 断开,S_2 闭合,将跨接在 S_1 和 S_3 两端的两个等效寄生电容 C_S 接地,从而提高关断隔离度。

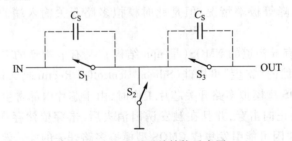

图 3.4.11　T 型开关结构示意图

3.4.3.10 供电方式

传统的 CMOS 型多路模拟开关大都采用双电源供电,依赖较高的电源电压获得较好的开关性能。采用专利的 iCMOS 工艺制造的模拟多路开关,V_{DD} 和 V_{SS}(或 V_{EE})之间电压可达到 33 V(例如 ADG120X 系列)。在高速数据采集系统中,降低电源电压,减小信号的"摆幅"是提高速度的一个重要手段,并且有利于减小数字信号的噪声。因此低压 CMOS 型多路模拟开关器件(LVCMOS)问世了。这些器件的工作电压范围为 ±2.5 V ~ ±5 V。在手持设备中,为了简化电源电路,许多 CMOS 型多路模拟开关器件设计成可使用单电源供电,电源电压范围为 +3 V ~ +15 V,甚至有些产品既可以使用单电源,也可以使用双电源。例如 ADG604,双电源工作时的电压范围为 ±3 V ~ ±5 V,单电源工作时的电压范围为 +3 V ~ +5 V。

3.4.3.11 电荷注入

电荷注入(Charge Injection)是指在开关切换期间,由于 CMOS 器件内部存在的杂散电容,输入的数字控制信号被馈送到模拟信号输出端。在多路模拟开关的实际运用中,注入电荷将影响到数据采集系统的精度。目前器件的水平可以将电荷注入降到 1 pC 以下。

3.4.3.12 输入锁存和地址译码

输入锁存是指集成多路模拟开关芯片内部带有输入锁存器,可将输入的开关选择信号(类似于地址信号)进行锁存。并不是所有的多路模拟开关芯片都带有输入锁存器,因此应根据实际需要选择相应的产品。地址译码是指集成多路模拟开关芯片内部带有译码器,输入的通道选择信号可以是编码信号。

3.4.3.13 自动校准功能

在数据采集系统中,许多环节都可能出现误差,必须进行校准。例如 D/A 转换器和 A/D 转换器器件的调零和调满度。但是这些方法都是静态校准,随着系统运行时间的推移和外界环境变化,需要不断调校。现有校准型多路模拟开关产品(Cal-MUX),专门用于 DAS 系统周期性动态校准。该类产品内部包括用于从 V_{REF} 分压产生精确电压样本的模拟开关、高精度的电阻分压器以及标准的多路模拟开关,这些功能都集成在一个封装中。在运行过程中,通过编程控制多路模拟开关,周期性地选择 V_{REF}、A_{GND} 以及 Cal-MUX 提供的精确电压样本进行采集,记录相应的输出,并根据输入和输出之间的差值,选用不同参量和算法对整个量程范围内的采集结果进行修正。在其他时间,校准型多路复用器可作为一个普通的多路模拟开关使用。此类产品中典型的有 Maxim4039/4040。

3.4.4 典型 MUX 芯片简介

集成 MUX 芯片的产品种类繁多,性能差异很大,对电源电压、控制信号电平、输入模拟信号的幅度范围和极性要求各不相同。但是,集成 MUX 芯片的逻辑功能大致相同,逻辑电路的连接和编程控制也相对较为简单。只要按照芯片手册给出的引脚定义,选择合适的电平和时序,进行适当的连接即可。这个过程中,要特别注意防止栓锁效应。相关措施包括在 MUX 芯片掉电时,要有确保输入信号也同时或提前消失的电路。如果使用的是没有 ESD 保护的 MUX 芯片,输入端应该考虑防止静电电荷集聚的措施。

3.4.4.1　AD7501/7503

AD7501/7503 属于早期产品,(8：1)×1,不能反向运用。导通电阻 R_{on} 为 170 Ω,导通电阻随输入电压 u_i 改变 ΔR_{on}：u_i 为 20%,导通电阻随温度变化的速率为 0.5%/℃,位于开关之间的差别为 4%,打开时间 T_{ON} 与关闭时间 T_{OFF} 为 800 ns,V_{DD} 和 V_{SS} 小于±17 V,控制信号电平<V_{DD},没有 ESD 保护。AD7501/7503 内部逻辑结构和管脚分布图如图 3.4.12 所示。

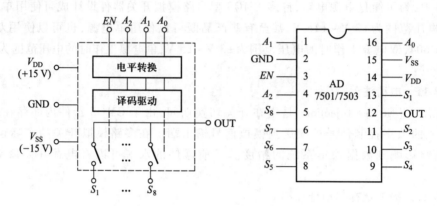

图 3.4.12　AD7501/7503 内部逻辑结构和管脚分布

AD7501 的真值表见表 3-4-1。

表 3-4-1　AD7501 的真值表

A_2	A_1	A_0	EN	接通通道
0	0	0	1	1
0	0	1	1	2
0	1	0	1	3
0	1	1	1	4
1	0	0	1	5
1	0	1	1	6
1	1	0	1	7
1	1	1	1	8
×	×	×	0	无

3.4.4.2　AD7502

AD7502 也属于早期产品,(4：1)×2,它拥有 2 个独立的单元,适用于模拟信号差分输入。4 对通道用于连接 4 路模拟差分输入信号,每对可同时切换。AD7502 的其余指标与 AD7501 完全相同。AD7502 内部逻辑结构和管脚分布图如图 3.4.13 所示,其真值表如表 3-4-2 所示。

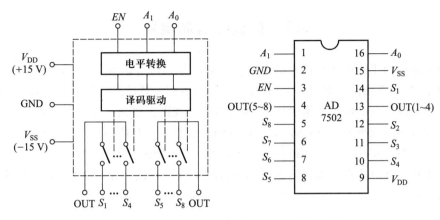

图 3.4.13 AD7502 内部逻辑结构和管脚分布图

表 3-4-2 AD7502 真值表

A_1	A_0	EN	接通通道
0	0	1	1 和 5
0	1	1	2 和 6
1	0	1	3 和 7
1	1	1	4 和 8
×	×	0	无

3.4.4.3 CD4066 四双向模拟开关

CD4066 四双向模拟开关主要用作模拟信号或数字信号的多路传输。其引脚排列如图 3.4.14 所示。它具有比较低的导通阻抗，且导通阻抗在整个输入信号范围内基本不变。

CD4066 由四个相互独立的双向开关组成，每个开关有一个控制信号，开关中的 p 和 n 器件在控制信号作用下同时开关。这种结构消除了开关晶体管阈值电压随输入信号的变化，因此在整个工作信号范围内导通阻抗比较低。与单通道开关相比，CD4066 具有输入信号峰值电压范围等同电源电压，以及在输入信号范围内导通阻抗比较稳定等优点。CD4066 的任何一个模拟输入端也可用作输出端，反之亦然。当控制端为低电平时，开关截止。当控制端为高电平时，开关导通。V_{DD} 端接数字电源，V_{SS} 接数字地。

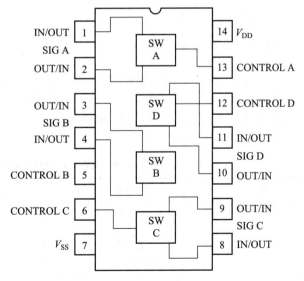

图 3.4.14 CD4066 四双向模拟开关引脚排列

3.5　有趣的音频电路

音频电路是用于处理音频信号的电路。音频信号是带有语音、音乐和音效的有规律的声波的频率、幅度变化信息载体。根据声波的特征,可把音频信息分类为规则音频和不规则声音。其中规则音频又可以分为语音、音乐和音效。规则音频是一种连续变化的模拟信号,可用一条连续的曲线来表示,称为声波。声音的三个要素是音调、音强和音色。声波或正弦波有三个重要参量:频率、幅度和相位,这也就决定了音频信号的特征。关于音频信息处理的详细技术请参阅有关专业书籍。这里只从实践应用的角度介绍几款电路,以便读者从事应用开发工作。

3.5.1　模拟鸟叫的电路

模拟鸟叫的电路原理图如图 3.5.1 所示。集成电路 TSO88BD 有 5 个引出点,功能是:1 电源正极,2 触发,3 原始音频输出,4 放大音频输出,5 电源负极。电容 C 的作用:电容 C 是瓷片电容器,电容值是 0.01 μF,图中括号里的"103"是另一种标识方法,意思是"10"后面再加 3 个 0,即"10000",这种标识方法的默认单位是 pF,0.01 μF=103 pF。

电容 C 用来防止晶体管 9014 的自激。当电路制作完全正确,但是喇叭就是无声时,可能加上电容 C 就可使电路正常工作。这是因为晶体管放大倍数太大,产生自激,反而对喇叭工作产生了抑制。在晶体管放大倍数较小的情况下,不用电容也可以使电路正常工作。

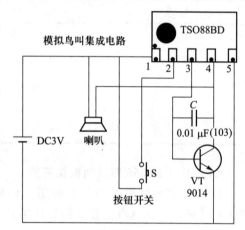

图 3.5.1　模拟鸟叫的电路原理图

3.5.2　录音集成电路

录音集成电路 SR9F25,也被称为语音存储器。它采用双列 28 脚封装,采用电可擦除可编程只读存储器技术,将取样数据作为模拟电平直接存储到 EEPROM 的存储阵列中,无需经过 A/D 及 D/A 转换,具有直接模拟输入、模拟存储和模拟输出等功能。其引脚功能见表 3-5-1。

表 3-5-1　录音集成电路 SR9F25 的引脚功能

引脚	主要功能	引脚	主要功能
1	地址输入端 A0	5	地址输入端 A4
2	地址输入端 A1	6	地址输入端 A5
3	地址输入端 A2	7	空脚
4	地址输入端 A3	8	空脚

引脚	主要功能	引脚	主要功能
9	地址输入端 A6	19	AGC 端
10	地址输入端 A7	20	模拟信号输入端
11	辅助信号输出端	21	模拟信号输出端
12	数字电路的电源及接地端	22	空脚
13	数字电路的电源及接地端	23	片选端低电平有效
14	外接 16 Ω 扬声器 SP$_+$	24	功率升/降控制端
15	外接 16 Ω 扬声器 SP$_-$	25	信息结束输出端
16	片内模拟电路	26	工厂检测端
17	输入端	27	录、放选择端
18	空脚	28	片内模拟电路

其应用电路如图 3.5.2 所示。

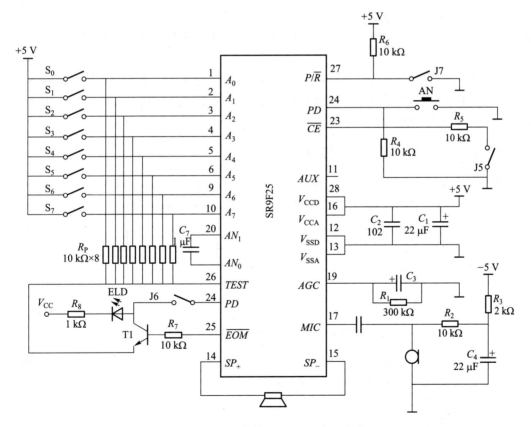

图 3.5.2　语音存储器 SR9F25 应用电路

录音过程(J6 断开、J5 闭合):把 J7 闭合,进入录音等待状态,按下"AN"键,发光二极管亮,表示录音开始,这时声音就通过话筒永久地录入到 SR9F25 中,发光二极管熄灭表示录音结束。如需再次录音,只要再按一次录音键即可。

放音过程:J7 断开为放音等待状态,按一下"AN"键,就能把存在 SR9F25 中的声音经内部功率放大电路放大后从喇叭播放出来。

循环录音或循环放音(J5、J6 均闭合):在许多场合,如飞机的黑匣子分析以及需要循环播报的场合,需要循环录音或循环放音。SR9F25 就具有这样的功能,并且能把最后的 16 秒录音永久保留。将多个 SR9F25 级联起来,可以增加循环录、放音的时间。如 N 个 SR9F25 级联的录、放音时间为 16 秒的 N 倍。

3.6   直流稳压电源集成电路

电子电路通常需要电压稳定的直流电源供电。小功率稳压电源是由电源变压器、整流电路、滤波电路、稳压电路等构成的。电源变压器将交流 220 V 的电压变为所需要的电压值,整流电路将交流电压变为脉动的直流电压。由于脉动的直流电压还含有较大的纹波,必须通过滤波电路加以滤波,得到平滑的电压。但是,这样的电压随电网将有±10%的波动,而且还会随着负载和温度的变化而变化。因此,在整流和滤波电路之后还需要加接稳压电路。稳压电路的作用就在于当电网电压波动,或负载和温度发生变化时,维持输出直流电压稳定。

当负载功率较大、效率较高时,电路常采用开关稳压电源。关于开关稳压电源的基本原理在《模拟电子技术》等教材中已有较详细的论述,这里重点从应用的角度出发介绍一下三端集成稳压器和桥式整流集成电路。

3.6.1   固定式三端集成稳压器的应用

常用的固定式三端集成稳压器主要有 CW7800 和 CW7900 系列。CW7800 系列是正向输出,CW7900 系列是负向输出,它们的电路符号如图 3.6.1 所示。

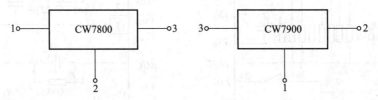

图 3.6.1   CW7800 和 CW7900 系列的电路符号

它们的引脚排列图如图 3.6.2 所示。CW7800 系列的引脚 1 是输入端,引脚 3 是输出端,引脚 2 是接地端,输入与输出都是正向的。CW7900 系列引脚 1 是接地端,引脚 2 是输入端,引脚 3 是输出端,都是负向的。

3.6.1.1   固定电压输出电路

应用 CW7812 构建的固定输出的稳压电路如图 3.6.3 所示。

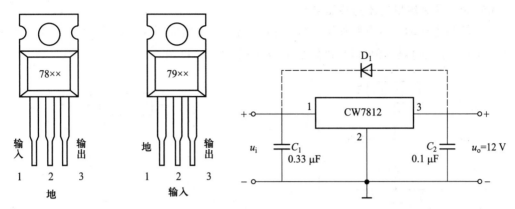

图 3.6.2　CW7800 和 CW7900 的引脚排列图　　图 3.6.3　应用 CW7812 构建的固定输出的稳压电路

其中，C_1 是抗干扰电容；C_2 是防自激电容，当 D_1 输入短路时，C_2 能放电保护二极管。

3.6.1.2　正、负电压电路

选用不同稳压值的 CW7800 和 CW7900 系列的电路，可构成同时输出电压正、负不对称的稳压电路，如图 3.6.4 所示。

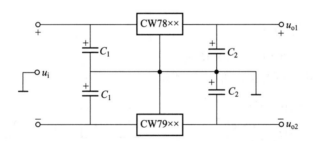

图 3.6.4　同时输出电压正、负不对称的稳压电路

3.6.1.3　扩大输出电流的稳压电路

扩大输出电流的稳压电路如图 3.6.5 所示。当负载电流 i_o 小于稳压器电流 i_{OX} 时，三极管 VD_1 截止，当负载电流 i_o 大于 i_{OX} 时，VD_1 导通，则有 $i_o = i_{OX} + i_{C1} > i_{OX}$。此电路同时具有过载和短路保护功能。

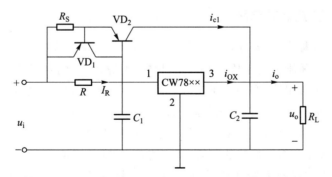

图 3.6.5　扩大输出电流的稳压电路

3.6.1.4　提高输出电压的稳压电路

提高输出电压的稳压电路如图 3.6.6 所示。显然,输出电压 $u_o = u_{23} + u_z > u_{23}$。也可以采用图 3.6.7 所示的电路,既可以提高输出电压,输出电压又可调。

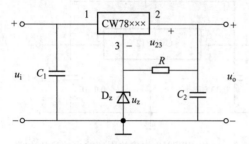

图 3.6.6　提高输出电压的稳压电路

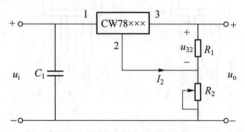

图 3.6.7　输出电压可调的提高输出电压稳压电路

稳压器静态电流 I_2 很小,则有

$$u_{32} = \frac{R_1}{R_1 + R_2} u_o.$$

从中可求出

$$u_o = \left(1 + \frac{R_2}{R_1}\right) u_{32}$$

此电路既提高了输出电压 u_o,又使 u_o 可调。

基本的三端稳压电源电路如图 3.6.8 所示。

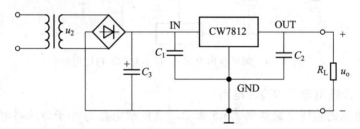

图 3.6.8　基本的三端稳压电源电路

3.6.2　桥式整流集成电路

桥式整流电路又称为"整流桥堆"(Bridge Rectifiers)。整流桥堆就是由两个或四个二极管组成的整流器件。桥堆分为半桥、全桥和三相桥,半桥又分为正半桥和负半桥两种。

全桥由四只二极管组成,有四个引出脚。两只二极管负极的连接点是全桥直流输出端的"正极",两只二极管正极的连接点是全桥直流输出端的"负极"。

半桥由两只二极管组成,有三个引出脚。正半桥两边的管脚是两个二极管的正极,即交流输入端;中间管脚是两个二极管的负极,即直流输出端的"正极"。负半桥两边的管脚是两个二极管的负极,即交流输入端;中间管脚是两个二极管的正极,即直流输出端的"负极"。也就是说,半桥是将两个二极管桥式整流的一半封在一起,用一个正半桥和一个负半桥可组成一个桥式整流电路,一个半桥也可以组成变压器带中心抽头的全波整流电路。

整流桥堆产品是由四只整流硅芯片作桥式连接,外用绝缘塑料封装而成的,大功率整流桥在绝缘层外添加锌金属壳包封,增强散热效果。整流桥品种可分为扁形、圆形、方形、板凳形(分直插与贴片)等,还有 GPP 与 O/J 结构之分。其最大整流电流为 0.5~100 A,最高反向峰值电压为 50~1 600 V。

选择整流桥堆要考虑整流电路和工作电压。国内常用的有 G 系列整流桥堆,进口品牌有 ST、IR 等。

全桥的正向电流有 0.5 A、1 A、1.5 A、2 A、2.5 A、3 A、5 A、10 A、20 A、35 A、50 A 等多种规格,耐压值(最高反向电压)有 25 V、50 V、100 V、200 V、300 V、400 V、500 V、600 V、800 V、1 000 V 等多种规格。

一般整流桥命名中有 3 个数字,第一个数字代表额定电流(A);后两个数字代表额定电压(数字×100)(V)

如:KBL407 即代表额定电流 4 A,额定电压 700 V;KBPC5010 即代表额定电流 50 A,额定电压为 1 000 V。其中,005、01、02、04、06、08、10 分别代表额定电压为 50 V、100 V、200 V、400 V、600 V、800 V、1 000 V。

整流桥封装方式有四种,即方桥、扁桥、圆桥、贴片 MINI 桥。

方桥主要封装形式有 BR3、BR6、BR8、GBPC、KBPC、KBPC-W、GBPC-W、MT-35(三相桥)。

扁桥主要封装形式有 KBP、KBL、KBU、KBJ、GBU、GBJ、D3K。

圆桥主要封装形式有 WOB、WOM、RB-1。

贴片 MINI 桥主要封装形式有 BDS、MBS 、MBF、ABS。

参 考 文 献

第四章　数字电路

电子电路按功能可分为模拟电路和数字电路。根据电路的结构特点以及其对输入信号响应规则的不同,数字电路可分为组合逻辑电路和时序逻辑电路。数字电路中的电子器件,例如二极管、晶体管、场效应管处于开关状态,时而导通,时而截止,构成电子开关。这些电子开关是组成逻辑门电路的基本器件。逻辑门电路又是数字电路的基本单元。如果将这些门电路集成在一片半导体芯片上就构成数字电路。

4.1　数字电路的分类及特点

4.1.1　数字电路的发展与分类

数字电路的发展历史与模拟电路一样,经历了由电子管、半导体分立器件到集成电路的过程。由于集成电路的发展非常迅速,很快占有主导地位,因此数字电路主流形式是数字集成电路。从 20 世纪 60 年代开始,出现了由双极型工艺制成的小规模逻辑器件,随后发展到中规模集成电路;20 世纪 70 年代末,微处理器的出现,使数字集成电路的性能发生了质的飞跃;从 20 世纪 80 年代中期开始,专用集成电路制作技术已日趋成熟,标志着数字集成电路发展到了新的阶段。

特定用途集成度电路(ASIC)是将一个复杂的数字系统制作在一块半导体芯片上,构成体积小、重量轻、功耗低、速度高、成本低且具有保密性的系统级芯片。ASIC 芯片的制做可以采用全定制或半定制的方法。全定制方法适用于生产批量的成熟产品,由半导体生产厂家制造。对于生产批量小或处于研究试制阶段的产品,可以采用半定制方法。半定制方法是用户通过软件编程,将自己设计的数字系统制做在厂家生产的可编程逻辑器件半成品芯片上,得到所需的系统级芯片。从集成度来说,数字电路可分为小规模(SSI)、中规模(MSI)、大规模(LSI)、超大规模(VLSI)和甚大规模(ULSI)五类。所谓集成度,是指每一块芯片所包含的数字门的个数。

数字电路的发展不仅体现在集成度方面,而且在半导体器件的材料、结构和生产工艺上均有所体现。数字电路器件所用的材料以硅材料为主,在高速电路中,也使用化合物半导体材料,例如砷化镓等。逻辑门是数字集成电路的主要单元电路,按照结构和工艺分为晶体管-晶体管型和金属氧化物型。晶体管-晶体管逻辑门电路问世较早,其工艺不断有所改进,是至今仍在使用的基本逻辑器件之一。随着金属氧化物半导体工艺特别是对称互补金属氧化物工艺的发展,使得集成电路具有很高的集成度和工作速度。

4.1.2 数字电路的特点

与模拟电路相比,数字电路主要有下列优点:

（1）数字电路的工作可靠,稳定性好。一般而言,对于一个给定的输入信号,数字电路的输出总是相同的。而模拟电路的输出则会随着外界温度和电源电压的变化,以及器件的老化等因素而发生变化。

（2）易于设计。数字电路又称为数字逻辑电路,它主要是对用 0 和 1 表示的数字信号进行逻辑运算和处理,不需要复杂的数学知识,广泛使用的数学工具是逻辑代数。数字电路能够可靠地区分 0 和 1 两种状态而正常工作,电路的精度要求不高。因此,数字电路的分析与设计相对较容易。

（3）易于大批量生产,成本低廉。数字电路结构简单,体积小、通用性强、容易制造、便于集成化生产,而且成本低廉。

（4）可以进行编程。现代数字系统的设计大多采用可编程逻辑器件,即厂家生产的一种半成品芯片。用户根据需要用硬件描述语言（HDL）在计算机上完成电路设计和仿真,写入芯片,即可完成设计。这给用户研制开发产品带来了极大的便利性和灵活性。

（5）高速度,低功耗。随着集成电路工艺的发展,数字集成电路的工作速度越来越高,而功耗越来越低。集成电路中单管的开关速度可以做到$<10^{-11}$ s。整体器件中,信号从输入到输出的传输时间$<2\times10^{-9}$ s。百万门以上的超大规模集成芯片的功耗,可以达到毫瓦级别。

4.1.3 数字电路的分析、设计与测试

1. 数字电路的分析方法

数字电路处理的是数字信号,半导体器件工作在开关状态,所用晶体管工作在饱和区或截止区,所以不能采用模拟电路的分析方法。数字电路主要研究的对象是电路的输出与输入之间的逻辑关系,因而数字电路所采用的分析工具是逻辑代数,表达电路输出与输入的关系主要用真值表、功能表、逻辑表达式等方法。随着计算机技术的发展,借助计算机仿真软件,可以更直观、快捷、全面地对电路进行分析。借助计算机仿真软件,不仅可以对数字电路,而且可以对数模混合电路进行仿真分析;不仅可以进行电路的功能仿真,显示逻辑仿真的波形结果,以检查逻辑错误,而且可以模拟器件及连线的延迟时间,进行时序仿真,检测电路中存在的"冒险竞争"、时序错误等问题。

2. 数字电路的设计方法

数字电路的设计是从给定的逻辑功能要求出发,确定输入、输出变量,选择适当的逻辑器件,设计出符合要求的逻辑电路。设计过程一般有方案的提出、验证和修改三个阶段。设计方式分为传统的设计方式和基于电子设计自动化（EDA）的软件设计方式。传统的硬件电路设计全过程都是由人工完成的,硬件电路的验证和调试是在电路构成后进行的,电路存在的问题只能在验证和调试阶段发现。如果存在的问题较大,有可能要重新设计电路,因而设计周期长,资源浪费大,不能满足大规模集成电路设计的要求。基于 EDA 软件的设计方式是借助计算机来快速准确地完成电路的设计。设计者提出方案后,利用计算机进行逻辑分析、性能分析、时序测试,如果发现错误或方案不理想,可以重复上述过程直至得到满意的电

路,然后进行硬件电路的实现。这种方法提高了设计质量,缩短了设计周期,节省了设计费用,提高了产品的竞争力。因此 EDA 软件已成为电子电路设计人员不可缺少的有力工具。EDA 软件的种类较多,大多数 EDA 软件包含原理图输入、HDL 文本输入、测试平台、仿真和综合工具等部分。

3. 数字电路的测试技术

数字电路在正确设计和安装后,必须经过严格测试方可使用。测试时必须备有下列基本仪器和设备。数字电压表用来测量电路中各点的电压,并观察其测试结果是否与理论分析一致。电子示波器常用来观察电路各点的波形。在一个复杂的数字系统中,通过主频率信号源的激励,有关逻辑关系可以从波形图中得到验证。逻辑分析仪是一种专用示波器,具有很多实用功能,例如它可以同时显示 8~32 位的数字波形,十分有利于对整体电路各部分之间逻辑关系的分析。

4.2 若干典型的组合逻辑集成电路

随着半导体制作工艺的发展,许多常用的组合逻辑电路被制成了中规模集成芯片。由于这些器件具有标准化程度高、通用性强、体积小、功耗低、设计灵活等特点,因此它们广泛应用于数字电路和数字系统中。下面介绍编码器、译码器、数据选择器、数据分配器、数值比较器、算术/逻辑运算单元等典型的中规模组合逻辑器件并着重分析它们的工作原理及基本应用方法。

4.2.1 编码器

编码和译码问题在日常生活中经常遇到。例如,购买移动电话时,通信公司会给这部移动电话设定一个号码,称为编码。显然,这个特定的号码与购买人的姓名可以说是等同的,因为任何人拨打购买人的移动电话号码,都能够找到他,这个过程称为译码。

1. 编码器的定义与工作原理

数字系统中存储或处理的信息,常常是用二进制码表示的。用一个二进制代码表示特定含义的信息称为编码,具有编码功能的逻辑电路称为编码器。图 4.2.1 为二进制编码器的结构图,它有 n 位二进制码输出,与 2^n 个输入相对应。下面以 4 线-2 线普通编码器为例,介绍编码器的工作原理。

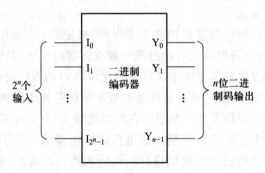

图 4.2.1 二进制编码器的结构图

（1）普通编码器

4 线-2 线编码器真值表见表 4-2-1。4 个输入端 I_0 到 I_3 为高电平有效，输出端是两个二进制代码 Y_1 和 Y_0。任何时刻，I_0—I_3 中只能有一个取值为 1，并且有一组对应的二进制码输出。除表中列出 4 个输入变量的 4 种取值组合有效外，其余 12 种组合所对应的输出均应为 0。对于输入或输出变量，凡取 1 值的用原变量表示，取 0 值的用反变量表示，可以得到如下的逻辑表达式：

$$Y_1 = \overline{I_0}\,\overline{I_1}I_2\overline{I_3} + \overline{I_0}\,\overline{I_1}\,\overline{I_2}I_3$$
$$Y_0 = \overline{I_0}I_1\overline{I_2}\,\overline{I_3} + \overline{I_0}\,\overline{I_1}\,\overline{I_2}I_3$$

表 4-2-1　4 线-2 线编码器真值表

输入				输出	
I_0	I_1	I_2	I_3	Y_1	Y_0
1	0	0	0	0	0
0	1	0	0	0	1
0	0	1	0	1	0
0	0	0	1	1	1

上述编码器存在一个问题，如果 I_0—I_3 中有 2 个或 2 个以上的取值同时为 1，输出会出现错误编码。例如，I_2 和 I_3 同时为 1 时，Y_1Y_0 为 00，此时输出的既不是对 I_2 或 I_3 的编码，更不是对 I_0 的编码。而实际应用中，经常会遇到两个及以上的输入端同时为 1 的情况。因此，必须根据轻重缓急，规定好这些控制对象允许操作的先后次序，即优先级别。能识别这类请求信号的优先级别并进行编码的逻辑部件称为优先编码器。

（2）优先编码器

4 线-2 线优先编码器的真值表见表 4-2-2。由表 4-2-2 可知 I_0—I_3 的优先级。例如，对于 I_0，若其值为 1，只有当其他输入端均为 0 时，输出为 00。对于 I_3，无论其他 3 个输入端是否为 1，输出均为 11。由此可知 I_3 的优先级高于 I_0 的优先级，且这 4 个输入的优先级的高低次序依次为 I_3、I_2、I_1、I_0。优先编码器允许 2 个及以上的输入同时为 1，但只对优先级比较高的输入端进行编码。

表 4-2-2　4 线-2 线优先编码器真值表

输入				输出	
I_0	I_1	I_2	I_3	Y_1	Y_0
1	0	0	0	0	0
×	1	0	0	0	1
×	×	1	0	1	0
×	×	×	1	1	1

由表 4-2-2 可以得出该优先编码器的逻辑表达式。由于真值表包括了无关项，因此逻

辑表达式比前面介绍的普通编码器简单一些:

$$Y_1 = I_2 \overline{I_3} + I_3$$

$$Y_0 = I_1 \overline{I_2}\,\overline{I_3} + I_3$$

上述两种类型的编码器仍然存在一个问题,当电路所有的输入端都为 **0** 时,输出 Y_1Y_0 均为 **0**。而当 I_0 为 **1** 时,输出 Y_1Y_0 也全为 **0**,即输入条件不同而输出代码相同。这两种情况在实际中要注意加以区分。

2. 集成编码器

这里介绍 4000 系列 CMOS 集成优先编码器 CD4532 的逻辑功能及应用方法。8 线-3 线优先编码器 CD4532 的功能表见表 4-2-3,其逻辑图和引脚排列图如图 4.2.2 所示。

表 4-2-3 8 线-3 线优先编码器 CD4532 的功能表

输入									输出				
EI	I_7	I_6	I_5	I_4	I_3	I_2	I_1	I_0	Y_2	Y_1	Y_0	GS	EO
0	×	×	×	×	×	×	×	×	0	0	0	0	0
1	0	0	0	0	0	0	0	0	0	0	0	0	1
1	1	×	×	×	×	×	×	×	1	1	1	1	0
1	0	1	×	×	×	×	×	×	1	1	0	1	0
1	0	0	1	×	×	×	×	×	1	0	1	1	0
1	0	0	0	1	×	×	×	×	1	0	0	1	0
1	0	0	0	0	1	×	×	×	0	1	1	1	0
1	0	0	0	0	0	1	×	×	0	1	0	1	0
1	0	0	0	0	0	0	1	×	0	0	1	1	0
1	0	0	0	0	0	0	0	1	0	0	0	1	0

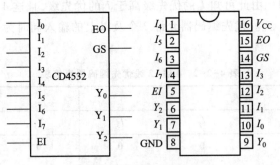

图 4.2.2 优先编码器 CD4532

从表 4-2-3 可以看出,该编码器有 8 个信号输入端,3 个二进制码输出端,输入和输出均以高电平作为有效电平,而且输入优先级别的次序依次为 $I_7, I_6, \cdots, I_0$。此外,为便于将多个芯片连接起来以扩展电路的功能,我们还设置了高电平有效的输入使能端 EI 和输出使能

端 EO,以及优先编码工作状态标志 GS。当 $EI=1$ 时,编码器工作;而当 $EI=0$ 时,禁止编码器工作,此时不论 8 个输入端为何种状态,3 个输出端均为低电平,且 GS 和 EO 均为低电平。EO 只有在 EI 为 1,且所有输入端都为 0 时,输出为 1,它可以与另一片 CD4532 的 EI 连接,以便组成更多输入端的优先编码器。GS 的功能是,当 EI 为 1,且至少有一个输入端有高电平信号输入时,GS 为 1,表明该编码器处于工作状态,否则 GS 为 0,由此可以区分当电路所有输入端均无高电平输入,或者只有 I_0 输入端有高电平时,$Y_2 Y_1 Y_0$ 均为 000 的情况。表 4-2-3 中用 1 和 0 分别表示高、低电平,可以此推导出各输出端的逻辑表达式。

下面举例说明 8 线-3 线编码器的应用。

例 4.2.1 用两片 CD4532 组成 16 线-4 线优先编码器,其逻辑图如图 4.2.3 所示,试分析其工作原理。

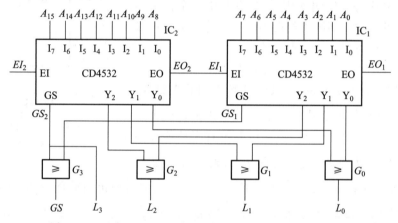

图 4.2.3 两片 CD4532 组成 16 线-4 线优先编码器的逻辑图

解:根据 CD4532 的功能表,对逻辑图进行分析得出:

① 当 $EI_2 = 0$ 时,IC$_2$ 禁止编码,其输出端 $Y_2 Y_1 Y_0$ 为 000,而且 GS_2、EO_2 均为 0。同时 EO_1 使 $EI_1 = 0$,IC$_1$ 也禁止编码,其输出端及 GS_1、EO_1 均为 0。由电路图可知 $GS = GS_1 + GS_2 = 0$,表示此时整个电路的代码输出端 $L_3 L_2 L_1 L_0 = 0000$,是非编码输出。

② 当 $EI_2 = 1$ 时,IC$_2$ 允许编码,若 $A_{15} \sim A_8$ 均无有效电平输入,则 $EO_2 = 1$,使 $EI_1 = 1$,从而允许 IC$_1$ 编码,因此 IC$_2$ 的优先级高于 IC$_1$。此时由于 $A_{15} \sim A_8$ 没有有效电平输入,IC$_2$ 的输出均为 0,则 L_2、L_1、L_0 取决于 IC$_1$ 的输出,而 $L_3 = GS_2$ 总是等于 0,所以输出代码在 $0000 \sim 0111$ 之间变化。若只有 A_0 有高电平输入,输出为 0000,若 A_7 及其他输入端同时有高电平输入,则输出为 0111。A_0 的优先级别最低。

③ 当 $EI_2 = 1$ 且 $A_{15} \sim A_8$ 中至少有一个为高电平输入时,$EO_2 = 0$,使 $EI_1 = 0$,IC$_1$ 禁止编码,此时 $L_3 = CS_2 = 1$,L_2、L_1、L_0 取决于 IC$_2$ 的输出,输出代码在 $1000 \sim 1111$ 之间变化,并且 A_{15} 的优先级最高。

至此,整个电路实现了 16 位输入的优先编码,优先级别从 A_{15} 至 A_0 依次递减。

4.2.2 译码器

在数字电路系统中,经常需要将一种代码转换为另一种代码,以满足特定的需要,完成这种功能的电路称为码转换电路。译码器和编码器都是码转换电路。

1. 译码器的定义与功能

译码是编码的逆过程,它的功能是将具有特定含义的二进制码转换成对应的输出信号。具有译码功能的逻辑电路称为译码器。译码器可分为两种类型,一种是将一系列代码转换成与之一一对应的有效信号。这种译码器可称为唯一地址译码器,它常用于计算机中对存储器单元地址的译码,即将每一个地址代码转换成一个有效信号,从而选中对应的单元。另一种是将一种代码转换成另一种代码,所以也称为代码变换器,下面先介绍二进制唯一地址译码器。

图 4.2.4 是二进制译码器的一般结构图,它具有 n 个输入端,2^n 个输出端和 1 个使能输入端。在使能输入端为有效电平时,对应每一组输入代码,只有其中一个输出端为有效电平,其余输出端则为相反的电平。输出信号可以是高电平有效,也可以是低电平有效。

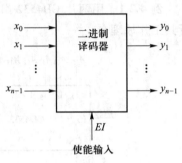

图 4.2.4   二进制译码器
的一般结构图

下面以 2 线-4 线译码器为例,分析译码器的工作原理和电路结构。输入变量 A_1、A_0 共有 4 种不同状态组合,因而译码器有 4 个输出信号 $\overline{Y_0} \sim \overline{Y_3}$,并且输出为低电平有效,真值表见表 4-2-4。另外,该译码器设置了使能控制端 $\overline{E}$,当 $\overline{E}$ 为 1 时,无论 A_1、A_0 为何种状态,输出端全为 1,译码器处于非工作状态。而当 $\overline{E}$ 为 0 时,对应于 A_1、A_0 的某种状态组合,其中只有一个输出量为 0,其余各输出量均为 1。例如,$A_1 A_0 = 00$ 时,输出 $\overline{Y_0}$ 为 0,$\overline{Y_1} \sim \overline{Y_3}$,均为 1。由此可见,译码器是通过输出端的逻辑电平以识别不同的代码。

表 4-2-4   2 线-4 线译码器真值表

输入			输出			
$\overline{E}$	A_1	A_0	$\overline{Y_0}$	$\overline{Y_1}$	$\overline{Y_2}$	$\overline{Y_3}$
1	×	×	1	1	1	1
0	0	0	0	1	1	1
0	0	1	1	0	1	1
0	1	0	1	1	0	1
0	1	1	1	1	1	0

根据真值表可写出各输出端的逻辑表达式:

$$\overline{Y_0} = \overline{E} + A_1 + A_0$$

$$\overline{Y_1} = \overline{E} + A_1 + \overline{A_0}$$

$$\overline{Y_2} = \overline{E} + \overline{A_1} + A_0$$

$$\overline{Y_3} = \overline{E} + \overline{A_1} + \overline{A_0}$$

2. 集成电路译码器

(1) 二进制译码器

常用的集成二进制译码器有 CMOS（74HC138）和 TTL（74LS138）两种定型产品，两者在逻辑功能上没有区别，只是电气性能参数有所不同，用 74×138 表示两者中任意一种。74×139 是双 2 线-4 线译码器，封装在一个集成芯片中，其逻辑符号如图 4.2.5 所示。

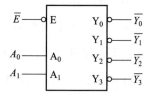

图 4.2.5 74×139 的逻辑符号

74×139 逻辑符号框外部的 $\overline{E}$、$\overline{Y_0} \sim \overline{Y_3}$ 作为变量符号，表示外部输入或输出信号名称，字母上面的"–"说明该输入或输出是低电平有效。符号框内部的输入、输出变量表示其内部的逻辑关系。当输入或输出为低电平有效时，符号框外部逻辑变量 $\overline{E}$、$\overline{Y_0} \sim \overline{Y_3}$ 的逻辑状态与符号框内对应的 E、$Y_0 \sim Y_3$ 的逻辑状态相反。在推导表达式过程中，如果低有效的输入或输出变量上面的"–"参与运算，则在画逻辑图或验证真值表时，注意将其还原为低有效符号。

下面着重介绍 CMOS 器件 74HC138 的逻辑功能及应用。74HC138 是 3 线-8 线译码器，其功能表见表 4-2-5。该译码器有 3 位二进制输入端 A_2、A_1、A_0，它们共有 8 种状态的组合，即可译出 8 个输出信号 $\overline{Y_0} \sim \overline{Y_7}$，输出为低电平有效。此外，它还设置了 E_3、$\overline{E_2}$ 和 $\overline{E_1}$ 共 3 个使能输入端，为电路功能的扩展提供了方便。由功能表可知，当 $E_3 = 1$，且 $\overline{E_2}$ 和 $\overline{E_1} = 0$ 时，74HC138 处于工作状态。利用 3 线-8 线译码器可以构成 4 线-16 线译码器、5 线-32 线译码器或 6 线-64 线译码器。

表 4-2-5 74HC138 集成译码器功能表

输入						输出							
E_3	$\overline{E_2}$	$\overline{E_1}$	A_2	A_1	A_0	$\overline{Y_0}$	$\overline{Y_1}$	$\overline{Y_2}$	$\overline{Y_3}$	$\overline{Y_4}$	$\overline{Y_5}$	$\overline{Y_6}$	$\overline{Y_7}$
×	1	×	×	×	×	1	1	1	1	1	1	1	1
×	×	1	×	×	×	1	1	1	1	1	1	1	1
0	×	×	×	×	×	1	1	1	1	1	1	1	1
1	0	0	0	0	0	0	1	1	1	1	1	1	1
1	0	0	0	0	1	1	0	1	1	1	1	1	1
1	0	0	0	1	0	1	1	0	1	1	1	1	1
1	0	0	0	1	1	1	1	1	0	1	1	1	1
1	0	0	1	0	0	1	1	1	1	0	1	1	1
1	0	0	1	0	1	1	1	1	1	1	0	1	1
1	0	0	1	1	0	1	1	1	1	1	1	0	1
1	0	0	1	1	1	1	1	1	1	1	1	1	0

例 4.2.2 试用四片 74HC138 和一片 74HC139 构成 5 线-32 线译码器，输入为 5 位二进制码 $B_4B_3B_2B_1B_0$，对应输出 $\overline{L_0} \sim \overline{L_{31}}$ 为低电平有效信号。

解:根据 74HC138 的真值表可以看出,当 $B_4B_3 = 00$,而 $B_2B_1B_0$ 从 **000** 变化到 **111** 时,对应 $\overline{L_0} \sim \overline{L_7}$ 中有一个输出为 **0**,其余输出全为 **1**,因此 4 片 74HC138 中,设置 IC_2 译码状态,其余 3 片为禁止译码状态,对应的输出 $\overline{L_8} \sim \overline{L_{31}}$ 全为 **1**。以此类推,当 $B_4B_3 = 01$,$B_2B_1B_0$ 从 **000** 变化到 **111** 时,$\overline{L_8} \sim \overline{L_{15}}$ 分别输出有效信号,此时设置 IC_3 为译码状态。当 $B_4B_3 = 10$ 和 **11** 时,分别设置 IC_4 和 IC_5 为译码状态。因此,将 5 位二进制码的低 3 位 $B_2B_1B_0$ 分别与 4 片 74HC138 的 3 个地址输入端 $A_2A_1A_0$ 并接在一起。高位 B_4B_3 有 4 种状态的组合,因此接入 74HC139 的两个地址输入端 A_1A_0,74HC139 的 4 个低有效输出信号分别接入 4 片 74HC138 的低有效使能输入端,使 4 片 74HC138 在 B_4B_3 的控制下轮流工作在译码状态。这样就得到 5 线-32 线译码器,其逻辑图如图 4.2.6 所示。

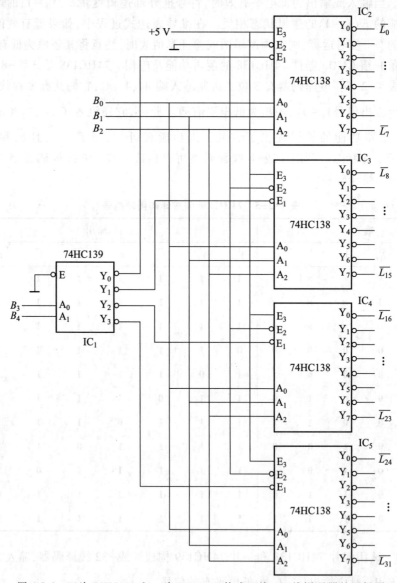

图 4.2.6 四片 74HC138 和一片 74HC139 构成 5 线-32 线译码器的逻辑图

例 4.2.3　用一片 74HC138 实现函数 $L=\overline{A}\,\overline{C}+AB$ 的逻辑。

解:首先将函数表达式变换为最小项之和的形式 $L=\overline{A}\,\overline{B}\,\overline{C}+\overline{A}B\overline{C}+AB\overline{C}+ABC=m_0+m_2$ $+m_6+m_7$，将输入变量 A、B、C 分别接入 A_2、A_1 和 A_0 端，并将使能端接有效电平。由于 74HC138 是低电平有效输出，因此要将最小项变换为反函数的形式在译码器的输出端加接一个**与非**门，即可实现给定的组合逻辑函数，如图 4.2.7 所示。

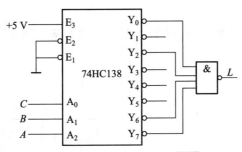

图 4.2.7　用一片 74HC138 实现函数 $L=\overline{A}\,\overline{C}+AB$ 的逻辑图

（2）十进制译码器 74HC42

8421BCD 码对应于十进制数 0~9，可由 4 位二进制数 **0000~1001** 表示。由于人们不习惯于直接识别二进制数，所以需采用二-十进制译码器译码显示。这种译码器应有 4 个输入端和 10 个输出端。它的功能表见表 4-2-6，其输出为低电平有效。例如，当输入 8421BCD 码 $A_3A_2A_1A_0=\mathbf{0010}$ 时，输出 $\overline{Y_2}=\mathbf{0}$，它对应于十进制数 2，其余输出均为高电平。当输入超过 8421BCD 码的范围时（即 **1010~1111**），输出端均为高电平，即没有有效译码输出。

表 4-2-6　74HC42 二-十进制译码器功能表

数目	BCD 输入端				输出端									
	A_3	A_2	A_1	A_0	$\overline{Y_0}$	$\overline{Y_1}$	$\overline{Y_2}$	$\overline{Y_3}$	$\overline{Y_4}$	$\overline{Y_5}$	$\overline{Y_6}$	$\overline{Y_7}$	$\overline{Y_8}$	$\overline{Y_9}$
0	0	0	0	0	0	1	1	1	1	1	1	1	1	1
1	0	0	0	1	1	0	1	1	1	1	1	1	1	1
2	0	0	1	0	1	1	0	1	1	1	1	1	1	1
3	0	0	1	1	1	1	1	0	1	1	1	1	1	1
4	0	1	0	0	1	1	1	1	0	1	1	1	1	1
5	0	1	0	1	1	1	1	1	1	0	1	1	1	1
6	0	1	1	0	1	1	1	1	1	1	0	1	1	1
7	0	1	1	1	1	1	1	1	1	1	1	0	1	1
8	1	0	0	0	1	1	1	1	1	1	1	1	0	1
9	1	0	0	1	1	1	1	1	1	1	1	1	1	0
10	1	0	1	0	1	1	1	1	1	1	1	1	1	1
11	1	0	1	1	1	1	1	1	1	1	1	1	1	1
12	1	1	0	0	1	1	1	1	1	1	1	1	1	1
13	1	1	0	1	1	1	1	1	1	1	1	1	1	1
14	1	1	1	0	1	1	1	1	1	1	1	1	1	1
15	1	1	1	1	1	1	1	1	1	1	1	1	1	1

4.2.3　数据选择器

1. 数据选择器的定义与功能

数据选择是指经过选择,把多路数据中的某一路数据传送到公共数据线上,实现数据选择功能的逻辑电路称为数据选择器。它的作用相当于多个输入的单刀多掷开关,其示意图如图 4.2.8 所示。

下面以 4 选 1 数据选择器为例,说明其工作原理及基本功能。其逻辑图如图 4.2.9 所示,功能表见表 4-2-7。

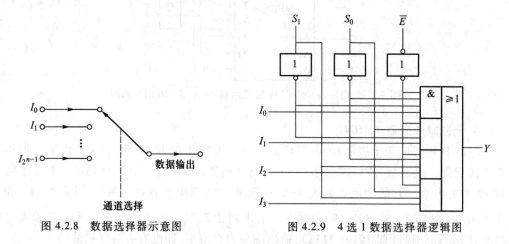

图 4.2.8　数据选择器示意图　　　　图 4.2.9　4 选 1 数据选择器逻辑图

表 4-2-7　4 选 1 数据选择器功能表

输入			输出
使能输入端	地址输入端		
$\overline{E}$	S_1	S_0	Y
1	×	×	0
0	0	0	I_0
0	0	1	I_1
0	1	0	I_2
0	1	1	I_3

为了对 4 个数据源进行选择,数据选择器通过 2 位地址码输入 S_1S_0,产生 4 个地址信号,当 S_1S_0 等于 **00**、**01**、**10**、**11** 时,分别控制 4 个与门的开闭。显然,任何时候 S_1S_0 只有一种可能的取值,所以只有一个与门可以打开,使对应的那一路数据通过,送达 Y 端。使能输入端 $\overline{E}$ 是低电平有效,当 $\overline{E} = 1$ 时,所有与门都被封锁,无论地址码是什么,Y 总是等于 **0**;当 $\overline{E} = 0$ 时,封锁解除,由地址码决定哪一个与门打开。根据同样原理,可以构成更多输入通道

的数据选择器。被选数据源越多,所需地址码的位数也越多,若地址输入端数目为 n,可选输入通道数为 2^n。

2. 集成电路数据选择器

常用的集成电路数据选择器有许多种类,并且有 CMOS 和 TTL 两种产品。例如,四 2 选 1 数据选择器 74×157、双 4 选 1 数据选择器 74×153、8 选 1 数据选择器 74×151 等。还有一些数据选择器具有三态输出功能,例如与上述产品相对应,具有三态输出功能的 74×257、74×253 和 74×251。三态输出功能是指除了正常的 **0** 或 **1** 输出之外,当低电平使能输入端 $\overline{E}$ 为 **1** 时,输出为高阻状态。利用这一特点,可以将多个芯片的输出端线通过与门接在一起,共用一根数据传输线,而不会存在负载效应问题。

(1) 74HC51 集成电路数据选择器的功能

74HC151 是一种典型的 CMOS 集成电路数据选择器,它有 3 个地址输入端 S_2、S_1、S_0,可选择 $D_0 \sim D_2$ 共 8 个数据源,具有两个互补输出端,即同相输出端 Y 和反相输出端 $\overline{Y}$。其逻辑图如图 4.2.10 所示,功能表见表 4-2-8,使能输入端 $\overline{E}$ 为低电平有效。

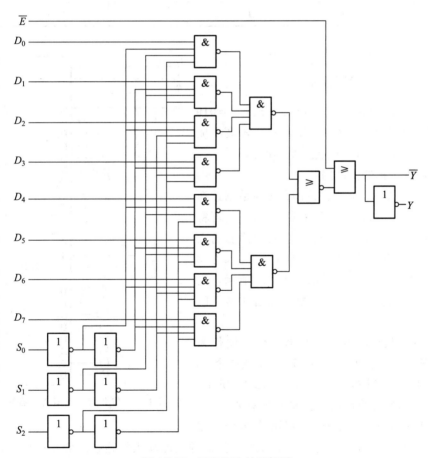

图 4.2.10 74HC151 的逻辑图

表 4-2-8 74HC151 的功能表

输入				输出	
使能输入端	选择输入端			Y	$\overline{Y}$
E	S_2	S_1	S_0		
1	×	×	×	1	0
0	0	0	0	D_0	$\overline{D_0}$
0	0	0	1	D_1	$\overline{D_1}$
0	0	1	0	D_2	$\overline{D_2}$
0	0	1	1	D_3	$\overline{D_3}$
0	1	0	0	D_4	$\overline{D_4}$
0	1	0	1	D_5	$\overline{D_5}$
0	1	1	0	D_6	$\overline{D_6}$
0	1	1	1	D_7	$\overline{D_7}$

输出 Y 的逻辑表达式为

$$Y = \sum_{i=0}^{7} D_i\, m_i$$

式中, m_i 为 $S_2 S_1 S_0$ 的最小项。例如, 当 $S_2 S_1 S_0 = 010$ 时, 根据最小项性质, 只有 m_2 为 **1**, 其余各最小项为 **0**。因此 $Y = D_2$, 只有 D_2 传送到输出端。

（2）数据选择器的应用

① 位的扩展。上面所讨论的是 1 位数据选择器的原理和应用, 如果需要选择多位数据时, 可将几个 1 位数据选择器并联, 即将它们的使能输入端连在一起, 相应的选择输入端连在一起。2 位 8 选 1 数据选择器的连接方式如图 4.2.11 所示。当需要进一步扩充位数时, 只需相应地增加器件的数目。

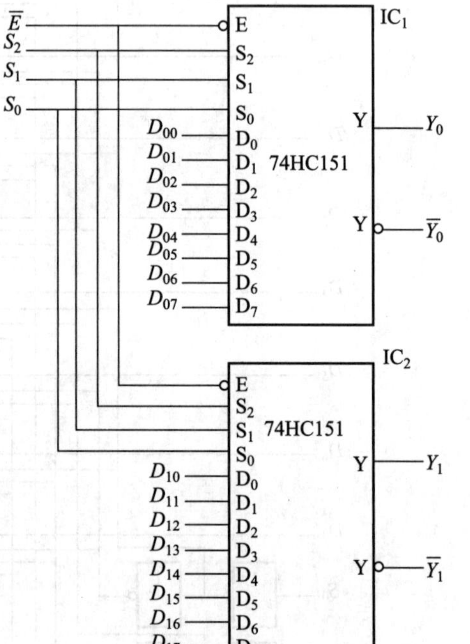

② 字的扩展。将数据选择器的使能端作为地址选择输入端, 将两片 74HC151 连接成一个 16 选 1 数据选择器, 其连接方式如图 4.2.12 所示。16 选 1 数据选择器的地址选择输入端有 4 位, 其最高位 D 与一个 8 选 1 数据选择器的使能输入端

图 4.2.11 2 位 8 选 1 数据选择器的连接方式

连接, 经过一反相器反相后与另一个数据选择器的使能输入端连接。低 3 位地址选择输入端 C、B、A 由两片 74HC151 的地址选择输入端相对应连接而成。

③ 逻辑函数产生器。8 选 1 数据选择器输出与输入的逻辑表达式为

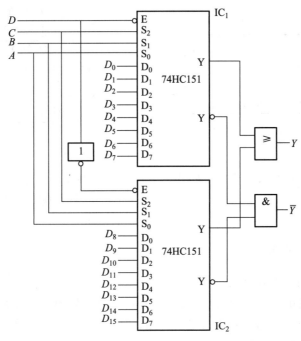

图 4.2.12 16 选 1 数据选择器的连接方式

$$Y = \sum_{i=0}^{7} D_i m_i$$

式中，m_i是由地址选择输入端 S_2、S_1、S_0 构成的最小项。数据输入端作为控制信号，当 $D_i = 1$ 时，其对应的最小项 m_i 在逻辑表达式中出现，当 $D_i = 0$ 时，对应的最小项就不出现。利用这一点，将函数变换成最小项表达式，函数的变量接入地址选择输入端，就可以实现组合逻辑函数。

例 4.2.4 试用 8 选 1 数据选择器 74HC151 产生逻辑函数 $L = \overline{A}\,BC + A\,\overline{B}\,C + AB$。

解：把所给的逻辑表达式变换成最小项表达式：

$$L = \overline{A}\,BC + A\,\overline{B}\,C + ABC + AB\,\overline{C}$$

将上式写成如下形式：

$$L = m_3 D_3 + m_5 D_5 + m_6 D_6 + m_7 D_7$$

显然，D_3、D_5、D_6、D_7 都应该等于 **1**，而式中没有出现的最小项 m_0、m_1、m_2、m_4 对应的数据输入端 D_0、D_1、D_2、D_4 都应该等于 **0**，并将使能输入端接低电平。由此可以画出该逻辑电路的逻辑图，如图 4.2.13 所示。

通过上面的例子可以看出，和使用各种逻辑门电路设计组合逻辑电路相比，使用数据选择器实现逻辑电路的好处是无需对函数化简。

④ 实现并行数据到串行数据的转换。图 4.2.14 所示为由 8 选 1 数据选择器构成的并/串行转换的电路图。选择器地址输入端 S_2、S_1、S_0 的变化，从 **000** 到 **111** 依次进行，选择器的输出端 Y 随之接通 D_0、D_1、D_2、$\cdots$、D_7。当选择器的数据输入端 $D_0 \sim D_7$ 与一个并行 8 位数据 **01001101** 相连时，输出端得到的数据依次为 **0-1-0-0-1-1-0-1**，即串行数据输出。

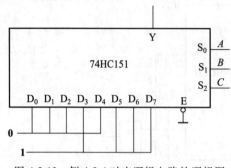

图 4.2.13　例 4.2.4 对应逻辑电路的逻辑图

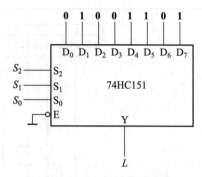

图 4.2.14　由 8 选 1 数据选择器
构成的并/串行转换的电路图

4.2.4　数值比较器

1. 数值比较器的定义及功能

在数字电路系统中,特别是在计算机中常需要对两个数的大小进行比较。数值比较器就是对两个二进制数 A、B 进行比较的逻辑电路,比较结果有 $A>B$、$A<B$ 和 $A=B$ 三种情况。

（1）1 位数值比较器

1 位数值比较器是多位数值比较器的基础。当 A 和 B 都是 1 位数时,它们只能取 **0** 或 **1** 两种值,由此可写出 1 位数值比较器的真值表(见表 4-2-9)。

表 4-2-9　1 位数值比较器的真值表

输入		输出		
A	B	$F_{A>B}$	$F_{A<B}$	$F_{A=B}$
0	0	0	0	1
0	1	0	1	0
1	0	1	0	0
1	1	0	0	1

由真值表可以得到如下逻辑表达式:

$$F_{A>B} = A\,\overline{B}$$

$$F_{A<B} = \overline{A}\,B$$

$$F_{A=B} = \overline{A}\,\overline{B} + AB$$

（2）2 位数值比较器

现在分析对 2 位数值比较器对数 A_1A_0 和 B_1B_0 的比较情况,用 $F_{A>B}$、$F_{A<B}$ 和 $F_{A=B}$ 表示比较结果。当高位(A_1、B_1)不相等时,无需比较低位(A_0、B_0),两个数的比较结果就是高位比较的结果。当高位相等时,两个数的比较结果由低位比较的结果决定。利用 1 位数值的比较结果,可以列出简化的真值表见表 4-2-10。

表 4-2-10 2 位数值比较器真值表

输入				输出		
A_1	B_1	A_0	B_0	$F_{A>B}$	$F_{A<B}$	$F_{A=B}$
$A_1>B_1$		×		1	0	0
$A_1<B_1$		×		0	1	0
$A_1=B_1$		$A_0>B_0$		1	0	0
$A_1=B_1$		$A_0<B_0$		0	1	0
$A_1=B_1$		$A_0=B_0$		0	0	1

根据真值表可以画出逻辑图,如图 4.2.15 所示。电路利用了 1 位数值比较器的输出作为中间结果。它所依据的原理是,如果 2 位数 A_1A_0 和 B_1B_0 的高位不相等,则高位比较结果就是两个数的比较结果,与低位无关。这时,高位输出 $F_{A_1=B_1}=0$,使与门 G_1、G_2、G_3 均封锁,而或门都打开,低位比较结果不能影响或门,高位比较结果则从或门直接输出。如果高位相等,即 $F_{A_1=B_1}=1$,使与门 G_1、G_2、G_3 均打开,同时由于 $F_{A_1>B_1}=0$ 和 $F_{A_1<B_1}=0$ 作用,或门也被打开,低位的比较结果直接送达输出端,即低位的比较结果决定两个数最终的比较结果。用以上方法可以构成更多位数值比较器。

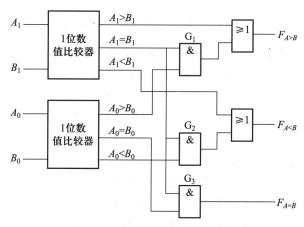

图 4.2.15 2 位数值比较器逻辑图

2. 集成数值比较器

常用的中规模集成数值比较器有 CMOS 和 TTL 两类产品。74×85 是 4 位数值比较器,74×682 是 8 位数值比较器。这里主要介绍 74HC85。

（1）集成数值比较器 74HC85 的功能

集成数值比较器 74HC85 是 4 位数值比较器,其功能见表 4-2-10,输入端包括 $A_3 \sim A_0$ 与 $B_3 \sim B_0$,输出端为 $F_{A>B}$、$F_{A<B}$、$F_{A=B}$,以及扩展输入端 $I_{A>B}$、$I_{A<B}$ 和 $I_{A=B}$。扩展输入端与其他数值比较器的输出端连接,便可组成位数更多的数值比较器。

表 4-2-11　4 位数值比较器 74HC85 的功能表

输入							输出		
A_3B_3	A_2B_2	A_1B_1	A_0B_0	$I_{A>B}$	$I_{A<B}$	$I_{A=B}$	$F_{A>B}$	$F_{A<B}$	$F_{A=B}$
$A_3>B_3$	×	×	×	×	×	×	1	0	0
$A_3<B_3$	×	×	×	×	×	×	0	1	0
$A_3=B_3$	$A_2>B_2$	×	×	×	×	×	1	0	0
$A_3=B_3$	$A_2<B_2$	×	×	×	×	×	0	1	0
$A_3=B_3$	$A_2=B_2$	$A_1>B_1$	×	×	×	×	1	0	0
$A_3=B_3$	$A_2=B_2$	$A_1<B_1$	×	×	×	×	0	1	0
$A_3=B_3$	$A_2=B_2$	$A_1=B_1$	$A_0>B_0$	×	×	×	1	0	0
$A_3=B_3$	$A_2=B_2$	$A_1=B_1$	$A_0<B_0$	×	×	×	0	1	0
$A_3=B_3$	$A_2=B_2$	$A_1=B_1$	$A_0=B_0$	1	0	0	1	0	0
$A_3=B_3$	$A_2=B_2$	$A_1=B_1$	$A_0=B_0$	0	1	0	0	1	0
$A_3=B_3$	$A_2=B_2$	$A_1=B_1$	$A_0=B_0$	×	×	1	0	0	1
$A_3=B_3$	$A_2=B_2$	$A_1=B_1$	$A_0=B_0$	1	1	0	0	0	0
$A_3=B_3$	$A_2=B_2$	$A_1=B_1$	$A_0=B_0$	0	0	0	1	1	0

从表 4-2-11 中可以看出,该比较器的比较原理和 2 位比较器的比较原理相同。两个 4 位数的比较是从 A 的最高位 A_3 和 B 的最高位 B_3 开始进行比较的,如果它们不相等,则该位的比较结果可以作为两个数的比较结果。若最高位 $A_3=B_3$,则再比较次高位 A_2 和 B_2,以此类推。显然,如果两个数相等,那么,必须将比较进行到最低位才能得到结果。若仅对两个 4 位数进行比较时,应对 74HC85 的 $I_{A>B}$、$I_{A<B}$、$I_{A=B}$ 进行适当处理,即令 $I_{A>B}=I_{A<B}=0,I_{A=B}=1$。

（2）数值比较器的位数扩展

下面讨论数值比较器的位数扩展问题。数值比较器的扩展方式有串联和并联两种。图 4.2.16 所示为两个 4 位数值比较器串联成为一个 8 位数值比较器。对于两个 8 位数,若高 4 位相同,它们的大小则由低 4 位的比较结果确定。因此,低 4 位的比较结果应作为高 4 位的条件,即低 4 位数值比较器的输出端应分别与高 4 位数值比较器的 $I_{A>B}$、$I_{A<B}$ 和 $I_{A=B}$ 端连接。

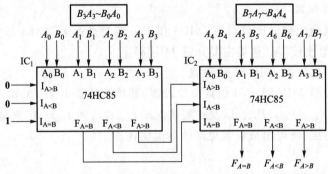

图 4.2.16　两个 4 位数值比较器串联而成的一个 8 位数值比较器

当位数较多且要满足一定的速度要求时,可以采取并联的扩展方式。图 4.2.17 所示为 16 位并联数值比较器的原理图。由图可以看出这里采用两级比较方法,将 16 位数按高低位次序分成四组,每组 4 位,各组的比较是并行进行的。每组的比较结果再经 4 位数值比较器 IC₅ 进行比较后得出结果。显然,从数据输入到稳定输出只需 2 倍的 4 位数值比较器延迟时间,若用串联方式,则 16 位的数值比较器从输入到稳定输出需要约 4 倍的 4 位数值比较器的延迟时间。

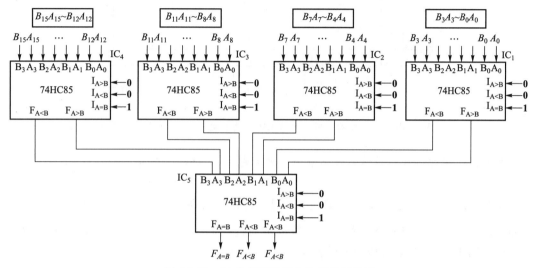

图 4.2.17 16 位并联数值比较器的原理图

4.3 若干典型的时序逻辑集成电路

本节介绍在数字系统中广泛应用的几种典型时序逻辑功能电路——寄存器、移位寄存器和计数器。它们有很多种类的中规模集成电路定型产品,可以直接应用于一些比较简单的数字系统。而对于较复杂的时序逻辑电路,目前一般选择可编程逻辑器件或专用集成电路实现,而不再用中小规模集成电路组装。本节所介绍的一些中规模集成电路定型产品大都具有较完善的功能,在一些可编程逻辑器件的集成开发软件中已将它们作为"宏模块"提供给用户使用,从而使数字系统的设计得到简化。因此,充分了解这些典型集成电路的工作原理和电路结构,对于运用 EDA 技术设计具有复杂逻辑功能的数字系统也是有益的。

4.3.1 寄存器和移位寄存器

1. 寄存器

寄存器是数字系统中用来存储二进制数据的逻辑部件。1 个触发器可存储 1 位二进制数据,存储 n 位二进制数据的寄存器需要用 n 个触发器组成。由 8 个触发器构成的 8 位 CMOS 寄存器 74HC/HCT374 的逻辑图 4.3.1 所示。

与许多中规模集成电路一样,电路在所有的输入端和输出端都插入了缓冲电路,这就与外部电路形成了有效隔离,使内部逻辑部分的工作更加稳定可靠;另一方面由于其输入、输

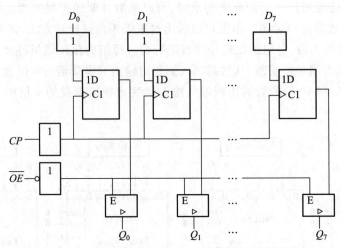

图 4.3.1　由 8 个触发器构成的 8 位 CMOS 寄存器 74HC/HCT374 的逻辑图

出特性可以简单地将其当成该系列标准单门来考虑,从而提高了电路的兼容性,简化了设计工作。

在图 4.3.1 所示的电路中,$D_7 \sim D_0$ 是 8 位数据输入端,在 CP 脉冲上升沿作用下,$D_7 \sim D_0$ 端的数据同时存入相应的触发器。输出数据可通过控制 $\overline{OE} = 0$,从三态门输出端 $Q_7 \sim Q_0$ 并行引出。74HC/HCT374 的功能表见表 4-3-1。

表 4-3-1　74HC/HCT374 的功能表

工作模式	输入			内部触发器 Q_N^{n+1}	输出 $Q_0 \sim Q_7$
	$\overline{OE}$	CP	D_N		
存入和	0	↑	0	0	对应内部触
读取数据	0	↑	1	1	发器的状态
存入数据	1	↑	0	0	高阻
禁止输出	1	↑	1	1	高阻

从存储数据的角度看,$8D$ 锁存器 74HC/HCT373 与本节所介绍的 8 位寄存器 74HC/HCT374 具有类似的逻辑功能。前者是电平敏感电路,而后者是脉冲边沿敏感电路。它们有不同的应用场合,主要区别在于控制信号与输入数据信号之间的时序关系,以及控制存储数据的方式。如果输入数据的刷新可能出现在控制(使能)信号开始有效之后,则只能使用锁存器,因为寄存器不能保证输出同时更新状态。如果能确保输入数据的刷新在控制(时钟)信号敏感边沿出现之前稳定,或要求输出同时更新状态,则可选择寄存器。一般来说,寄存器比锁存器具有更好的同步性能和抗干扰性能。

2. 移位寄存器

上述寄存器只有寄存数据或代码的功能。如果将若干个触发器级联成如图 4.3.2 所示的用 D 触发器构成的 4 位移位寄存器电路,则构成移位寄存器。它们在同一时钟脉冲作用下,可将寄存器的二进制代码或数据依次移位,用来实现数据的串行/并行或并行/串行的转换、数值运算以及其他数据处理功能。显然,移位寄存器属于同步时序电路。

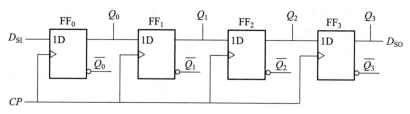

图 4.3.2   用 D 触发器构成的 4 位移位寄存器电路

(1) 基本移位寄存器

① 工作原理

图 4.3.2 所示是一个 4 位移位寄存器,串行二进制数据从输入端 D_{SI} 输入,左边触发器的输出作为右邻触发器的数据输入。若将串行数码 $D_3D_2D_1D_0$ 从高位(D_3)至低位(D_0)按时钟序列依次送到 D_{SI} 端,经过第一个时钟脉冲后,$Q_0 = D_3$。由于跟随数码 D_3 后面的数码是 D_2,因此经过第二个时钟脉冲后,触发器 FF_0 的状态移入触发器 FF_1,而 FF_0 变为新的状态,即 $Q_1 = D_3$,$Q_0 = D_2$。以此类推,可得该移位寄存器的状态,即输入数码依次由低位触发器移到高位触发器。经过 4 个时钟脉冲后,4 个触发器的输出状态 $Q_3Q_2Q_1Q_0$ 与输入数码 $D_3D_2D_1D_0$ 相对应。为了使读者更好地理解,在图 4.3.3 所示的时序图中画出了数码 1101(即 $D_3 = 1$,$D_2 = 1$,$D_1 = 0$,$D_0 = 1$)在寄存器中移位的波形,经过 4 个时钟脉冲后,1101 出现在触发器的输出端 $Q_3Q_2Q_1Q_0$。这样,就将串行输入数据转换为并行输出数据 D_{P0}。

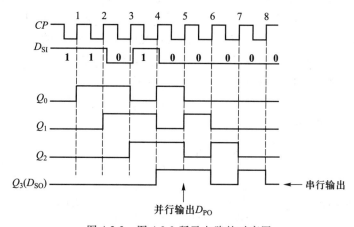

图 4.3.3   图 4.3.2 所示电路的时序图

在图 4.3.3 中还画出了第 5 个到第 8 个时钟脉冲作用下,输入数码在寄存器中移位的波形。由图可见,在第 8 个时钟脉冲作用后,数码已从 Q_3 端(即串行数据输出端 D_{SO})全部移出寄存器。随着时钟信号的推移,D_{SO} 输出端得到 1101 的串行输出序列。从上述操作可以看出,移位寄存器只能用对脉冲边沿敏感的触发器,而不能用对电平敏感的锁存器来构成,因为锁存器在时钟脉冲高电平期间输出跟随输入变化的特性将使移位操作失去控制。

② 典型集成电路

图 4.3.4 所示为 8 位移位寄存器 74HC/HCT164 的内部逻辑图。其电路原理与图 4.3.2 所示电路相同,只是把位数扩展到 8 位,增加了异步清零输入端 $\overline{CR}$。图中, D_{SA} 和 D_{SB} 是两个串行数据输入端,实际输入移位寄存器的数据为 $D_{SI} = D_{SA} \cdot D_{SB}$。实际应用中,可利用其中一个输入端。例如,令 $D_{SA} = 1$,则允许 D_{SB} 的串行数据进入移位寄存器;反之, $D_{SA} = 0$,则禁止 D_{SB} 而输入逻辑 **0**。在 $Q_7 \sim Q_0$ 端可得到 8 位并行数据输出,同时在 Q_7 端得到串行输出。

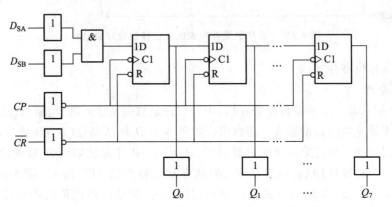

图 4.3.4　8 位移位寄存器 74HC/HCT164 的内部逻辑图

(2) 多功能双向移位寄存器

① 工作原理

有时需要对移位寄存器的数据流向加以控制,实现数据的双向移动,这种移位寄存器称为双向移位寄存器。由于国家标准规定,在逻辑电路图中,最低有效位(LSB)到最高有效位(MSB)的排列顺序应从上到下,从左到右;因此,定义移位寄存器中的数据从低位触发器移向高位为"右移",移向低位为"左移"。这一点与通常计算机程序中的规定相反,后者从二进制数的自然排列考虑,将数据移向高位定义为"左移",反之为"右移"。为了扩展逻辑功能和增加使用的灵活性,某些双向移位寄存器集成电路产品又附加了并行输入、并行输出等功能。图 4.3.5 是上述几种工作模式的简图。

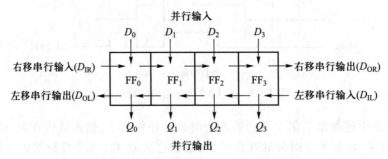

图 4.3.5　多功能移位寄存器工作模式简图

图 4.3.6 所示是实现数据保持、右移、左移、并行输入和并行输出的一种电路方案。图中的 D 触发器 FF_m 是 N 位移位寄存器中的第 m 位触发器,在其数据输入端插入了一个 4 选 1

数据选择器 MUX_m,用 2 位编码输入端 S_1、S_0 控制 MUX_m,来选择触发器输入信号 D_m 的来源。当 $S_1 = S_0 = 0$ 时,选择该触发器本身的输出端 Q_m,次态为 $Q_m^{n+1} = D_m = Q_m^n$,使触发器保持状态不变,当 $S_1 = 0, S_0 = 1$ 时,触发器 $FF_{m-1} = 1$ 的输出端 Q_{m-1} 被选中,故 CP 脉冲上升沿到来时,FF_m 存入 FF_{m-1} 此前的逻辑值,即 $Q_m^{n+1} = Q_{m-1}^n$,从而实现右移功能。类似地,当 $S_1 = 1, S_0 = 0$ 时,MUX_m 选择 Q_{m+1},实现左移功能;而当 $S_1 = S_0 = 1$ 时,则选择并行输入数据 DI_m,其次态 $Q_m^{n+1} = DI_m$,从而完成并行数据的输入功能。此外,在各触发器的输出端 $Q_{N-1} \sim Q_0$,可以得到 N 位并行数据的输出。

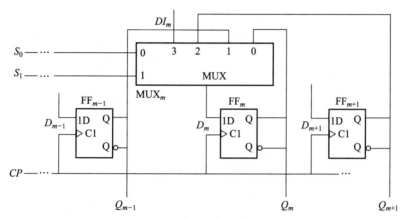

图 4.3.6   实现多种功能双向移位寄存器的一种电路方案

② 典型集成电路

CMOS 型 4 位双向移位寄存器 74HC/HCT194 即是采用图 4.3.6 所示的方案实现数据保持、右移、左移、并行输入和并行输出功能的,其内部逻辑图如图 4.3.7 所示。不同之处是图 4.3.7 所示电路采用了 4 个 SR 触发器,并在 $1R$ 和 $1S$ 输入端之间接入了一个非门。若令触发器 $1R$ 端的输入变量为 $\overline{D}$,则 $1S$ 端的输入为 D,将二者分别代入 SR 触发器的特性方程式,于是得

$$Q^{n+1} = S + \overline{R} \, Q^n = D + D \, Q^n = D$$

故图 4.3.7 中的 SR 触发器和非门实现了 D 触发器的功能。而连接在触发器 $1R$ 端上的与门和或非门则实现了数据选择器的功能。其工作原理与图 4.3.6 所示电路一致。图 4.3.7 所示电路中,D_{SR} 是右移串行数据输入端,D_{SL} 是左移串行数据输入端,$\overline{CR}$ 为异步清零输入端。74HC/HCT194 的功能表见表 4-3-2。表 4-3-2 中第 1 行表示寄存器异步清零操作;第 2 行为保持状态;第 3 和第 4 行为串行数据右移操作;第 5、第 6 行为串行数据左移操作;第 7 行为并行输入数据的同步置入操作。有时要求在移位过程中,数据仍保持在寄存器中不丢失。此时,只要将移位寄存器最高位的输出端接至最低位的输入端,或将最低位的输出端接至最高位的输入端,便可实现这个功能。这种移位寄存器称为环形移位寄存器。它亦可作计数器使用,称为环形计数器。

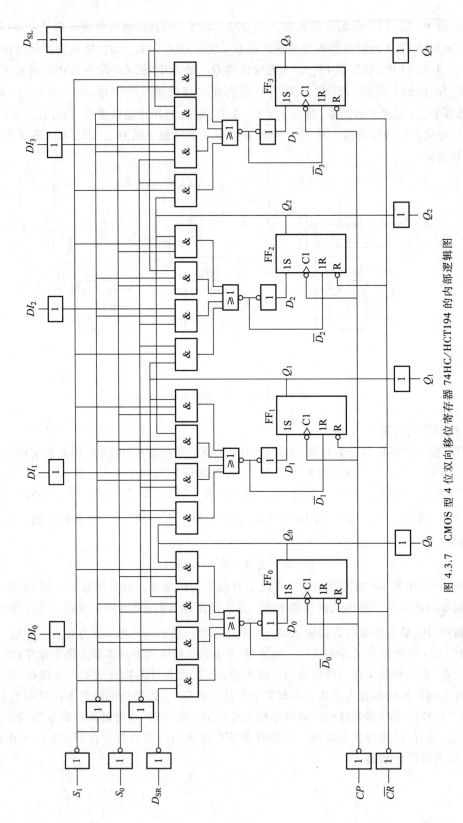

图 4.3.7　CMOS 型 4 位双向移位寄存器 74HC/HCT194 的内部逻辑图

表 4-3-2　74HC/HCT194 的功能表

| 输入 | | | | | | | | | | | | 输出 | | | | |
| 清零 $\overline{CR}$ | 控制信号 | | 串行输入 | | CP | 并行输入 | | | | Q_0^{n+1} | Q_1^{n+1} | Q_2^{n+1} | Q_3^{n+1} | 行 |
	S_1	S_0	D_{SR}	D_{SL}		DI_0	DI_1	DI_2	DI_3					
0	×	×	×	×	×	×	×	×	×	**0**	**0**	**0**	**0**	1
1	0	0	×	×	×	×	×	×	×	Q_0^n	Q_1^n	Q_2^n	Q_3^n	2
1	0	1	0	×	↑	×	×	×	×	**0**	Q_0^n	Q_1^n	Q_2^n	3
1	0	1	1	×	↑	×	×	×	×	**1**	Q_0^n	Q_1^n	Q_2^n	4
1	1	0	×	0	↑	×	×	×	×	Q_1^n	Q_2^n	Q_3^n	**0**	5
1	1	0	×	1	↑	×	×	×	×	Q_1^n	Q_2^n	Q_3^n	**1**	6
1	1	1	×	×	↑	DI_0^*	DI_1^*	DI_2^*	DI_3^*	D_0	D_1	D_2	D_3	7

4.3.2　计数器

计数器是最常用的时序逻辑电路之一,它们不仅可用于对脉冲进行计数,还可用于分频、定时、产生节拍脉冲以及其他时序信号。计数器的种类不胜枚举,按触发器动作分类,可分为同步计数器和异步计数器;按计数数值增减分类,可分为加法计数器、减法计数器和可逆计数器;按编码方式分类,又可分为二进制码(简称二进制)计数器、BCD 码(亦称为二-十进制)计数器、循环码计数器。此外,有时也按计数器的计数容量来区分,例如五进制计数器、六十进制计数器等,计数器的计数容量也称为"模",一个计数器的状态数等于其模数。

1. 二进制计数器

(1) 异步二进制计数器

① 工作原理

图 4.3.8 所示是一个 4 位异步二进制计数器的逻辑图,它由 4 个 T' 触发器组成。计数脉冲 CP 通过输入缓冲器加至触发器 FF_0 的时钟脉冲输入端,每输入一个计数脉冲,FF_0 翻转一次。FF_1、FF_2 和 FF_3 都以前级触发器的 Q 端输出作为触发信号,当 Q_0 由 **1** 变 **0** 时,FF_1 翻转,其余类推。分析其工作过程,不难得到输出波形,如图 4.3.9 所示。由图可见,从初态 **0000**(可由 CR 输入高电平脉冲使 4 个触发器全部置 **0**)开始,每输入一个计数脉冲,计数器的状态就按二进制编码值递增 1,输入第 16 个计数脉冲后,计数器又回到 **0000** 状态。显然,该计数器以 16 个 CP 脉冲构成一个计数周期,是模为 16 的加法计数器。其中,Q_0 的频率是 CP 的 1/2,即实现了 2 分频,Q_1 得到 CP 的 4 分频,以此类推,Q_2、Q_3 分别对 CP 进行了 8 分频和 16 分频,因而,计数器也可作为分频器使用。

异步二进制计数器的原理、结构简单,因各触发器不是同时翻转,而是逐级脉动翻转实现计数进位的,故亦称为纹波计数器。图 4.3.9 中的虚线是考虑了触发器逐级翻转中平均传输延迟时间 t_{pd} 的波形。由于各触发器的翻转时间有延迟,若用该计数器驱动组合逻辑电路,则可能出现瞬间逻辑错误。例如,当计数值从 **0111** 加 1 时,先后要经过 **0110**、**0100**、**0000** 几

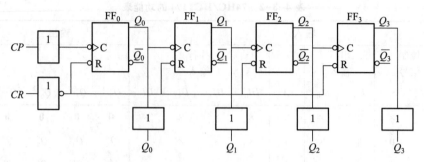

图 4.3.8 4 位异步二进制计数器逻辑图

个状态,才最终翻转为 **1000**。如果对 **0110、0100、0000** 译码,这时译码输出端则会出现毛刺状波形。另外,当计数脉冲频率很高时,$Q_3 \sim Q_0$ 甚至会出现编码输出分辨不清的情况。对于一个 N 位二进制异步计数器来说,从一个计数脉冲开始作用到第一个触发器,到第 N 个触发器翻转达到稳定状态,需要经历的时间为 Nt_{pd}。为了保证正确地检出计数器的输出状态,必须满足 $T_{cp} \gg Nt_{pd}$ 的条件,其中,T_{cp} 为计数脉冲 CP 的周期。

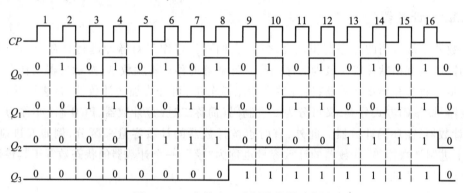

图 4.3.9 4 位异步二进制计数器时序图

② 典型集成电路

中规模集成电路 74HC/HCT393 中集成了两个如图 4.3.8 所示的 4 位异步二进制计数器,图 4.3.10 所示是它的引脚图。在 5 V、25 ℃ 的工作条件下,74HC/HCT393 中每级触发器传输延迟时间的典型值为 6 ns。

（2）同步二进制加法计数器

若要提高计数速度,可采用同步计数器。其特点是,计数脉冲作为时钟信号同时接入各位触发器的时钟脉冲输入端,在每次时钟脉冲沿到来之前,根据当前计数器状态,利用组合逻辑控制,准备好适当的条件。当计数脉冲沿到来时,所有应翻转的触发器同时翻转,同时也使所有应保持原状的触发器不改变状态。因为不存在异步计数器那种纹波进位造成的延迟时间积累,所以同步计数器能取得较高的计数速度,输出编码也不会出现由纹波进位造成的混乱。

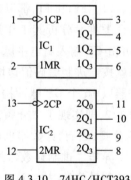

图 4.3.10 74HC/HCT393
的引脚图

4 位同步二进制加法计数器的状态表见表 4-3-3。观察该表可以看出，Q_0 在每个计数脉冲到来时都要翻转一次；Q_1 需要在 $Q_0 = 1$ 时准备好翻转的条件，下一个计数脉冲沿到达时立即翻转；Q_2 在 $Q_0 = Q_1 = 1$ 时需要准备好翻转条件，在其次态翻转；Q_3 则在 $Q_0 = Q_1 = Q_2 = 1$ 的次态翻转；以此类推，可以扩展到更多的位数。于是，同步二进制计数器可用 T 触发器来实现，根据每个触发器状态翻转的条件确定其 T 输入端的逻辑值，以控制它是否翻转。

表 4-3-3　4 位同步二进制加法计数器的状态表

计数顺序	电路状态				进位输出
	Q_3	Q_2	Q_1	Q_0	
0	0	0	0	0	0
1	0	0	0	1	0
2	0	0	1	0	0
3	0	0	1	1	0
4	0	1	0	0	0
5	0	1	0	1	0
6	0	1	1	0	0
7	0	1	1	1	0
8	1	0	0	0	0
9	1	0	0	1	0
10	1	0	1	0	0
11	1	0	1	1	0
12	1	1	0	0	0
13	1	1	0	1	0
14	1	1	1	0	0
15	1	1	1	1	0
16	0	0	0	0	1

图 4.3.11 所示是 4 位同步二进制加法计数器的一种实现方案。图中，4 个点画线方框内均采用 D 触发器和**同或**门实现 T 触发器的逻辑功能。由图 4.3.11 可列出电路的激励方程组如下：

$$T_0 = CE$$
$$T_1 = Q_0 \cdot CE$$
$$T_2 = Q_1 Q_0 \cdot CE$$
$$T_3 = Q_2 Q_1 Q_0 \cdot CE$$

图 4.3.12 所示是图 4.3.11 所示电路的时序图，其中虚线是考虑到触发器传输延迟时间 t_{pd} 的波形。由图 4.3.12 可知，在同步计数器中，由于计数脉冲 CP 同时作用于各触发器，因此

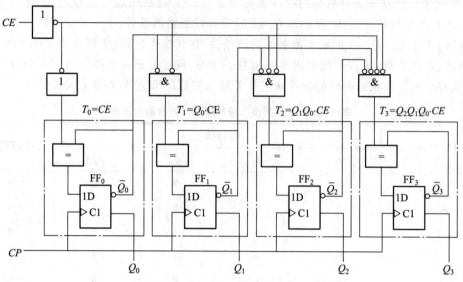

图 4.3.11 4 位同步二进制加法计数器

触发器的状态刷新是同时进行的,都比计数脉冲 CP 的作用时间滞后一个 t_{pd}。因此,输出状态比异步二进制计数器稳定,其工作速度一般高于异步计数器。需要指出的是,同步计数器的电路结构比异步计数器复杂,需要增加一些控制电路,其工作速度也要受到这些电路传输延迟时间的限制。

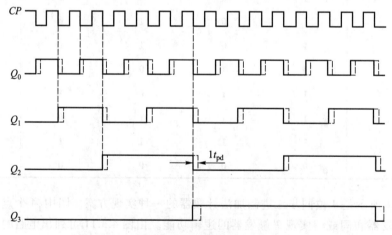

图 4.3.12 4 位同步二进制加法计数器的时序图

（3）典型集成电路

74LVC161 是一种典型的高性能、低功耗 CMOS 型 4 位同步二进制加法计数器,它可在 1.2~3.6 V 电源电压范围内工作,其所有逻辑输入端都可耐受高达 5.5 V 的电压,因此,在电源电压为 3.3 V 时,它可直接与 5 V 供电的 TTL 逻辑电路接口连接。它的工作速度很高,从输入时钟脉冲 CP 上升沿到 Q_N 输出的典型延迟时间仅 3.9 ns,最高时钟工作频率可达 200 MHz。74LVC161 除同步二进制计数功能外,电路还具有并行数据的同步预置功能。预置和计数功能的选择是通过在每个 D 触发器的输入端前插入一个 2 选 1 数据选择器实现的。由于 CMOS **与或非门**的电路结构比**与或门**更为简单,因此这里不像标准数据选择器那样用**与-或**结构实现,而是使用了**与或非门**构成 2 选 1 数据选择器。相应地,74LVC161 中的 D 触发器也取 D 作为输入端。这种灵活处理的方法在集成电路中是十分常见的。电路中,当 $\overline{PE} = 0$ 时为并行数据预置操作,每个数据选择器左边的**与门**打开,于是,$D_3 \sim D_0$ 到达相应触发器的输入端,当 CP 脉冲沿到达时,该组数据进入触发器而实现同步预置;当 $\overline{PE} = 1$ 时,右边的**与门**打开,各 D 触发器与相应的**同或门**实现 T 触发器功能,接收同步计数的控制信号,其工作原理与图 4.3.11 所示电路相似。74LVC161 的功能表见表 4-3-4。下面对照逻辑图和功能表,说明它工作时各引线端的功能和操作。

表 4-3-4 74LVC161 的功能表

输入									输出				
清零	预置	使能		时钟	数据输入				计数				进位
$\overline{CR}$	$\overline{PE}$	CEP	CET	CP	D_3	D_2	D_1	D_0	Q_3	Q_2	Q_1	Q_0	TC
0	×	×	×	×	×	×	×	×	0	0	0	0	0
1	0	×	×	↑	D_3	D_2	D_1	D_0	D_3	D_2	D_1	D_0	*
1	1	0	×	×	×	×	×	×	保持				*
1	1	×	0	×	×	×	×	×	保持				*
1	1	1	1	↑	×	×	×	×	计数				*

时钟脉冲 CP 是计数脉冲输入端,也是芯片内 4 个触发器的公共时钟输入端。当异步清零端 $\overline{CR}$ 为低电平时,无论其他输入端是何种状态(包括时钟信号 CP),都使片内所有触发器状态置 0,称为异步清零。$\overline{CR}$ 有优先级最高的控制权。下述各输入信号都是在 $\overline{CR} = 1$ 时才起作用的。并行置数使能端 $\overline{PE}$ 控制数据输入,只需在 CP 上升沿之前保持低电平,数据输入端 $D_3 \sim D_0$ 的逻辑值便能在 CP 上升沿到来后置入片内 4 个相应触发器中。该操作与 CP 上升沿同步,且 $D_3 \sim D_0$ 的数据同时置入计数器,因此称其为同步并行预置。$\overline{PE}$ 置数操作具有次高优先级,仅低于 $\overline{CR}$,计数和保持操作时都要求 $\overline{PE} = 1$。数据输入端 $D_N(D_3 \sim D_0)$,在 CP 上升沿到来后,$D_3 \sim D_0$ 便置入触发器。计数使能控制端 CEP 和 CET,这两个信号做与运算后实现对本芯片的计数控制,当 $CET \cdot CEP = 0$,即两个计数使能输入端中有 0 时,不管有无 CP 脉冲作用,计数器都将停止计数,保持原有状态;当 $\overline{CR} = \overline{PE} = CEP = CET = 1$ 时,芯片处于计数状态,其状态转换与表 4-3-3 相同。与 CEP 不同的是,CET 还直接控制着进位信号输出端 TC。计数输出端 $Q_N(Q_3 \sim Q_0)$,即计数器中 4 个触发器的 Q 端状态输出。进位信号输出端 TC,只有当 $CET = 1$ 且 $Q_3 Q_2 Q_1 Q_0 = 1111$ 时,TC 才为 1,表明下一个 CP 上升沿到来时将会有进位发生。

综合上述功能可以得到 74LVC161 的典型时序图如图 4.3.13 所示。图中,当清零信号 $\overline{CR} = 0$ 时,各触发器置 0。当 $\overline{CR} = 1$ 时,若 $\overline{PE} = 0$,在下一个时钟脉冲上升沿到来后,各触发器的输出状态与预置的输入数据相同。在 $\overline{CR} = \overline{PE} = 1$ 的条件下,若 $CEP = CET = 1$,则电路处于计数状态。图 4.3.13 中,芯片从预置状态后的 **1100** 开始计数,直到 $CEP \cdot CET = 0$,计数状态结束。此后芯片处于禁止计数的保持状态,$Q_3Q_2Q_1Q_0 = $ **0010**。进位信号输出端 TC 只有在 $Q_3Q_2Q_1Q_0 = $ **1111** 且 $CET = 1$ 时输出为 **1**,其余时间均为 **0**。

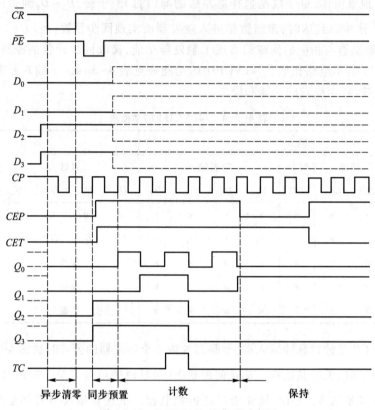

图 4.3.13　74LVC161 的典型时序图

例 4.3.1　试用 74LVC161 构成模为 216 的同步二进制计数器。

解:模为 216 的同步二进制计数器可用 4 片 74LVC161 实现,电路如图 4.3.14 所示。值得注意的是,图 4.3.14 所示电路中各计数使能控制端 CEP 和 CET 的接法较为特别,电路中低位芯片的进位信号输出端 TC 均与右邻高位芯片的 CET 端相连,而 IC_1 的 TC 端与所有芯片的 CEP 端都相接。从图 4.3.14 中可以看到,进位信号 TC 的脉冲宽度只有一个时钟周期,亦即只有在低位芯片的 TC 端处于高电平的这一小段时间内才允许高位芯片响应 CP 端信号进行计数操作,而其余绝大部分时间内均禁止它们计数,从而大大提高了多芯片级联计数电路的可靠性和抗干扰能力。此外,由于芯片内部 CET 端直接控制着进位信号输出端 TC,当 IC_2 和 IC_3 均为 1111 状态时,一旦 IC_1 的 TC 端输出高电平的进位信号,只需经过有限几个门电路的延迟便能将进位信号传递到最高位芯片 IC_4 的 CET 端,其 CEP 端也因与 IC_1 的 TC 端直接相连而同时变为高电平,使 IC_4 迅速进入准备计数状态,在下一个 CP 端上升沿到来时完成进位计数操作。这种快速传递进位信号的连接方法,可以大幅度缩短计数脉冲 CP 的周期,从而提高级联计数器的工作频率上限。总之,图 4.3.14 所示电路的级联方式可使芯片的速度潜能得到充分发挥。

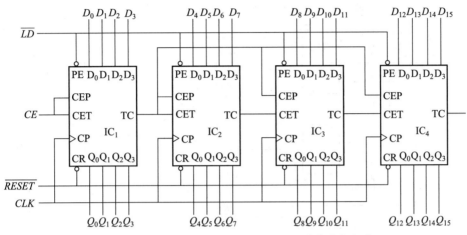

图 4.3.14 用 74LVC161 构成模为 216 的计数器的电路

4.4 555 定时器及其应用

555 定时器是一种集模拟电路和数字电路于一体的中规模集成电路,其应用极为广泛。它不仅用于信号的产生和变换,还常用于控制与检测电路。定时器有双极型和 CMOS 型两种类型的产品,它们的结构及工作原理基本相同,没有本质的区别。一般来说,双极型定时器的驱动能力较强,电源电压范围为 5~16 V,最大负载电流可达 200 mA。而 CMOS 型定时器的电源电压范围为 3~18 V,最大负载电流在 4 mA 以下,它具有功耗低、输入阻抗高等优点。

4.4.1 555 定时器

1. 电路结构

555 定时器的内部电路由分压器、电压比较器 A_1 和 A_2、简单 SR 锁存器、放电晶体管 T 以及缓冲器 G 组成,其内部结构图如图 4.4.1 所示。三个 5 kΩ 的电阻串联组成分压器,为比较器 A_1、A_2 提供参考电压。当控制电压端(5 脚)悬空时(可对地接上 0.01 μF 左右的滤波电容),比较器 A_1 和 A_2 的基准电压分别为 $\frac{2}{3}V_{CC}$ 和 $\frac{1}{3}V_{CC}$。

u_{i1} 是比较器 A_1 的信号输入端,称为阈值输入端;u_{i2} 是比较器 A_2 的信号输入端,称为触发输入端。如果控制电压端(5 脚)外接电压 u_{ic},则比较器 A_1、A_2 的基准电压就变为 u_{ic} 和 $u_{ic}/2$。比较器 A_1 和 A_2 的输出控制 SR 锁存器和放电晶体管 T 的状态。放电晶体管 T 为外接电路提供放电通路,在使用定时器时,该晶体管的集电极(7 脚)一般都要外接上拉电阻。$\overline{R_D}$ 为直接复位输入端,当 $\overline{R_D}$ 为低电平时,不管其他输入端的状态如何,输出端 u_o 都为低电平。

当 $u_{i1}>2V_{CC}/3$,$u_{i2}>V_{CC}/3$ 时,比较器 A_1 输出低电平,比较器 A_2 输出高电平,简单 SR 锁存器 Q 端置 **0**,放电三极管 T 导通,输出端 u_o 为低电平。当 $u_{i1}<2V_{CC}/3$,$u_{i2}<V_{CC}/3$ 时,比较器 A_1

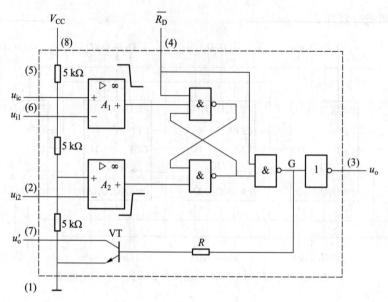

图 4.4.1 555 定时器的电路结构

输出高电平,A_2 输出低电平,简单 SR 锁存器置 **1**,放电晶体管截止,输出端 u_o 为高电平。

当 $u_{i1}<2V_{CC}/3$,$u_{i2}>V_{CC}/3$ 时,简单 SR 锁存器 $R=1$,$S=1$,锁存器状态不变,电路保持原状态不变。

2. 电路功能

综合上述分析,可得 555 定时器功能表,见表 4-4-1。

表 4-4-1 555 定时器功能表

输入			输出	
阈值输入 u_{i1}	触发输入 u_{i2}	复位 $\overline{R_D}$	输出 u_o	放电晶体管 T
×	×	**0**	**0**	导通
$<\dfrac{2V_{CC}}{3}$	$<\dfrac{V_{CC}}{3}$	**1**	**1**	截止
$>\dfrac{2V_{CC}}{3}$	$>\dfrac{V_{CC}}{3}$	**1**	**0**	导通
$<\dfrac{2V_{CC}}{3}$	$>\dfrac{V_{CC}}{3}$	**1**	不变	不变

4.4.2 用 555 定时器组成的施密特触发器

将 555 定时器的阈值输入端和触发输入端相接,即构成施密特触发器,其电路如图 4.4.2 所示。

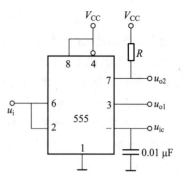

如果 u_i 由 0 V 开始逐渐增大,当 $u_i<V_{CC}/3$ 时,根据 555 定时器功能表可知,输出的 u_o 为高电平;u_i 继续增大,如果 $V_{CC}/3<u_i<2V_{CC}/3$,输出的 u_o 维持高电平不变;若 u_i 再增大,一旦 $u_i>2V_{CC}/3$,u_o 就由高电平跳变为低电平;之后 u_i 再增大,仍是 $u_i>2V_{CC}/3$,电路输出端保持低电平不变。

如果 u_i 由大于 $2V_{CC}/3$ 的电压值逐渐下降,当 $V_{CC}/3<u_i<2V_{CC}/3$ 时,电路输出状态不变,仍为低电平;只有当 $u_i<V_{CC}/3$ 时,电路才再次翻转,u_o 就由低电平跳变为高电平。如果输入端 u_i 的波形是三角波,则电路的工作波形和电压传输特性曲线如图 4.4.3 所示。

图 4.4.2   555 定时器组成的施密特触发器

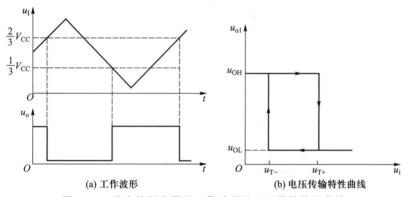

(a) 工作波形   (b) 电压传输特性曲线

图 4.4.3   施密特触发器的工作波形及电压传输特性曲线

图 4.4.2 所示施密特触发器的正、负向阈值电压分别为 $2V_{CC}/3$ 和 $V_{CC}/3$。不难理解,如果将施密特触发器控制电压端(5 脚)接 u_{ic},通过改变 u_{ic} 可以调节电路回差电压的大小。

4.4.3   用 555 定时器组成的单稳态触发器

用 555 定时器组成的单稳态触发器如图 4.4.4 所示。

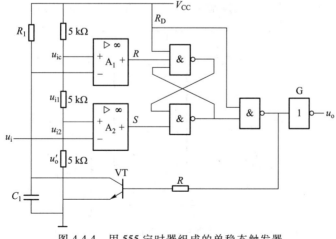

图 4.4.4   用 555 定时器组成的单稳态触发器

没有触发信号时,u_i处于高电平($u_i > V_{CC}/3$),如果接通电源后 $Q = 0$,$u_o = 0$,T 导通,电容 C_1 通过放电晶体管 T 放电,使 $v_C = 0$,u_o 保持低电平不变。如果接通电源后 $Q = 1$,放电晶体管 T 就会截止,电源通过电阻 R_1 向电容 C_1 充电,当 u_C 上升到 $2V_{CC}/3$ 时,由于 $R = 0$,$S = 1$,锁存器置 $\mathbf{0}$,u_o 为低电平。此时放电晶体管 T 导通,电容 C_1 放电,u_o 保持低电平不变。因此,电路通电后在没有触发信号时,电路只有一种稳定状态 $u_o = 0$。

若触发输入施加触发信号($u_i < V_{CC}/3$),电路的输出状态由低电平变为高电平,电路进入暂稳态,放电晶体管 T 截止。此后电容 C_1 充电,当 C_1 充电至 $u_C = 2V_{CC}/3$ 时,T 导通,于是电容 C_1 放电,电路返回到稳定状态。单稳态触发电路的工作波形如图 4.4.5 所示。

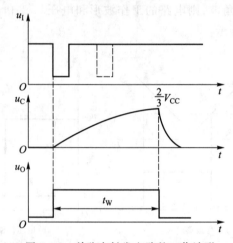

图 4.4.5　单稳态触发电路的工作波形

如果忽略 T 的饱和压降,则 u_C 从零电平上升到 $2V_{CC}/3$ 的时间,即为输出电压 u_o 的脉宽 t_w

$$t_w = RC\ln 3 \approx 1.1RC$$

通常 R_1 的取值在几百欧至几兆欧之间,电容 C_1 取值为几百皮法到几百微法。这种电路产生的脉冲宽度可从几微秒到数分钟,精度可达 0.1%。由图 4.4.5 可知,如果在电路的暂稳态持续时间内,加入新的触发脉冲,则该脉冲对电路不起作用,电路为不可重复触发单触发器。由 555 定时器构成的可重复触发单稳态电路如图 4.4.6 所示。

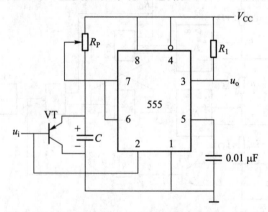

图 4.4.6　555 定时器构成的可重复触发单稳态电路

当 u_i 输入负向脉冲后,电路进入暂稳态,同时晶体管 T 导通,电容 C 放电。输入负脉冲撤除后,电容 C 充电,在 u_c 未充到 $2V_{CC}/3$ 之前,电路处于暂稳态。如果在此期间,又加入新的触发脉冲,晶体管 T 又导通,电容 C 再次放电,输出仍然维持在暂稳态。只有在触发脉冲撤除后,且在输出脉宽 t_w 时间内没有新的触发脉冲,电路才返回到稳定状态。该电路可用作失落脉冲检测,或对电动机转速或人体的心律进行监视,如果电动机转速不稳或人体的心律不齐时,u_o 的低电平可用作报警信号。

如果将单稳态电路的电压控制端加入一个变化电压,当控制电压升高时,电路的阈值电压升高,输出的脉冲宽度随之增大;而当控制电压降低时,电路的阈值电压也降低,单稳态的输出脉宽则随之减小。如果加入的控制电压是如图 4.4.7 所示的三角波,则在单稳态的输出端便可得到一串随控制电压变化的脉宽调制波形。

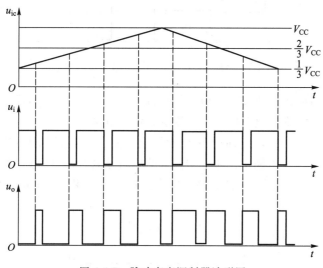

图 4.4.7 脉冲宽度调制器波形图

4.4.4 用 555 定时器组成的多谐振荡器

用 555 定时器组成的多谐振荡器如图 4.4.8 所示。接通电源后,电容 C 被充电,当 u_c 上升到 $2V_{CC}/3$ 时,使 u_o 为低电平,同时放电晶体管 T 导通,此时电容 C 通过 R_2 和 T 放电,t_w 下降。当 u_c 下降到 $V_{CC}/3$ 时,u_o 翻转为高电平。电容器 C 放电所需的时间为

$$t_{PL} = R_2 C \ln 2 \approx 0.7 R_2 C$$

当放电结束时,T 截止,V_{CC} 将通过 R_1、R_2 向电容器 C 充电,u_c 由 $V_{CC}/3$ 上升到 $2V_{CC}/3$ 所需的时间为

$$t_{PH} = (R_1 + R_2) C \ln 2 \approx 0.7 (R_1 + R_2) C$$

当 u_c 上升到 $2V_{CC}/3$ 时,电路又翻转为低电平。如此周而复始,于是,在电路的输出端就得到一个周期性的矩形波。

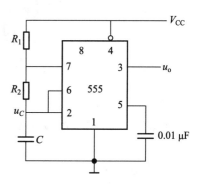

图 4.4.8 555 定时器组成
的多谐振荡器电路图

555 定时器组成的多谐振荡器的波形图如图 4.4.9 所示,其振荡频率为

$$f = \frac{1}{t_{PL} + t_{PH}} \approx \frac{1.43}{C(R_1 + 2R_2)}$$

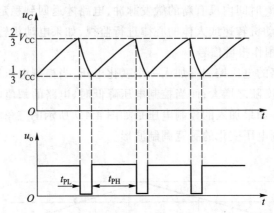

图 4.4.9　555 定时器组成的多谐振荡器的波形图

由于 555 定时器内部的比较器灵敏度较高,而且采用差分电路形式,用 555 定时器组成的多谐振荡器的振荡频率受电源电压和温度变化的影响很小。

图 4.4.9 所示电路的 $t_{PL} \neq t_{PH}$,而且占空比固定不变。如果要实现占空比可调,可采用如图 4.4.10 所示电路。由于电路中二极管 D_1、D_2 的单向导电特性,使电容器 C_1 的充放电回路分开,调节电位器 R_2,就可调节多谐振荡器的占空比。图中 V_{CC} 通过 R_A、D_1 向电容 C_1 充电,充电时间为

$$t_{PH} \approx 0.7 R_A C_1$$

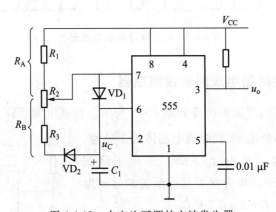

图 4.4.10　占空比可调的方波发生器

电容器 C 通过 D_2、R_B 及 555 中的晶体管 T 放电,放电时间为

$$t_{PL} \approx 0.7 R_B C_1$$

因此,振荡频率为

$$f = \frac{1}{t_{PL} + t_{PH}} \approx \frac{1.43}{C_1(R_A + R_B)}$$

电路输出波形的占空比为

$$q = \frac{R_A}{R_A + R_B} \times 100\%$$

上面仅讨论了由 555 定时器组成的单稳态触发器、多谐振荡器和施密特触发器,实际上,由于 555 定时器的比较器灵敏度高、输出驱动电流大、功能灵活,因而在电子电路中获得了广泛应用,限于篇幅,这里就不再列举了。

4.4.5　555 定时器应用实例

1. 555 定时器构成的温度控制电路

图 4.4.11 是 555 定时器和晶体管构成的温度控制电路,这是 555 常规无稳态多谐振荡电路中的一种,是由电容充放电,并采用晶体管 VT_1 和负温度系数热敏电阻 R_T 的电路。由于晶体管 VT_1 饱和导通时等效电阻近似为零,截止时等效电阻非常大,因此,电容 C_1 的充放电路径相同,振荡频率 $f \approx 0.722/(R_T + R_S)$。由此式可知,$R_T$ 的阻值随温度变化时,输出信号的频率也随温度变化,可构成温度控制电路。

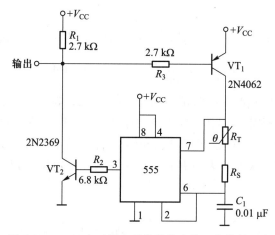

图 4.4.11　555 定时器和晶体管构成的温度控制电路

图 4.4.12 是 555 定时器和晶闸管构成的温度控制电路,电路中热敏电阻 R_T 用于温度检测,晶闸管 VTH 作为开关。当温度低于设定值时,R_T 阻值较大,555 定时器的 2 脚电压低于 $(1/3)V_{CC}$,3 脚输出高电平,VTH 导通,将加热器 R_L 的交流电源接通进行加热,555 定时器开始进入定时周期。若在定时周期结束之前,温度升高超过预先设定值,则在定时周期的最后,加热器断电停止加热;否则,加热器继续通电加热。选用热敏电阻 R_T 时,其阻值要满足 $R_{P1} + R_T = 2R_1$,可用较大 R_{P1} 阻值进行宽范围调整,但温度检测灵敏度绝不会降低。

2. 555 定时器构成的电容测量电路

我们知道,电荷量、电容和电容两端电压存在以下关系:

$$Q = C_X U$$

式中:C_X 为电容;U 为其两端电压。将此关系式两边乘以频率 f,则有

$$fQ = fC_X U$$

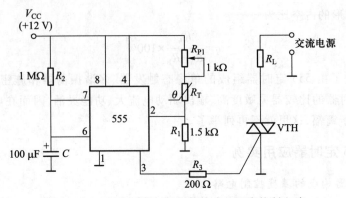

图 4.4.12　555 定时器与晶闸管构成的温度控制电路

然而, fQ 是电容充电时,每秒存储的电量(单位 C),它等于经电容流通的平均电流,即

$$fQ = \frac{\mathrm{d}Q}{\mathrm{d}t} = i$$

或者

$$i = f C_{\mathrm{X}} U$$

若电流表使用满量程为 100 μA 的表头,而满刻度时对应 C_{X} 为 100 pF 电容,可求出 f 为

$$f = \frac{i}{U C_{\mathrm{X}}} = \frac{100 \ \mu\mathrm{A}}{100 \ \mathrm{pF} \times 3.4 \ \mathrm{V}} \approx 294 \ \mathrm{kHz}$$

因此,电容测量有 100 pF、1 000 pF、0.01 μF 和 0.1 μF 等 4 个量程。

图 4.4.13 是采用 555 定时器和可编程单结晶体管(PUT)构成的满足要求的电容测量电路,触发源采用可编程单结晶体管 PUT 和反相器 VT_1 构成的脉冲信号发生器。555 的 3 脚输出脉冲宽度等于 $1.1RC_{\mathrm{X}}$,这里 R 为图中 $R_1 \sim R_5$ 中任何一个电阻,由量程开关 S_1 来选择。可以得到直流电压 u_z,

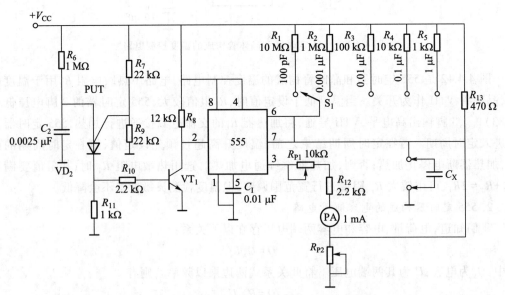

图 4.4.13　555 定时器和 PUT 构成的电容测量电路

$$u_z = \frac{1.1RC_X}{T}U_P$$

上式的右边所有项除了电容 C_X 外都是恒定值。由于 555 定时器的 6 脚和 7 脚的输入电容及其他寄生电容约为 25 pF,因此在测试过程中,没有接入被测电容时,仍经常有输出脉冲。这样,低量程包括零需要通过 6 脚上的单刀多掷开关 S_1 调整。由于被测电容两端的直流电压可达到 $(2/3)V_{CC}$,因此,被测电容的工作电压至少为 $(2/3)V_{CC}$。

参 考 文 献

第五章 单片机及其应用

单片机,即微控制器,它是把具有 CPU、存储器、多种 I/O 端口等硬件和中断系统、定时器/计数器等功能集成到一块硅片上构成的一个微型计算机系统。它的体积小、重量轻、价格便宜,为用户学习、应用和开发提供了便利。

单片机的使用领域十分广泛,如智能仪表、实时工控、通信设备、导航系统、家用电器等。各种产品在使用单片机后,就能起到升级换代的功效,如智能洗衣机、智能家居、智能楼宇对讲机等。

5.1　单片机的分类及其引脚

5.1.1　单片机的分类

单片机的种类繁多,一般按单片机的生产厂家进行分类,主要有如下类型的单片机。

5.1.1.1　8051 单片机

最早单片机是英特尔(Intel)公司推出的 8051/31 类单片机。随后 Intel 公司将 8051 升级版 80C51 内核使用权以专利互换的形式出让给世界许多的著名 IC 制造厂商。在保持与 8051 单片机兼容的基础上,这些厂商融入了自身的优势,扩展了针对满足不同测控对象要求的外围电路,如满足模拟量输入的 A/D 转换器、满足伺服驱动的脉冲宽度调制(PWM)、满足高速输入/输出控制的 HSI/HSO 接口、满足串行扩展的 I2C 总线、保证程序可靠运行的看门狗定时器(WDT)、引入使用方便且价廉的闪存 ROM 等,开发出上百种功能各异的新品种。有些产品提高了速度,有些产品放宽了电源电压的动态范围,降低了产品价格。上述措施使得以 8051 为内核的 MCU 系列单片机成为世界上产量最大、应用最广泛的单片机产品。80C51 单片机变成了众多芯片制造厂商支持的"大家族",统称为 80C51 系列单片机。80C51 已成为 8 位单片机的主流,成了事实上的标准 MCU 芯片。80C51 系列单片机是这些厂商以 Intel 公司 MCS-51 系列单片机中的 8051 为基核推出的各种型号的兼容性单片机。8051 是其中最基础的单片机型号。

5.1.1.2　AVR 单片机

AVR 单片机是 20 世纪 90 年代推出的精简指令集 RISC 的单片机。与 PIC 系列单片机类似,AVR 单片机使用哈佛双总线结构,是增强型 RISC 内载闪存的单片机,芯片上的闪存存储器附在用户的产品中,可随时编程,使用户的产品设计过程变得容易,更新换代方便。AVR 单片机采用增强的 RISC 结构,使其具有高速处理能力,在一个时钟周期内可执行复杂的指令,每 MHz 的硬件性能可实现每秒处理百万数量级的机器语言指令的处理能力。AVR

单片机工作电压为 2.7~6.0 V,可实现耗电最优化。AVR 单片机广泛应用于计算机外部设备、工业实时控制、仪器仪表、通信设备、家用电器、宇航设备等各个领域。AT91M 系列是基于 ARM7TDMI 嵌入式处理器的 ATMEL 16/32 微处理器系列中的一个新成员,该处理器用高密度 16 位指令集实现了高效的 32 位 RISC 结构且功耗很低。

5.1.1.3   PIC 单片机

PIC 单片机的主要产品是 PIC 的 16C 系列和 17C 系列 8 位单片机。其 CPU 采用 RISC 结构,其指令集按产品型号不同,分别仅有 33、35、58 条指令。它采用哈佛双总线结构,运行速度快,工作电压低,功耗低,拥有较大的输入输出直接驱动能力,价格低,一次性编程,体积小,拥有精简指令集,抗干扰性好,可靠性高,有较强的模拟量接口,代码保密性好,大部分产品有其兼容的闪存程序存储器的芯片。PIC 单片机以低价位著称,一般单片机价格都在 1 美元以下。Microchip 单片机没有掩膜产品,全部都是 OTP 器件,现已推出 FLASH 型单片机。Microchip 强调节约成本的最优化设计,适用于用量大、档次低、价格敏感的产品。PIC 系列单片机在办公自动化设备、消费电子产品、电子通信、智能仪器仪表、汽车电子、金融电子、工业控制等不同领域都有广泛的应用,同时,它在世界单片机市场份额排名中逐年提高,发展非常迅速。

5.1.1.4   MSP430 单片机

该单片机的生产公司提供了 TMS370 和 MSP430 两大系列通用单片机。TMS370 系列单片机是 8 位 CMOS 单片机,具有多种存储模式、多种外围接口模式,适用于复杂的实时控制场合;MSP430 系列单片机是一种超低功耗、功能集成度较高的 16 位低功耗单片机,特别适用于要求功耗低的场合。

MSP430 单片机采用冯·诺依曼架构,通过通用存储器地址总线(MAB)与存储器数据总线(MDB)将 16 位 RISC CPU、多种外设以及高度灵活的时钟系统进行完美结合。MSP430 能够为当前与未来的混合信号应用提供很好的解决方案。所有 MSP430 外设都只需最少量的软件服务。例如,A/D 转换器均具备自动输入通道扫描功能和硬件启动转换触发器,一些产品也有 DMA 数据传输机制。这些卓越的硬件特性使用户能够集中利用 CPU 资源,实现目标应用所要求的特性,而不必花费大量时间用于基本的数据处理。这意味着 MSP430 能以更少的软件与更低的功耗实现更低成本的系统。MSP430 主要应用范围为计量设备、便携式仪表和智能传感系统。

5.1.1.5   基于 ARM 技术的单片机

ARM(Advanced RISC Machines)是一家生产微处理器的知名企业,设计了大量高性能、廉价、耗能低的 RISC 处理器,拥有大量相关技术及软件。这些技术具有性能高、成本低和能耗低的特点。基于 ARM 技术的单片机适用于多个领域,比如嵌入式控制、消费/教育类多媒体、DSP 和移动式应用等。ARM 将其技术授权给世界上许多著名的半导体、软件和原始设备制造商(OEM 厂商),每个厂商得到的都是一套独一无二的 ARM 相关技术及服务。利用这种合伙关系,ARM 成了许多全球性 RISC 标准的缔造者。目前,有约 30 家半导体公司与 ARM 签订了硬件技术使用许可协议,基于 ARM 技术单片机的典型产品有:CPU 内核 ARM7、ARM9 等。

5.1.2   单片机的引脚

下面以 STC89C51 芯片为例,介绍单片机的引脚功能。

80C51 系列单片机芯片的引脚图如图 5.1.1 所示,其中图 5.1.1(a)为双列直插式封装(DIP)的引脚分布图,图 5.1.1(b)为按照功能分布的引脚图。单片机共有 40 个引脚,大致可分为 5 类:电源、时钟、复位、控制类引脚和 I/O 端口。

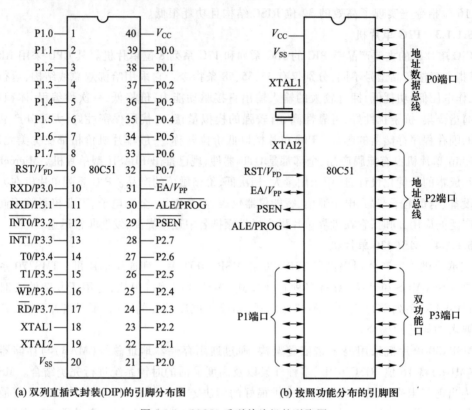

(a) 双列直插式封装(DIP)的引脚分布图　　　(b) 按照功能分布的引脚图

图 5.1.1　80C51 系列单片机的引脚图

1. 电源类引脚

(1) V_{CC}——电源,一般接+5 V;也有用 3.3 V 供电的芯片。

(2) V_{SS}——接地端。

2. 时钟类引脚

XTAL1、XTAL2——晶体振荡电路反相输入端和输出端。

3. 复位类引脚

RST(Reset)——复位信号输入端。当振荡器工作时,RST 引脚出现两个机器周期以上高电平将使单片机复位。

4. 控制类引脚

控制类引脚共有 3 根。

(1) ALE——地址锁存允许。当访问外部程序存储器或数据存储器时,ALE 输出脉冲用来锁存 P0 端口送出的低 8 位地址。一般情况下,ALE 仍以时钟振荡频率的 1/6 输出固定的脉冲信号,因此它可对外输出时钟或用于定时。要注意的是,每当单片机访问外部数据存储器时,将跳过一个 ALE 脉冲。

（2）$\overline{PSEN}$——外 ROM 读选通信号。当 STC89C51 由外部程序存储器读取指令（或数据）时，在一个机器周期内，出现两次$\overline{PSEN}$低电平有效，即输出两个脉冲，在此期间，当程序访问外部数据存储器前，将跳过两次$\overline{PSEN}$信号。

（3）$\overline{EA}$——内外 ROM 选择端。欲使 CPU 仅访问外部程序存储器，$\overline{EA}$端必须保持低电平，即接地。如$\overline{EA}$端为高电平（接 V_{CC} 端），CPU 则执行内部程序存储器的指令。

5. I/O 端口

STC89C51 共有 4 个 8 位并行 I/O 端口，分别是 P0、P1、P2、P3 端口，共 32 个引脚。P3 端口还具有第二功能，用于特殊信号输入输出和控制信号。

5.2 单片机的内部结构

以 80C51 系列单片机为例，单片机的内部结构主要包括中央处理器（CPU）、存储器、并行输入/输出接口、定时/计数器、串行接口、中断系统等。80C51 系列单片机的内部结构图如图 5.2.1 所示。

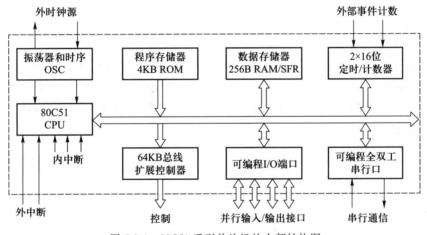

图 5.2.1 80C51 系列单片机的内部结构图

5.2.1 单片机的 CPU

CPU 可以分为运算器和控制器两部分。运算器功能部件包括算术逻辑运算单元（ALU）、累加器（ACC）、寄存器（B）、暂存寄存器（TMP1 和 TMP2）、程序状态字寄存器（PSW）等。控制器功能部件包括程序计数器（PC）、指令寄存器（IR）、指令译码器（ID）、定时控制逻辑电路（CU）、数据指针寄存器（DPTR）、堆栈指针（SP）及时钟电路等。

5.2.2 单片机的存储器

由于 80C51 单片机采用哈佛结构，因此其程序存储器和数据存储器是分开的，各有各自的寻址系统、控制信号和功能。程序存储器用来存放程序和表格常数；数据存储器通常用来存放程序运行所需要的给定参量和运行结果。

从实际的物理存储介质来看,80C51 系列单片机有 4 种存储空间,它们是片内程序存储器、片外程序存储器、片内数据存储器(含特殊功能寄存器)和片外数据存储器。

从逻辑地址空间来看,80C51 系列单片机的存储器可分为三部分,即:程序存储器、片外数据存储器、片内数据存储器。这 3 部分分别使用不同的地址指针和不同的访问指令。下面按逻辑地址空间的分类方法,介绍 80C51 系列单片机的存储器结构。

(1) 程序存储器

程序存储器以程序计数器(PC)作为地址指针,通过 16 位地址总线,可寻址的地址空间为 0000H~0FFFFH 共 64 K(2^{16}=64 K)字节,其访问指令为 MOVC。程序存储器用于存放程序指令码与固定的数据表格等。

80C51 系列单片机中内部和外部共 64 K 字节的程序存储器的地址空间是统一的。对于有内部 ROM 的单片机,在正常运行时,应把引脚$\overline{EA}$接高电平,使程序从内部 ROM 开始执行。当 PC 值超出内部 ROM 的容量时,系统会自动转向外部程序存储器空间。

(2) 片外数据存储器

片外数据存储器以 DPTR 作为地址指针,通过 16 位地址总线,可寻址的地址空间为 0000H~0FFFFH 共 64 K(2^{16}=64 K)字节,其访问指令为 MOVX。片外数据存储器用于存放数据与运算结果。

(3) 片内数据存储器

片内数据存储器的地址空间为 00H~FFH 共 256 字节,其访问指令为 MOV。其地址可由 R0 和 R1 寄存器提供。内部数据存储器是最灵活的地址空间,它分成物理上独立且性质上不同的 2 个区:由 00H~7FH 单元组成的 128 字节 RAM 区,地址为 80H~FFH 的特殊功能寄存器区(简称 SFR 区)。

(1) RAM 区(00H~7FH)

RAM 区又分为 3 个区:工作寄存器区、位地址区与数据缓冲区。

① 工作寄存器区(00H~1FH)

② 位地址区(20H~2FH)

片内数据寄存器的 20H~2FH 为位地址区。这 16 个单元的每一位都有一个位地址,位地址范围为 00H~7FH。通常把各种程序状态标志、位控制变量设在位地址区内。位地址区的 RAM 单元也可以作为一般的数据缓冲区使用。

③ 数据缓冲区

数据缓冲区的地址空间从 30H~7FH 共 80 个字节单元,用于存放数据与运算结果,如加法运算时,存放加数、被加数及运算和。通常堆栈区也设置在该区内。有些单片机将显示缓冲区设置在该区内。

(2) 特殊功能寄存器(SFR)区(80H~0FFH)

80C51 系列单片机内的 I/O 接口锁存器、状态标志寄存器、定时器、串行口、数据缓冲器以及各种控制寄存器统称为特殊功能寄存器,它们离散地分布在片内数据寄存器的地址空间(80H~0FFH)内,这些特殊功能寄存器具有标识符、名称及对应的地址。累加器(ACC)、寄存器(B)、程序状态字(PSW)、I/O 端口 P0~P3 等均为特殊功能寄存器。

5.2.3　单片机的并行输入/输出端口

51 单片机含有 4 个 8 位并行 I/O 端口 P0、P1、P2 和 P3。每个端口有 8 个引脚,共有 32 个 I/O 引脚。每一个并行 I/O 端口都能用作输入或输出。

四个端口都有一种特殊的线路结构,每个端口都包含一个锁存器,即特殊功能寄存器 P0~P3,一个输出驱动器和两个(P3 端口有三个)三态缓冲器。这种结构使端口在数据输出时可以锁存,即在重新输出新的数据之前,端口上的数据一直保持不变,但端口对于输入信号是不锁存的,所以外设欲输入数据时,必须将状态保持到取数指令执行(即把数据读取后)为止。

P0 端口:P0 端口是一个 8 位漏极开路的双向 I/O 端口,作为输出端口,每位能驱动 8 个 TTL 逻辑电平。对 P0 端口写 **1** 时,引脚用作高阻抗输入。当访问外部程序和数据存储器时,P0 端口也被用作低 8 位地址/数据复用。在这种模式下,P0 具有内部上拉电阻。

P1 端口:P1 端口是一个具有内部上拉电阻的 8 位双向 I/O 端口,P1 输出缓冲器能驱动 4 个 TTL 逻辑电平。对 P1 端口写 **1** 时,内部上拉电阻把端口电平拉高,此时 P1 端口可以作为输入端口使用。

P2 端口:P2 端口是一个具有内部上拉电阻的 8 位双向 I/O 端口,P2 输出缓冲器能驱动 4 个 TTL 逻辑电平。对 P2 端口写 **1** 时,内部上拉电阻把端口电平拉高,此时 P2 端口可以作为输入端口使用。

在访问外部程序存储器或用 16 位地址读取外部数据存储器时,P2 端口送出高 8 位地址。在使用 8 位地址访问外部数据存储器时,P2 端口输出 P2 锁存器的内容。

P3 端口:P3 端口是一个具有内部上拉电阻的 8 位双向 I/O 端口,P3 输出缓冲器能驱动 4 个 TTL 逻辑电平。对 P3 端口写 **1** 时,内部上拉电阻把端口电平拉高,此时 P3 端口可以作为输入端口使用。

P3 端口亦作为 STC89C51 单片机特殊功能(第二功能)的引脚使用,P3 端口引脚的第 2 功能见表 5-2-1。

表 5-2-1　P3 端口引脚的第二功能

引脚号	第 2 功能
P3.0	RXD(串行输入接口)
P3.1	TXD(串行输出接口)
P3.2	$\overline{INT0}$(外部中断 0)
P3.3	$\overline{INT1}$(外部中断 1)
P3.4	T0(定时器的外部输入接口)
P3.5	T1(定时器 1 的外部输入接口)
P3.6	$\overline{WR}$(外部数据存储器写选通)
P3.7	$\overline{RD}$(外部数据存储器读选通)

5.2.4 定时器/计数器

80C51 系列单片机共有 2 个 16 位的定时器/计数器,以实现定时或计数功能。它们用作定时器时靠内部分频时钟频率计数来实现,用作计数器时,对 P3.4(T0)或 P3.5(T1)端口的低电平脉冲计数。

5.2.5 串行接口

80C51 系列单片机有一个可编程、全双工的串行接口,以实现单片机和其他设备之间的串行数据传送。该串行接口功能较强,既可作为全双工异步通信收发器使用,也可作为移位器使用。RXD(P3.0)为接收端口,TXD(P3.1)为发送端口。

5.2.6 中断控制系统

80C51 系列单片机的中断功能较强,可以满足不同控制应用的需要。80C51 系列单片机有 5 个中断源,即外中断 2 个,定时中断 2 个,串行中断 1 个,全部中断分为高级和低级两个优先级别。

5.3 单片机编程常用语言

单片机常用的编程语言有:机器语言、汇编语言和高级语言(主要是 C 语言)。

建议初学者先学习 C 语言对单片机编程快速入门,然后再研究汇编语言,优化程序设计,而机器语言晦涩难懂,可先忽略。

5.3.1 机器语言

单片机是一种大规模的数字集成电路,它只能识别 **0** 和 **1** 这样的二进制代码。在单片机开发过程中,人们用二进制代码编写程序,然后再把所编写的二进制代码程序写入单片机,单片机通过执行这些代码程序就可以完成相应的程序任务。

用二进制代码编写的程序称为机器语言程序。在用机器语言编程时,不同的指令用不同的二进制代码表示,这种二进制代码构成的指令就是机器指令。在用机器语言编写程序的时候,需要编程者记住大量的二进制代码指令及这些代码所代表的功能,很不方便且容易出错,现在基本上很少有人用机器语言对单片机进行编程了。

5.3.2 汇编语言

由于使用机器语言编程很不方便,人们便用一些有意义并且容易记忆的符号来表示不同的二进制代码指令,这些符号称为助记符。用助记符表示的指令称为汇编语言指令,用助记符编写出来的程序称为汇编语言程序。如

```
01110100 00000010(机器语言)
MOV A, #02H (汇编语言)
```

　　这两行程序的功能是一样的,都是将二进制数据 **00000010** 送到累加器 A 中。可以看出,机器语言程序要比汇编语言更难理解,并且很容易出错。

　　单片机只能识别机器语言,所以汇编语言程序要汇编(翻译)成机器语言程序,再写入单片机中。一般都是用软件汇编功能自动将汇编语言翻译成机器指令。

　　汇编语言的优势主要是程序可以被编程者优化,而不是由编译器优化,这样就可以保证程序绝对可控。用汇编语言编写的程序的安全性和执行速度受编程者水平限制,不过总的执行速度较 C 语言快,代码占程序存储器的容量较 C 语言小。这样,汇编语言更适合程序存储器和数据存储器容量较小的老式单片机。但是,汇编语言毕竟是机器语言的汇编助记符,所以存在指令难记和指令功能弱的缺点,从而造成学习困难。

5.3.3　高级语言

　　高级语言是依据数学语言设计的。在用高级语言编程时不用过多地考虑单片机的内部结构。与汇编语言相比,高级语言易学易懂,而且通用性很强。高级语言的种类很多,如 B 语言、Pascal 语言、C 语言和 Java 语言等。单片机常用 C 语言作为高级编程语言。

　　C 语言的优势与缺点正好与汇编语言相反。C 语言是一种高级语言,具有较好的学习性,几乎不必记忆指令,而且编译时的优化由编译器管理,一般不受编程者水平限制。由于机器优化的局限性,C 语言程序总的执行速度较汇编语言慢,代码占程序存储器的容量较汇编语言大。这样,C 语言程序更适合程序存储器和数据存储器容量较大的新式单片机。

　　单片机不能识别用高级语言编写的程序,因此也需要用编译器将高级语言程序翻译成机器语言程序后再写入单片机。

　　单片机的学习离不开编程,在所有的程序设计中,C 语言运用最为广泛。C 语言知识并不难,没有任何编程基础的人都可以快速掌握。C 语言需要掌握的知识主要有 3 个条件判断语句、3 个循环语句、3 个跳转语句和 1 个开关语句。扎实的电子技术基础和 C 语言基础能增强学生学习单片机的信心,从而能较快掌握单片机技术。

5.4　单片机的应用

　　在 80C51 系列单片机的应用开发过程中,程序设计是重点也是难点。初学者需要掌握单片机指令的应用、各个功能部件的编程方法及程序设计思路。下面介绍几个单片机控制系统的典型应用实例。

5.4.1　应用实例 1:流水灯

1. 功能
用右移运算的方式,流水点亮 P1 端口 8 位 LED。
2. 参考程序

```
#include<reg51.h>          //包含单片机寄存器的头文件
/******延时******/
void delay(void)
```

```
{
    unsigned int n;
    for(n=0;n<30000;n++);
}
/*******主函数*******/
void main(void)
{
    unsigned char i;
    while(1)
    {
        P1=0xff;
        delay();
        for(i=0;i<8;i++)            //设置循环次数为8
        {
            P1=P1>>1;               //每次循环P1的各二进位右移1位,高位补0
            delay();                //调用延时函数
        }
    }
}
```

5.4.2　应用实例2:闪烁灯1

1. 功能

用定时器T0的查询方式,实现P2端口8位控制LED闪烁。

2. 参考程序

```
#include<reg51.h>                   //包含51单片机寄存器定义的头文件
/**********主函数***************/
void main(void)
{
    EA=1;                          //开总中断
    ET0=1;                         //定时器T0中断允许
    TMOD=0x01;                     //使用定时器T0的模式1
    TH0=(65536-46083)/256;         //定时器T0的高8位赋初值
    TL0=(65536-46083)%256;         //定时器T0的低8位赋初值
    TR0=1;                         //启动定时器T0
    TF0=0;
    P2=0xff;
    while(1)                       //无限循环等待查询
```

```
    {
      while(TF0==0);
      TF0=0;
      P2=~P2;
      TH0=(65536-46083)/256;   //定时器 T0 的高 8 位赋初值
      TL0=(65536-46083)%256;   //定时器 T0 的低 8 位赋初值
    }
}
```

5.4.3 应用实例 3:1 kHz 音频信号发生器

1. 功能

用定时器 T1 查询方式控制单片机发出 1 kHz 音频信号。

2. 参考程序

```
#include<reg51.h>                 //包含 51 单片机寄存器定义的头文件
sbit sound=P3^7;                  //将 sound 位定义为引脚 P3.7
/********** 主函数 **********/
void main(void)
{
    EA=1;                         //开总中断
    ET1=1;                        //定时器 T1 中断允许
    TMOD=0x10;                    //使用定时器 T1 的模式 1
    TH1=(65536-921)/256;         //定时器 T1 的高 8 位赋初值
    TL1=(65536-921)%256;         //定时器 T1 的低 8 位赋初值
    TR1=1;                        //启动定时器 T1
    TF1=0;
    while(1)                      //无限循环等待查询
    {
      while(TF1==0);
      TF1=0;
      sound=~sound;               //将引脚 P3.7 输出电平取反
      TH1=(65536-921)/256;       //定时器 T0 的高 8 位赋初值
      TL1=(65536-921)%256;       //定时器 T0 的低 8 位赋初值
    }
}
```

5.4.4 应用实例 4:计数器显示

1. 功能

将计数器 T0 计数的结果送至 P1 端口 8 位 LED 显示。

2. 参考程序

```
#include<reg51.h>              //包含 51 单片机寄存器定义的头文件
sbit S=P3^4;                   //将 S 位定义为 P3.4 引脚
/******** 主函数 **********/
void main(void)
{
    EA=1;                      //开总中断
    ET0=1;                     //定时器 T0 中断允许
    TMOD=0x02;                 //使用定时器 T0 的模式 2
    TH0=256-156;               //定时器 T0 的高 8 位赋初值
    TL0=256-156;               //定时器 T0 的高 8 位赋初值
    TR0=1;                     //启动定时器 T0
    while(1)                   //无限循环等待查询
    {
      while(TF0==0)            //如果未计满则等待
      {
        if(S==0)               //按键 S 按下时接口接地,电平为 0
        P1=TL0;                //计数器 TL0 加 1 后送 P1 口显示
      }
      TF0=0;                   //计数器溢出后,将 TF0 清 0
    }
}
```

5.4.5   应用实例 5:闪烁灯 2

1. 功能

用定时器 T0 的中断方式控制 1 位 LED 闪烁。

2. 参考程序

```
#include<reg51.h>                      //包含 51 单片机寄存器定义的头
                                         文件
sbit D1=P2^0;                          //将 D1 位定义为 P2.0 引脚
  /****** 主函数 ******/
void main(void)
{
    EA=1;                              //开总中断
    ET0=1;                             //定时器 T0 中断允许
    TMOD=0x01;                         //使用定时器 T0 的模式 1
    TH0=(65536-46083)/256;             //定时器 T0 的高 8 位赋初值
```

```
    TL0 = (65536-46083) % 256;              //定时器 T0 的低 8 位赋初值
    TR0 = 1;                                //启动定时器 T0
    while(1);                               //无限循环等待中断
}
/****** 定时器 T0 的中断服务程序******/
void Time0(void) interrupt 1 using 0        //T0 中断服务函数
{
    D1 = ~ D1;                              //按位取反操作,将 P2.0 引脚输出
                                              电平取反

    TH0 = (65536-46083)/256;                //定时器 T0 的高 8 位重新赋初值
    TL0 = (65536-46083) % 256;              //定时器 T0 的低 8 位重新赋初值
}
```

5.4.6 应用实例 6:定时器

1. 功能

用定时器 T0 的中断方式实现长时间定时。

2. 参考程序

```
#include<reg51.h>                           //包含 51 单片机寄存器定义的头
                                              文件
  sbit D1 = P2^0;                           //将 D1 位定义为 P2.0 引脚
unsigned char Countor;                      //设置全局变量,储存定时器 T0 中
                                              断次数

/****** 函数功能:主函数   ********/
void main(void)
{
    EA = 1;                                 //开总中断
    ET0 = 1;                                //定时器 T0 中断允许
    TMOD = 0x01;                            //使用定时器 T0 的模式 1
    TH0 = (65536-46083)/256;                //定时器 T0 的高 8 位赋初值
    TL0 = (65536-46083) % 256;              //定时器 T0 的低 8 位赋初值
    TR0 = 1;                                //启动定时器 T0
    Countor = 0;                            //从 0 开始累计中断次数
    while(1);                               //无限循环等待中断
  }
/**** 定时器 T0 的中断服务程序******/
  void Time0(void) interrupt 1 using 0      //T0 中断服务函数
{
```

```
Countor++;                                    //中断次数自动加 1
    if(Countor==20)                           //若累计满 20 次,即计时满 1 s
    {
D1=~D1;                                       //按位取反操作,将 P2.0 引脚输出
                                                电平取反

        Countor=0;                            //将 Countor 清零,重新从 0 开始
                                                计数

    }
TH0=(65536-46083)/256;                        //定时器 T0 的高 8 位重新赋初值
    TL0=(65536-46083)%256;                    //定时器 T0 的低 8 位重新赋初值
}
```

5.4.7   应用实例 7:音乐盒

1. 功能

用定时器 T0 的中断方式实现电视剧《渴望》主题曲的播放。

2. 参考程序

```
#include<reg51.h>          //包含 51 单片机寄存器定义的头文件
sbit sound=P3^7;           //将 sound 位定义为 P3.7
  unsigned int C;          //储存定时器的定时常数
//以下是 C 调低音的音频宏定义
#define l_dao 262          //将"l_dao"宏定义为低音"1"的频率 262 Hz
#define l_re 286           //将"l_re"宏定义为低音"2"的频率 286 Hz
#define l_mi 311           //将"l_mi"宏定义为低音"3"的频率 311 Hz
#define l_fa 349           //将"l_fa"宏定义为低音"4"的频率 349 Hz
#define l_sao 392          //将"l_sao"宏定义为低音"5"的频率 392 Hz
#define l_la 440           //将"l_a"宏定义为低音"6"的频率 440 Hz
#define l_xi 494           //将"l_xi"宏定义为低音"7"的频率 494 Hz
//以下是 C 调中音的音频宏定义
#define dao 523            //将"dao"宏定义为中音"1"的频率 523 Hz
#define re 587             //将"re"宏定义为中音"2"的频率 587 Hz
#define mi 659             //将"mi"宏定义为中音"3"的频率 659 Hz
#define fa 698             //将"fa"宏定义为中音"4"的频率 698 Hz
#define sao 784            //将"sao"宏定义为中音"5"的频率 784 Hz
#define la 880             //将"la"宏定义为中音"6"的频率 880 Hz
#define xi 987             //将"xi"宏定义为中音"7"的频率 987 Hz
//以下是 C 调高音的音频宏定义
#define h_dao 1046         //将"h_dao"宏定义为高音"1"的频率 1046 Hz
```

```
#define h_re 1174          //将"h_re"宏定义为高音"2"的频率 1174 Hz
#define h_mi 1318          //将"h_mi"宏定义为高音"3"的频率 1318 Hz
#define h_fa 1396          //将"h_fa"宏定义为高音"4"的频率 1396 Hz
#define h_sao 1567         //将"h_sao"宏定义为高音"5"的频率 1567 Hz
#define h_la 1760          //将"h_la"宏定义为高音"6"的频率 1760 Hz
#define h_xi 1975          //将"h_xi"宏定义为高音"7"的频率 1975 Hz
/****** 1 个延时单位,延时 200 ms ****/
void delay()
{
    unsigned char i,j;
for(i=0;i<250;i++)
for(j=0;j<250;j++);
}
/****** 主函数*********/
void main(void)
{
unsigned char i,j;
    //以下是《渴望》片头曲的一段简谱
unsigned int code f[]={re,mi,re,dao,l_la,dao,l_la,
                    //每行对应一小节音符
        l_sao,l_mi,l_sao,l_la,dao,
        l_la,dao,sao,la,mi,sao,
re,mi,re,mi,sao,mi,
l_sao,l_mi,l_sao,l_la,dao,
l_la,l_la,dao,l_la,l_sao,l_re,l_mi,l_sao,
re,re,sao,la,sao,
fa,mi,sao,mi,
la,sao,mi,re,mi,l_la,dao,
re,mi,re,mi,sao,mi,
        l_sao,l_mi,l_sao,l_la,dao,
        l_la,dao,re,l_la,dao,re,mi,
        re,
l_la,dao,re,l_la,dao,re,mi,
        re,
        0xff
};    //以 0xff 作为音符的结束标志
    //以下是简谱中每个音符的节拍
    //"4"对应延时 4 个单位,"2"对应延时 2 个单位,"1"对应延时 1 个单位,依此
```

类推

```
unsigned char code JP[ ]={4,1,1,4,1,1,2,
            2,2,2,2,8,
            4,2,3,1,2,2,
10,
        4,2,2,4,4,
        2,2,2,2,4,
        2,2,2,2,2,2,2,
        10,
        4,4,4,2,2,
        4,2,4,4,
        4,2,2,2,2,2,2,
        10,
        4,2,2,4,4,
        2,2,2,2,6,
        4,2,2,4,1,1,4,
        10,
        4,2,2,4,1,1,4,
        10
};
EA=1;                          //开总中断
ET0=1;                         //定时器 T0 中断允许
TMOD=0x00;                     //使用定时器 T0 的模式 0(13 位计数器)
while(1)                       //无限循环
{
    i=0;                       //从第 1 个音符 f[0]开始播放
    while(f[i]! =0xff)         //只要没有读到结束标志就继续播放
{
C=460830/f[i];
TH0=(8192-C)/32;              //13 位计数器高 8 位的赋初值方法
TL0=(8192-C)% 32;            //13 位计数器低 5 位的赋初值方法
    TR0=1;                     //启动定时器 T0
        for(j=0;j<JP[i];j++) //控制节拍数
        delay();               //延时 1 个节拍单位
TR0=0;                         //关闭定时器 T0
    i++;                       //播放下一个音符
    }
}
```

```
}
```

/*** 定时器 T0 的中断服务子程序,使 P3.7 引脚输出音频的方波***/

```
void Time0(void ) interrupt 1 using 1
{
sound=! sound;                      //将 P3.7 引脚输出电平取反,形成方波
TH0=(8192-C)/32;                    //13 位计数器高 8 位的赋初值方法
TL0=(8192-C)% 32;                   //13 位计数器低 5 位的赋初值方法
}
```

5.4.8 应用实例 8:串行通信

1. 功能

串行数据发送和接收。

2. 数据发送的参考程序

```
#include<reg51.h>                           //包含单片机寄存器的头文件
unsigned char code Tab[ ]=
{0xFE,0xFD,0xFB,0xF7,0xEF,0xDF,0xBF,0x7F};//流水灯控制码
/**** 向 PC 发送一个字节数据***********/
  void Send(unsigned char dat)
{
SBUF=dat;
while(TI==0);
TI=0;
}
/********* 延时约 150 ms******/
void delay(void)
{
unsigned char m,n;
for(m=0;m<200;m++)
for(n=0;n<250;n++);
}
/******* 主函数******/
void main(void)
{
    unsigned char i;
TMOD=0x20;                     //TMOD=0010 0000B,定时器 T1 工作于方式 2
    SCON=0x40;                 //SCON=0100 0000B,串口工作方式 1
PCON=0x00;                     //PCON=0000 0000B,波特率 9600
```

```
        TH1 = 0xfd;                        //根据规定给定时器 T1 赋初值
        TL1 = 0xfd;                        //根据规定给定时器 T1 赋初值
        TR1 = 1;                           //启动定时器 T1
        while(1)
    {
for(i=0;i<8;i++)                           //模拟检测数据
    {
Send(Tab[i]);                             //发送数据 i
            delay();                      //50 ms 发送一次检测数据
        }
    }
}
```

3. 数据接收的参考程序

```
#include<reg51.h>                         //包含单片机寄存器的头文件
/****** 接收一个字节数据******/
unsigned char Receive(void)
{
    unsigned char dat;
    while(RI == 0);                       //只要接收中断标志位 RI 没有被置"1"
                                          //等待,直至接收完毕(RI=1)
    RI = 0;                               //为了接收下一帧数据,需将 RI 清 0
    dat = SBUF;                           //将接收缓冲器中的数据存储于 dat
    return dat;
    }
/****** 主函数*******/
    void main(void)
{
TMOD = 0x20;                              //定时器 T1 工作于方式 2
    SCON = 0x50;                          //SCON = 0101 0000B,串口工作方式 1,允许接
                                          //   收(REN=1)
    PCON = 0x00;                          //PCON = 0000 0000B,波特率 9600
    TH1 = 0xfd;                           //根据规定给定时器 T1 赋初值
    TL1 = 0xfd;                           //根据规定给定时器 T1 赋初值
    TR1 = 1;                              //启动定时器 T1
    while(1)
    {
    P1 = Receive();                       //将接收到的数据送 P1 口显示
```

```
        }
    }
```

5.4.9 综合应用实例 1 :数字电压表

1. 任务

利用单片机 AT89S51 与 ADC0809 设计一个数字电压表,能够测量 0~5 V 之间的直流电压值,4 位数码显示,但要求使用的元器件数目最少。该数字电压表的电路原理图如图 5.4.1 所示。

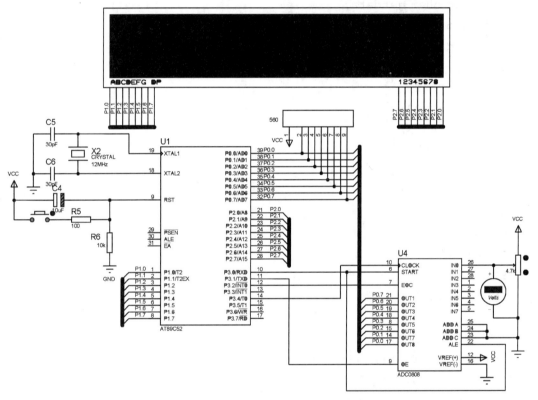

图 5.4.1 数字电压表的电路原理图

2. 程序设计思想

(1) 由于 ADC0809 在进行 A/D 转换时需要 CLK 信号,而此时 ADC0809 的 CLK 端接在 AT89S51 单片机的 P3.4 端口上,也就是要求从 P3.4 输出 CLK 信号供 ADC0809 使用。因此 CLK 信号就得用单片机编程来产生了。

(2) 由于 ADC0809 的参考电压 $U_{REF} = V_{CC}$,因此转换之后的数据要经过数据处理,在数码管上显示出电压值。实际显示的电压值为

$$V = \frac{D}{256} \times U_{REF}$$

3. 参考程序

```c
#include <AT89X52.H>
unsigned char code dispbitcode[]={0xfe,0xfd,0xfb,0xf7,
  0xef,0xdf,0xbf,0x7f};
unsigned char code dispcode[]={0x3f,0x06,0x5b,0x4f,0x66,
  0x6d,0x7d,0x07,0x7f,0x6f,0x00};
unsigned char dispbuf[8]={10,10,10,10,0,0,0,0};
unsigned char dispcount;
unsigned char getdata;
unsigned int temp;
unsigned char i;
sbit ST=P3^0;
sbit OE=P3^1;
sbit EOC=P3^2;
sbit CLK=P3^3;
void main(void)
{
ST=0;
OE=0;
ET0=1;
ET1=1;
EA=1;
TMOD=0x12;
TH0=216;
TL0=216;
TH1=(65536-4000)/256;
TL1=(65536-4000)%256;
TR1=1;
TR0=1;
ST=1;
ST=0;
while(1)
{
    if(EOC==1)
    {
      OE=1;
      getdata=P0;
      OE=0;
```

```
        temp=getdata* 235;
        temp=temp/128;
        i=5;
        dispbuf[0]=10;
        dispbuf[1]=10;
        dispbuf[2]=10;
        dispbuf[3]=10;
        dispbuf[4]=10;
        dispbuf[5]=0;
        dispbuf[6]=0;
        dispbuf[7]=0;
        while(temp/10)
        {
            dispbuf[i]=temp% 10;
            temp=temp/10;
            i++;
        }
        dispbuf[i]=temp;
        ST=1;
        ST=0;
    }
  }
}
void t0(void) interrupt 1 using 0
{
  CLK=~CLK;
}
void t1(void) interrupt 3 using 0
{
    TH1=(65536-4000)/256;
    TL1=(65536-4000)% 256;
    P1=dispcode[dispbuf[dispcount]];
    P2=dispbitcode[dispcount];
    if(dispcount==7)
    {
        P1=P1 |0x80;
    }
    dispcount++;
```

```
if(dispcount==8)
{
dispcount=0;
}
}
```

5.4.10　综合应用实例 2:温度检测器

1. 任务

本电路用可调电阻调节电压值作为模拟温度的输入量,当温度低于 30 ℃时,发出长"嘀"报警声,并通过 LED_1 发光报警,当温度高于 60 ℃时,发出短"嘀"报警声,并通过 LED_2 发光报警。温度的测量范围为 0~99 ℃。温度检测器的电路原理图如图 5.4.2 所示。

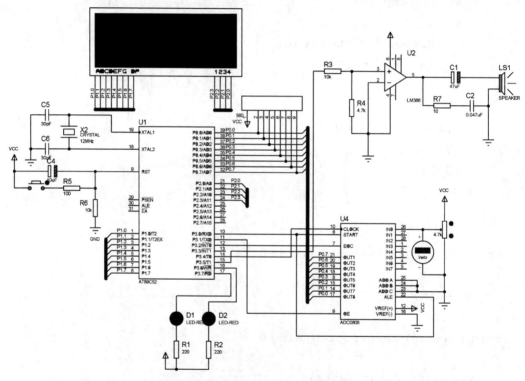

图 5.4.2　温度检测器的电路原理图

2. 程序设计思想

(1) 可调电阻是通过 ADC0809 连接的,由于 ADC0809 在进行 A/D 转换时需要 CLK 信号,而此时 ADC0809 的 CLK 端接在 AT89S51 单片机的 P3.4 端口上,也就是要求从 P3.4 输出 CLK 信号供 ADC0809 使用。因此 CLK 信号就需要用单片机编程来产生。

(2) 由于 8 位 ADC0809 经过 A/D 转换后的数字量范围是 0~255,转换之后的数据要经过数据处理,即(8 位数字量×99)/256≈(8 位数字量×25)/64,作为模拟温度的输入量显示在数码管上。

（3）ADC0809 经过 A/D 转换后的 8 位数字量范围 0～255 与测量的温度范围 0～99 ℃相对应，当模拟温度低于 30 ℃，即对应的数字量为 77 时，发出长"嘀"报警声，并通过 LED$_1$发光报警，当模拟温度高于 60 ℃，即对应的数字量为 153 时，发出短"嘀"报警声，并通过LED$_2$ 发光报警。

3. 参考程序

```c
#include <AT89X52.H>
unsigned char code dispbitcode[] = {0xfe,0xfd,0xfb,0xf7,
  0xef,0xdf,0xbf,0x7f};
unsigned char code dispcode[] = {0x3f,0x06,0x5b,0x4f,0x66,
  0x6d,0x7d,0x07,0x7f,0x6f,0x00};
unsigned char dispbuf[8] = {10,10,10,10,10,10,0,0};
unsigned char dispcount;
unsigned char getdata;
unsigned int temp;
unsigned char i;
sbit ST = P3^0;
sbit OE = P3^1;
sbit EOC = P3^2;
sbit CLK = P3^3;
sbit LED1 = P3^6;
sbit LED2 = P3^7;
sbit SPK = P3^5;
bit lowflag;
bit highflag;
unsigned int cnta;
unsigned int cntb;
bit alarmflag;
void main(void)
{
    ST = 0;
    OE = 0;
    TMOD = 0x12;
    TH0 = 216;
    TL0 = 216;
    TH1 = (65536-500)/256;
    TL1 = (65536-500)%256;
    TR1 = 1;
    TR0 = 1;
```

```
        ET0=1;
        ET1=1;
        EA=1;
        ST=1;
        ST=0;
        while(1)
        {
            if((lowflag==1) &&(highflag==0))
            {
                LED1=0;
                LED2=1;
            }
            else if((highflag==1) && (lowflag==0))
            {
                LED1=1;
                LED2=0;
            }
            else
            {
                LED1=1;
                LED2=1;
            }
        }
    }
    void t0(void) interrupt 1 using 0
    {
        CLK=~CLK;
    }
    void t1(void) interrupt 3 using 0
    {
        TH1=(65536-500)/256;
        TL1=(65536-500)%256;
        if(EOC==1)
        {
            OE=1;
            getdata=P0;
            OE=0;
            temp=getdata* 25;
```

```
        temp=temp/64;
        i=6;
        dispbuf[0]=10;
        dispbuf[1]=10;
        dispbuf[2]=10;
        dispbuf[3]=10;
        dispbuf[4]=10;
        dispbuf[5]=10;
        dispbuf[6]=0;
        dispbuf[7]=0;
        while(temp/10)
        {
            dispbuf[i]=temp%10;
            temp=temp/10;
            i++;
        }
        dispbuf[i]=temp;
        if(getdata<77)
        {
            lowflag=1;
            highflag=0;
        }
        else if(getdata>153)
        {
            lowflag=0;
            highflag=1;
        }
        else
        {
            lowflag=0;
            highflag=0;
        }
        ST=1;
        ST=0;
}
P1=dispcode[dispbuf[dispcount]];
P2=dispbitcode[dispcount];
dispcount++;
```

```
        if(dispcount==8)
        {
            dispcount=0;
        }
        if((lowflag==1) && (highflag==0))
        {
            cnta++;
            if(cnta==800)
            {
                cnta=0;
                alarmflag=~alarmflag;
            }
            if(alarmflag==1)
            {
                SPK=~SPK;
            }
        }
        else if((lowflag==0) && (highflag==1))
        {
            cntb++;
            if(cntb==400)
            {
                cntb=0;
                alarmflag=~alarmflag;
            }
            if(alarmflag==1)
            {
                SPK=~SPK;
            }
        }
        else
        {
            alarmflag=0;
            cnta=0;
            cntb=0;
        }
    }
```

5.4.11 综合应用实例 3:频率计

1. 任务

利用 AT89S51 单片机的 T0、T1 的定时/计数器功能,对输入的信号进行频率计数,计数的频率结果通过 8 位动态数码管显示出来。要求能够对 0~250 kHz 的信号频率进行准确计数,计数误差不超过±1 Hz。频率计的电路原理图如图 5.4.3 所示。

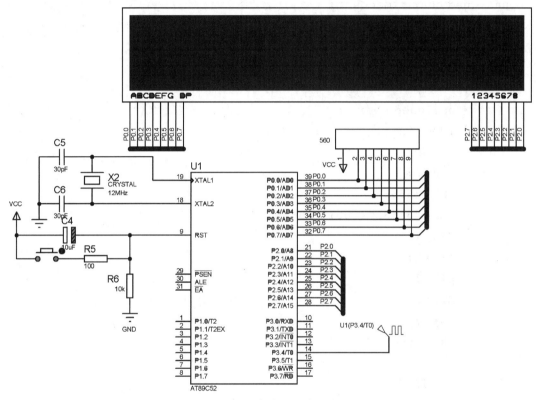

图 5.4.3 频率计的电路原理图

2. 程序设计思想

(1) 定时/计数器 T0 和 T1 的工作方式设置,由图可知,T0 工作在计数状态下,对输入的频率信号进行计数,但对工作在计数状态下的 T0,最大计数值为 $f_{\mathrm{osc}}/24$,由于 $f_{\mathrm{osc}} = 12$ MHz,因此 T0 的最大计数频率为 500 kHz。而 T1 工作在定时状态下,每定时 1 s,就停止 T0 的计数,而从 T0 的计数单元中读取计数的数值,然后进行数据处理,送到数码管显示。

(2) T1 工作在定时状态下,最大定时时间为 65 ms,达不到 1 s 的定时要求,所以采用定时 50 ms,共定时 20 次,即可完成 1 s 的定时功能。

3. 参考程序

```
#include <AT89X52.H>
unsigned char code dispbit[]={0xfe,0xfd,0xfb,0xf7,0xef,0xdf,0xbf,
0x7f};
```

```
unsigned char code dispcode[]={0x3f,0x06,0x5b,0x4f,0x66,
    0x6d,0x7d,0x07,0x7f,0x6f,0x00,0x40};
unsigned char dispbuf[8]={0,0,0,0,0,0,10,10};
unsigned char temp[8];
unsigned char dispcount;
unsigned char T0count;
unsigned char timecount;
bit flag;
unsigned long x;
void main(void)
{
        unsigned char i;
        TMOD=0x15;
        TH0=0;
        TL0=0;
        TH1=(65536-4000)/256;
        TL1=(65536-4000)%256;
        TR1=1;
        TR0=1;
        ET0=1;
        ET1=1;
        EA=1;
        while(1)
        {
            if(flag==1)
            {
            flag=0;
            x=T0count*65536+TH0*256+TL0;
            for(i=0;i<8;i++)
            {
                temp[i]=0;
            }
            i=0;
            while(x/10)
            {
                temp[i]=x%10;
                x=x/10;
                i++;
```

```
            }
            temp[i]=x;
            for(i=0;i<6;i++)
            {
                dispbuf[i]=temp[i];
            }
            timecount=0;
            T0count=0;
            TH0=0;
            TL0=0;
            TR0=1;
        }
    }
}
void t0(void) interrupt 1 using 0
{
    T0count++;
}
void t1(void) interrupt 3 using 0
{
    TH1=(65536-4000)/256;
    TL1=(65536-4000)%256;
    timecount++;
    if(timecount==250)
    {
        TR0=0;
        timecount=0;
        flag=1;
    }
    P0=dispcode[dispbuf[dispcount]];
    P2=dispbit[dispcount];
    dispcount++;
    if(dispcount==8)
    {
        dispcount=0;
    }
}
```

5.4.12 综合应用实例4:电子密码锁1

1.任务

该密码锁的设计要求是:根据设定好的密码,采用两个按键实现密码的输入功能,当密码输入正确之后,锁就打开,如果连续三次输入的密码都不正确,就锁定按键3 s,同时发出报警声,直到没有按键按下后,才打开按键锁定功能;否则,在发出报警声的3 s内仍有按键按下,就重新锁定按键3 s并报警。电子密码锁1的电路原理图如图5.4.4所示。

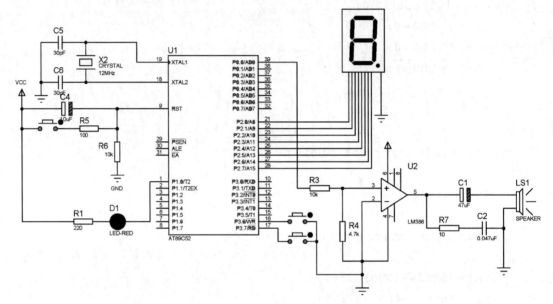

图5.4.4 电子密码锁1的电路原理图

2.程序设计思想

(1)密码的设定:在此程序中密码是固定在程序存储器ROM中的,可假设预设的密码为"12345"共5位密码。

(2)密码的输入问题:由于本电路采用两个按键来完成密码的输入,那么其中一个按键为功能键,另一个按键为数字键。在输入过程中,首先输入密码的长度,接着根据密码的长度输入密码的位数,直到所有位上的密码都已经输入完毕。输入确认功能键之后,才能完成密码的输入过程,然后进入密码的判断比较处理状态并给出相应的处理过程。

(3)按键禁止功能:初始化时,允许按键输入密码,当有按键按下并开始进入按键识别状态时,按键禁止功能被激活,但在启动的状态下,当3次密码输入不正确时,按键禁止功能也被激活。

3.参考程序

```
#include <AT89X52.H>
unsigned char code ps[]={1,2,3,4,5};
unsigned char code dispcode[]={0x3f,0x06,0x5b,0x4f,0x66,
   0x6d,0x7d,0x07,0x7f,0x6f,0x00,0x40};
```

```
unsigned char pslen=9;
unsigned char templen;
unsigned char digit;
unsigned char funcount;
unsigned char digitcount;
unsigned char psbuf[9];
bit cmpflag;
bit hibitflag;
bit errorflag;
bit rightflag;
unsigned int second3;
unsigned int aa;
unsigned int bb;
bit alarmflag;
bit exchangeflag;
unsigned int cc;
unsigned int dd;
bit okflag;
unsigned char oka;
unsigned char okb;
void main(void)
{
    unsigned char i,j;
    P2=dispcode[digitcount];
    TMOD=0x01;
    TH0=(65536-500)/256;
    TL0=(65536-500)%256;
    TR0=1;
    ET0=1;
    EA=1;
    while(1)
    {
        if(cmpflag==0)
        {
            if(P3_6==0) //function key
            {
                for(i=10;i>0;i--)
                for(j=248;j>0;j--);
```

```
            if(P3_6==0)
            {
                if(hibitflag==0)
                {
                    funcount++;
                    if(funcount==pslen+2)
                    {
                        funcount=0;
                        cmpflag=1;
                    }
                    P1=dispcode[funcount];
                }
                else
                {
                    second3=0;
                }
                while(P3_6==0);
            }
        }
        if(P3_7==0) //digit key
        {
            for(i=10;i>0;i--)
            for(j=248;j>0;j--);
            if(P3_7==0)
            {
                if(hibitflag==0)
                {
                digitcount++;
                if(digitcount==10)
                    {
                        digitcount=0;
                    }
                P2=dispcode[digitcount];
                if(funcount==1)
                {
                    pslen=digitcount;
                    templen=pslen;
                }
```

```
                    elseif(funcount>1)
                    {
                        psbuf[funcount-2]=digitcount;
                    }
                }
                else
                {
                    second3=0;
                }
                while(P3_7==0);
            }
            else
            {
                cmpflag=0;
                for(i=0;i<pslen;i++)
                {
                if(ps[i]! =psbuf[i])
            {
            hibitflag=1;
            i=pslen;
            errorflag=1;
            rightflag=0;
            cmpflag=0;
            second3=0;
            goto a;
        }
    }
    cc=0;
    errorflag=0;
     rightflag=1;
    hibitflag=0;
    a: cmpflag=0;
}
void t0(void) interrupt 1 using 0
{
    TH0=(65536-500)/256;
    TL0=(65536-500)% 256;
    if((errorflag==1) && (rightflag==0))
```

```
    {
    bb++;
    if(bb==800)
    {
        bb=0;
        alarmflag=~alarmflag;
    }
    if(alarmflag==1)
    {
        P0_0=~P0_0;
    }
    aa++;
    if(aa==800)
    {
        aa=0;
        P0_1=~P0_1;
    }
    second3++;
    if(second3==6400)
    {
        second3=0;
        hibitflag=0;
        errorflag=0;
        rightflag=0;
        cmpflag=0;
        P0_1=1;
        alarmflag=0;
        bb=0;
        aa=0;
    }
}
if((errorflag==0)&& (rightflag==1))
{
        P0_1=0;
        cc++;
        if(cc<1000)
        {
            okflag=1;
```

```
        }
        else if(cc<2000)
        {
            okflag=0;
        }
        else
        {
            errorflag=0;
            rightflag=0;
            hibitflag=0;
            cmpflag=0;
            P0_1=1;
            cc=0;
            oka=0;
            okb=0;
            okflag=0;
            P0_0=1;
        }
        if(okflag==1)
        {
            oka++;
            if(oka==2)
            {
                oka=0;
                P0_0=~P0_0;
            }
        }
        else
        {
        okb++;
        if(okb==3)
        {
            okb=0;
            P0_0=~P0_0;
        }
        }
    }
    }
}
```

5.4.13 综合应用实例 5:电子密码锁 2

1. 任务

用 4×4 行列式键盘组成 0—9 数字键、"删除"键及"确认"键,用 8 位数码管组成显示电路,当输入密码开始时,相应位上显示"8.",当密码输入完毕按下"确认"键时,系统对输入的密码与设定的密码进行比较,若密码正确,则门打开,此处用 LED 亮 1 s 作为提示,同时发出"叮咚"声;若密码不正确,禁止按键输入 3 s,同时发出"嘀、嘀"报警声;若在 3 s 之内仍有按键按下,则禁止按键输入 3 s 的功能被再次启动。密码锁 2 的电路原理图如图 5.4.5 所示。

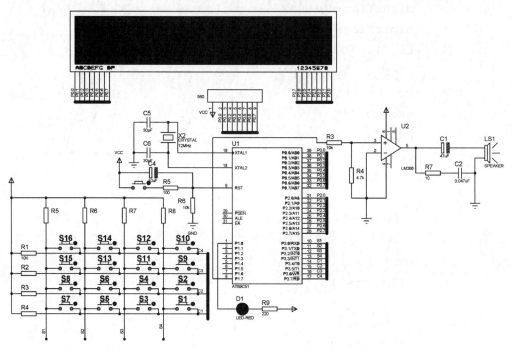

图 5.4.5 密码锁 2 的电路原理图

2. 程序设计思想

(1) 6 位数码显示:初始化时,屏幕显示"P",接着输入最多为 6 位数的密码,当密码输入完成后,按下"确认"键,进行密码比较,然后给出相应的信息。在输入密码过程中,显示器只显示"8."。当输入的数字超过 6 个时,给出报警信息。在密码输入过程中,若输入错误,可以利用"删除"键删除输入的错误的数字。

(2) 4×4 行列式键盘的按键功能分布图如图 5.4.6 所示。

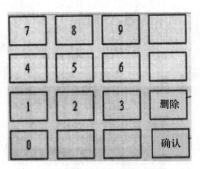

图 5.4.6 4×4 行列式键盘
的按键功能分布图

3. 参考程序

```
#include <AT89X52.H>
```

```
unsigned char ps[]={1,2,3,4,5};
unsigned char code dispbit[]={0xfe,0xfd,0xfb,0xf7,
  0xef,0xdf,0xbf,0x7f};
unsigned char code dispcode[]={0x3f,0x06,0x5b,0x4f,0x66,
  0x6d,0x7d,0x07,0x7f,0x6f,
  0x77,0x7c,0x39,0x5e,0x79,0x71,
  0x00,0x40,0x73,0xff};
unsigned char dispbuf[8]={18,16,16,16,16,16,16,16};
unsigned char dispcount;
unsigned char flashcount;
unsigned char temp;
unsigned char key;
unsigned char keycount;
unsigned char pslen=5;
unsigned char getps[6];
bit keyoverflag;
bit errorflag;
bit rightflag;
unsigned int second3;
unsigned int aa,bb;
unsigned int cc;
bit okflag;
bit alarmflag;
bit hibitflag;
unsigned char oka,okb;
void main(void)
{
    unsigned char i,j;
    TMOD=0x01;
    TH0=(65536-500)/256;
    TL0=(65536-500)%256;
    TR0=1;
    ET0=1;
    EA=1;
    while(1)
    {
        P3=0xff;
        P3_4=0;
```

```
temp = P3;
temp = temp & 0x0f;
if(temp! = 0x0f)
{
    for(i=10;i>0;i--)
    for(j=248;j>0;j--);
    temp = P3;
    temp = temp & 0x0f;
    if(temp! = 0x0f)
    {
        temp = P3;
        temp = temp & 0x0f;
        switch(temp)
        {
            case 0x0e: key=7; break;
            case 0x0d: key=8; break;
            case 0x0b: key=9; break;
            case 0x07: key=10; break;
        }
        temp = P3;
        P1_1 = ~ P1_1;
        if((key>=0) && (key<10))
        {
            if(keycount<6)
            {
                getps[keycount]=key;
                dispbuf[keycount+2]=19;
            }
            keycount++;
            if(keycount==6)
            {
                keycount=6;
            }
            else if(keycount>6)
            {
                keycount=6;
                keyoverflag=1;//key overflow
            }
```

```
            }
            else if(key==12)//delete key
            {
            if(keycount>0)
            {
                keycount--;
                getps[keycount]=0;
                dispbuf[keycount+2]=16;
            }
            else
            {
                keyoverflag=1;
            }
        }
        else if(key==15)//enter key
        {
            if(keycount! =pslen)
            {
                errorflag=1;
                rightflag=0;
                second3=0;
            }
            else
            {
                for(i=0;i<keycount;i++)
                {
                    if(getps[i]! =ps[i])
                    {
                    i=keycount;
                    errorflag=1;
                    rightflag=0;
                    second3=0;
                    goto a;
                    }
                }
            errorflag=0;
            rightflag=1;
            a: i=keycount;
```

```
            }
        }
        temp=temp & 0x0f;
        while(temp! =0x0f)
        {
            temp=P3;
            temp=temp & 0x0f;
        }
        keyoverflag=0;
        }
    }
    P3=0xff;
    P3_5=0;
    temp=P3;
    temp=temp & 0x0f;
    if(temp! =0x0f)
    {
        for(i=10;i>0;i--)
            for(j=248;j>0;j--);
        temp=P3;
        temp=temp & 0x0f;
        if (temp! =0x0f)
        {
            temp=P3;
            temp=temp & 0x0f;
            switch(temp)
            {
                case 0x0e: key=4; break;
                case 0x0d: key=5; break;
                case 0x0b: key=6; break;
                case 0x07: key=11; break;
            }
            temp=P3;
            P1_1=~P1_1;
            if((key>=0) && (key<10))
            {
                if(keycount<6)
                {
```

```
            getps[keycount]=key;
            dispbuf[keycount+2]=19;
        }
        keycount++;
        if(keycount==6)
        {
            keycount=6;
        }
        else if(keycount>6)
        {
            keycount=6;
            keyoverflag=1;//key overflow
        }
    }
    else if(key==12)//delete key
    {
        if(keycount>0)
        {
            keycount--;
            getps[keycount]=0;
            dispbuf[keycount+2]=16;
        }
        else
        {
            keyoverflag=1;
        }
    }
    else if(key==15)//enter key
    {
        if(keycount! =pslen)
        {
            errorflag=1;
            rightflag=0;
            second3=0;
        }
        else
        {
        for(i=0;i<keycount;i++)
```

```
                    {
                        if(getps[i]! =ps[i])
                        {
                            i=keycount;
                            errorflag=1;
                            rightflag=0;
                            second3=0;
                            goto a4;
                        }
                    }
                    errorflag=0;
                    rightflag=1;
                    a4: i=keycount;
                }
            }
            temp=temp & 0x0f;
            while(temp! =0x0f)
            {
                temp=P3;
                temp=temp & 0x0f;
            }
                keyoverflag=0;
            }
        }
        P3=0xff;
        P3_6=0;
        temp=P3;
        temp=temp & 0x0f;
        if (temp! =0x0f)
        {
            for(i=10;i>0;i--)
                for(j=248;j>0;j--);
            temp=P3;
            temp=temp & 0x0f;
            if (temp! =0x0f)
            {
                temp=P3;
                temp=temp & 0x0f;
```

```
switch(temp)
{
    case 0x0e: key=1; break;
    case 0x0d: key=2; break;
    case0x0b: key=3; break;
    case 0x07: key=12; break;
}
temp=P3;
P1_1=~P1_1;
if((key>=0) && (key<10))
{
    if(keycount<6)
    {
        getps[keycount]=key;
        dispbuf[keycount+2]=19;
    }
    keycount++;
    if(keycount==6)
    {
        keycount=6;
    }
    else if(keycount>6)
    {
        keycount=6;
        keyoverflag=1;//key overflow
    }
}
else if(key==12)//delete key
{
    if(keycount>0)
    {
        keycount--;
        getps[keycount]=0;
        dispbuf[keycount+2]=16;
    }
    else
    {
        keyoverflag=1;
```

```
                    }
                }
                else if(key==15)//enter key
                {
                        if(keycount! =pslen)
                        {
                        errorflag=1;
                        rightflag=0;
                        second3=0;
                        }
                        else
                {
                for(i=0;i<keycount;i++)
                {
                        if(getps[i]! =ps[i])
                        {
                                i=keycount;
                                errorflag=1;
                                rightflag=0;
                                second3=0;
                                goto a3;
                        }
                }
                errorflag=0;
                rightflag=1;
                a3: i=keycount;
                }
            }
        temp=temp & 0x0f;
        while(temp! =0x0f)
        {
            temp=P3;
            temp=temp & 0x0f;
        }
        keyoverflag=0;
        }
    }
    P3=0xff;
```

```
P3_7=0;
temp=P3;
temp=temp & 0x0f;
if(temp! =0x0f)
{
    for(i=10;i>0;i--)
    for(j=248;j>0;j--);
    temp=P3;
    temp=temp & 0x0f;
    if(temp! =0x0f)
    {
        temp=P3;
        temp=temp & 0x0f;
        switch(temp)
        {
            case 0x0e: key=0; break;
            case 0x0d:key=13; break;
            case 0x0b: key=14; break;
            case 0x07: key=15; break;
        }
        temp=P3;
        P1_1=~P1_1;
        if((key>=0) && (key<10))
        {
            if(keycount<6)
            {
                getps[keycount]=key;
                dispbuf[keycount+2]=19;
            }
            keycount++;
            if(keycount==6)
            {
                keycount=6;
            }
            else if(keycount>6)
            {
                keycount=6;
                keyoverflag=1;//key overflow
```

```
            }
            }
        else if(key==12)//delete key
        {
            if(keycount>0)
            {
                keycount--;
                getps[keycount]=0;
                dispbuf[keycount+2]=16;
            }
            else
            {
                keyoverflag=1;
            }
        }
        else if(key==15)//enter key
        {
            if(keycount! =pslen)
            {
                errorflag=1;
                rightflag=0;
                second3=0;
            }
            else
            {
                for(i=0;i<keycount;i++)
                {
                    if(getps[i]! =ps[i])
                    {
                        i=keycount;
                        errorflag=1;
                        rightflag=0;
                        second3=0;
                        goto a2;
                    }
                }
                errorflag=0;
                rightflag=1;
```

```
        a2: i=keycount;
            }
        }
        temp=temp & 0x0f;
        while(temp! =0x0f)
        {
          temp=P3;
          temp=temp & 0x0f;
        }
        keyoverflag=0;
      }
    }
  }
}
void t0(void) interrupt 1 using 0
{
    TH0=(65536-500)/256;
    TL0=(65536-500)% 256;
    flashcount++;
    if(flashcount= =8)
    {
        flashcount=0;
        P0=dispcode[dispbuf[dispcount]];
        P2=dispbit[dispcount];
        dispcount++;
        if(dispcount= =8)
        {
            dispcount=0;
        }
    }
}
if((errorflag= =1) && (rightflag= =0))
{
    bb++;
    if(bb= =800)
    {
        bb=0;
        alarmflag=~alarmflag;
    }
```

```
            if(alarmflag==1)//sound alarm signal
            {
                P1_7=~P1_7;
            }
            aa++;
            if(aa==800)//light alarm signal
            {
                aa=0;
                P1_0=~P1_0;
            }
            second3++;
            if(second3==6400)
            {
                second3=0;
                errorflag=0;
                rightflag=0;
                alarmflag=0;
                bb=0;
                aa=0;
            }
        }
        else if((errorflag==0) && (rightflag==1))
        {
            P1_0=0;
            cc++;
            if(cc<1000)
            {
                okflag=1;
            }
            elseif(cc<2000)
            {
                okflag=0;
            }
            else
            {
                errorflag=0;
                rightflag=0;
                P1_7=1;
```

```
            cc=0;
            oka=0;
            okb=0;
            okflag=0;
            P1_0=1;
        }
        if(okflag==1)
        {
            oka++;
            if(oka==2)
            {
                oka=0;
                P1_7=~P1_7;
            }
        }
        else
        {
            okb++;
            if(okb==3)
            {
                okb=0;
                P1_7=~P1_7;
            }
        }
    }
    if(keyoverflag==1)
    {
        P1_7=~P1_7;
    }
}
```

参 考 文 献

第六章　电信工程技术常用的电子设备

电信工程技术常用的电子设备主要是指常用的、用于测量电压、电流、电功率等物理量和电阻、电感、电容等电路参量的仪器仪表。它们在电气设备的设计、安装测试、运行监测、维护与故障检修中起着十分重要的作用。对电气操作人员而言,熟悉和掌握电子仪器仪表的性能与使用方法及规范操作,既能提高工作效率,又能减小劳动强度,保障作业安全。

6.1　数字式万用表

万用表是一种多用途的测量仪表,它可以测量电阻、直流电压、交流电压、直流电流、电感、电容、晶体管电流放大系数等多种物理量或电路参量。万用表使用灵活、操作简单、读数可靠、携带方便、用途广泛。

万用表的种类繁多,根据测量原理及测量结果显示方式的不同,可分为模拟指针式万用表和数字式万用表。数字式万用表在使用灵活性、操作简单性、读数可靠性、携带方便性等方面表现更突出,因此成了各类实验室必备的测量仪表。

6.1.1　数字式万用表的结构和工作原理

数字式万用表主要由液晶显示屏、A/D 转换器、电子计数器、功能开关等组成。其测量过程如图 6.1.1 所示,被测模拟量先由 A/D 转换器转换成数字量,然后通过电子计数器计数,最后把测量结果用数字的形式直接显示在数字显示器上。由此可见,数字式万用表的核心部件是 A/D 转换器。目前,教学、科研领域使用的数字式万用表大都以 ICL7106 型、ICL7107 型大规模集成电路为主芯片。该芯片内部包含双积分 A/D 转换器、显示锁存器、七段译码器、显示驱动器等。双积分 A/D 转换器的基本工作原理是在一个测量周期内用同一个积分器进行两次积分,将被测电压 U_x 转换成与其成正比的时间间隔,在此间隔内填充标准频率的时钟脉冲,用仪器记录的脉冲个数来反映 U_x 的值。

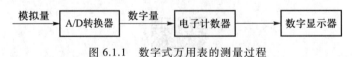

图 6.1.1　数字式万用表的测量过程

6.1.2 UT56 型数字式万用表及面板功能简介

UT56 型数字式万用表为手持式 $4\frac{1}{2}$ 位数字式万用表,整机电路设计以大规模集成电路——双积分 A/D 转换器为核心,并配备了全功能过载保护,可用来测量直、交流电压和直、交流电流,频率,电阻,电容,二极管与晶体管的参量及电路通断,是工厂、学校及科研单位的理想工具。UT56 型数字式万用表的面板布局如图 6.1.2 所示。

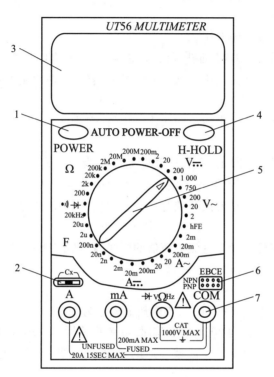

1—电源开关;2—电容插孔;3—液晶显示屏;4—数据保持开关;
5—功能开关;6—晶体管插孔;7—表笔插孔

图 6.1.2 UT56 型数字式万用表的面板布局

6.1.3 UT56 型数字式万用表操作说明

操作该万用表前,应牢记如下注意事项:

(1) 将电源开关按下,检查电池,如果电池电压不足,电量报警信号 将显示在液晶显示屏上,这时则需更换电池。

(2) 在表笔插孔旁边的 ⚠ 符号附近,标出了输入电压或电流的最大值,这是为了保护万用表内部线路以免受到损坏。

(3) 测量之前,功能开关应置于所需要的量程。不同的量程,测量精度不同,不能用高量程挡去测量较小的量。

1. 直流电压的测量

（1）将黑色表笔插入"COM"插孔，红色表笔插入电压、电阻插孔。

（2）将功能开关置于直流电压区域比估计值稍大的量程挡位，将黑色和红色表笔并联接到待测线路上，并保持接触稳定。

（3）在液晶显示屏上显示出相应的直流电压值，若显示为"1."，则表明所选量程太小，需要加大量程然后再进行测量；如果在数值左边出现"-"符号，则表明表笔的极性与实际的极性相反，此时红色表笔处的极性是负极。

2. 交流电压的测量

万用表一般用于测量工频电压。

（1）将黑色表笔插入"COM"插孔，红色表笔插入电压、电阻插孔。

（2）将功能开关置于交流电压区域合适的量程挡位，将两表笔并联接到待测线路上，并保持接触稳定。

（3）在液晶显示屏上显示出相应的交流电压值，交流电压无正负之分。

3. 直流电流的测量

（1）将黑色表笔插入"COM"插孔，当测量最大值为 200 mA 以下的电流时，红色表笔插入"mA"插孔，当测量最大值为 20 A 的电流时，红色表笔插入"20 A"插孔。

（2）将功能开关置于直流电流区域合适的量程挡位，将两表笔串联接入到待测回路里，并保持接触稳定。

（3）液晶显示屏在显示相应直流电流值的同时，将显示红色表笔所接端子的极性，若显示为"1."，则需要加大量程再进行测量。

4. 交流电流的测量

（1）将黑色表笔插入"COM"插孔，当测量最大值为 200 mA 以下的电流时，红色表笔插入"mA"插孔，当测量最大值为 20 A 的电流时，红色表笔插入"20 A"插孔。

（2）将功能开关置于交流电流区域合适的量程挡位，并将两表笔串联接入到待测回路里，并保持接触稳定。

（3）在液晶显示屏上显示出相应的交流电流值，交流电流无正负之分。

需要特别注意的是，电流测量完毕后，切记将红色表笔插回电压、电阻插孔。若忘记这一步直接测量直流电压，万用表就会被损坏。

5. 电阻的测量

（1）将黑色表笔插入"COM"插孔，红色表笔插入电压、电阻插孔。

（2）将功能开关置于电阻区域合适的量程挡位，将两表笔并联接到待测电阻上，并保持表笔与电阻有良好的接触。

（3）在液晶显示屏上显示出相应的电阻值。读数时要注意电阻的单位，功能开关置于"200"挡时的单位为"Ω"，"2k"到"200k"挡时的单位为"kΩ"，"2M"和"20M"挡时的单位为"MΩ"。

6. 电容的测量

（1）将功能开关置于电流区域合适的电容量程挡位。

（2）将待测电容插入电容插孔，在液晶显示屏上显示出相应的电容值。

7. 二极管的测量

(1) 将黑色表笔插入"COM"插孔,红色表笔插入电压、电阻插孔,将功能开关置于蜂鸣器通断及二极管测量挡。

(2) 将红色表笔连接到待测二极管的正极,将黑色表笔连接到待测二极管的负极。

(3) 在液晶显示屏上显示的是二极管正向压降的近似值。肖特基二极管的正向压降约为 0.2 V,普通硅整流管约为 0.7 V,发光二极管为 1.8~2.3 V。调换表笔,显示器显示"1."则为正常,因为二极管的反向电阻很大,否则表明此管已被击穿。

8. 晶体管 $h_{FE}(\beta$ 值$)$ 的测量

(1) 将功能开关置于"h_{FE}"挡。

(2) 将基极、发射极和集电极分别插入晶体管插孔。

(3) 液晶显示屏上可读出 h_{FE} 的近似值。

9. MOS 场效应管的测量

(1) 将黑色表笔插入"COM"插孔,红色表笔插入电压、电阻插孔,将功能开关置于蜂鸣器通断及二极管测量挡。

(2) 将两表笔分别连接到待测 MOS 场效应管的两个电极,若某脚与其他两脚间的正反压降均大于 2 V,即液晶显示屏上显示"1",此脚即为栅极 G。再交换表笔测量其余两脚,压降小的那次黑色表笔接的是漏极 D,红色表笔接的是源极 S。

10. 通断测试

(1) 将黑色表笔插入"COM"插孔,红色表笔插入电压、电阻插孔,将功能开关置于蜂鸣器通断及二极管测量挡。

(2) 将表笔连接到待测线路的两端,如果两端之间电阻值低于 50 Ω,内置蜂鸣器发声。

11. 自动电源切断使用说明

(1) 该万用表设有电源自动切断电路,当仪表待机时间为 30 min 时,电源自动切断,仪表进入睡眠状态。

(2) 仪表电源自动切断后,若要重新开启电源,请重复按动电源开关两次。

6.2 函数信号发生器/计数器

函数信号发生器是用来产生不同形状、不同频率波形的仪器。实验中,函数信号发生器常用作信号源,信号的波形、频率和幅度等可通过开关和旋钮进行调节。函数信号发生器有模拟式和数字式两种。

6.2.1 SP1641B 型函数信号发生器/计数器

6.2.1.1 SP1641B 型函数信号发生器/计数器的组成和工作原理

SP1641B 型函数信号发生器/计数器属于模拟式,它不仅能输出正弦波、三角波、方波等基本波形,还能输出锯齿波、脉冲波等多种非对称波形,同时对各种波形均可实现扫描功能。此外,它还具有点频正弦信号、TTL 电平信号及 CMOS 电平信号输出和外部测频功能等。SP1641B 型函数信号发生器/计数器的组成和原理电路框图如图 6.2.1 所示。

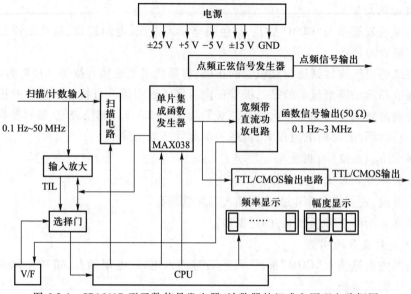

图 6.2.1 SP1641B 型函数信号发生器/计数器的组成和原理电路框图

整机电路由一片单片机 CPU 进行管理,其主要任务是:控制函数发生器 MAX038 产生的频率,控制输出信号的波形,测量输出信号或外部输入信号的频率并显示,测量输出信号的幅度并显示。单片集成函数发生器 MAX038,确保了函数信号发生器能够产生多种函数信号。扫描电路由多片运算放大器组成,以满足扫描宽度、扫描速率的需要。宽频带直流功放电路确保了函数信号发生器的带负载能力。

6.2.1.2 SP1641B 型函数信号发生器/计数器操作面板简介

SP1641B 型函数信号发生器/计数器前操作面板如图 6.2.2 所示。下面,根据图中序号依次介绍前操作面板各组成部分。

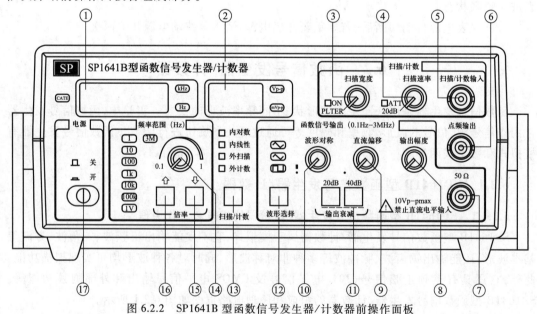

图 6.2.2 SP1641B 型函数信号发生器/计数器前操作面板

（1）频率显示窗口：显示输出信号或测得的外部信号的频率，显示频率的单位由窗口右侧所点亮的指示灯确定，分为"kHz"或"Hz"。

（2）幅度显示窗口：显示输出信号的幅度，显示幅度的单位由窗口右侧所亮的指示灯确定，"Vpp"或"mVpp"。

（3）扫描宽度调节旋钮：调节扫描频率输出的频率范围。在外测频时，应将其逆时针旋到底（绿灯亮），此时外输入的测量信号经过低通开关进入测量系统。

（4）扫描速率调节旋钮：调节内扫描的时间长短。在外测频时，应将其逆时针旋到底（绿灯亮），此时外输入的测量信号经过"20dB"衰减，即为取外输入信号的1%的量，进入测量系统。

（5）"扫描/计数"输入插座：当"扫描/计数"键选择在"外扫描"或"外计数"功能时，外扫描控制信号或外测频信号将由此端口输入。

（6）点频输出插座：输出 100 Hz、2Vpp 的标准正弦波信号。

（7）函数信号输出插座：输出多种波形受控的函数信号，输出幅度 20Vpp（1 MΩ 负载），10Vpp（50 Ω 负载）。

（8）函数信号输出幅度调节旋钮。

（9）函数信号输出直流电平偏移调节旋钮：调节范围：−5 V ~ +5 V（50 Ω 负载），−10 V ~ +10 V（1 MΩ 负载）。当电位器处在关闭位置（逆时针旋到底，即绿灯亮）时，则为 0 电平。

（10）输出波形对称性调节旋钮：调节此旋钮可改变输出信号的对称性。当电位器处在关闭位置（逆时针旋到底，即绿灯亮）时，则输出对称信号。

（11）函数信号输出幅度衰减按键："20dB"和"40dB"按键均未按下，信号不经衰减直接从函数信号输出插座（7）输出。"20dB""40dB"键分别按下，则衰减值为 2 0dB 或 40 dB。"20dB"和"40dB"键同时按下时，则衰减值为 60 dB。

（12）函数信号输出波形选择按钮：按动此按钮，可选择正弦波、三角波、方波三种波形。

（13）"扫描/计数"按钮：可选择多种扫描方式和外测频方式。

（14）频率微调旋钮：调节此旋钮可微调输出信号频率，调节基数为 0.1~1 。

（15）倍率选择按钮↓：每按一次此按钮，可递减输出频率的 1 个频段。

（16）倍率选择按钮↑：每按一次此按钮可递增输出频率的 1 个频段。

（17）整机电源开关：按下此键，机内电源接通，整机工作。按键释放整机电源关断。

此外，在后面板上还有：电源插座（AC 220 V 输入插座，内置容量为 0.5 A 的熔断器熔体），"TTL/CMOS"电平调节旋钮（调节旋钮"关"为 TTL 电平，旋钮"开"则为 CMOS 电平，输出幅度范围为 5 V 到 15 V），"TTL/CMOS"输出插座。

6.2.1.3 SP1641B 型函数信号发生器/计数器使用方法

（1）主函数信号输出方法

① 将信号输出线连接到函数信号输出插座（7）。

② 按动倍率选择按钮（16）或（18）选定输出函数信号的频段，转动频率微调旋钮（17）调整输出信号的频率，直到所需的频率值。

③ 按动函数信号输出波形选择按钮（12）选择输出函数信号的波形，可分别获得正弦

波、三角波、方波。

④ 通过函数信号输出幅度衰减按键(10)和函数信号输出幅度调节旋钮(8)选定和调节输出信号的幅度到所需值。

⑤ 当需要输出信号携带直流电平时,可转动函数信号输出直流电平偏移调节旋钮(9)进行调节,此旋钮若处于关闭状态,则输出信号的直流电平为0,即输出纯交流信号。

⑥ 输出波形对称性调节旋钮(11)关闭时,输出信号为正弦波、三角波或占空比为50%的方波。转动此旋钮,可改变输出方波信号的占空比,或将三角波调变为锯齿波,还可将正弦波调变为正、负半周角频率不同的正弦波形,且可移相180°。

(2) 点频正弦信号输出方法

① 将终端通过不加50 Ω匹配器的信号输出线连接到点频输出插座(6)。

② 输出频率为100 Hz,幅度为2Vpp(中心电平为0 V)的标准正弦波信号。

(3) 内扫描信号输出方法

① "扫描/计数"按钮(14)选定为"内扫描"方式。

② 分别调节扫描宽度调节旋钮(3)和扫描速率调节旋钮(4),以获得所需的扫描信号输出。

③ 位于前操作面板的函数信号输出插座(7)和位于后面板的 TTL/CMOS 输出插座均可输出相应的内扫描的扫频信号。

(4) 外扫描信号输入方法

① "扫描/计数"按钮(14)选定为"外扫描"方式。

② 由"扫描/计数"输入插座(5)输入相应的控制信号,即可得到相应的受控扫描信号。

(5) TTL/CMOS 电平输出方法

① 转动后面板上的"TTL/CMOS"电平调节旋钮,使其处于所需位置,以获得所需的电平。

② 将终端通过不加50 Ω匹配器的信号输出线连接到后面板"TTL/CMOS"输出插座即可输出所需的电平。

6.2.2　DDS 函数信号发生器

DDS 函数信号发生器采用现代数字合成技术。它完全没有振荡器元件,而是直接利用数字合成技术,由函数计算产生一连串数据流,再经 D/A 转换器输出一个预先设定的模拟信号。其优点是:输出波形精度高、失真小;信号相位和幅度连续无畸变;在输出频率范围内不需要设置频段,频率扫描可无间隙地连续覆盖全部频率范围等。现以 TFG2003 型 DDS 函数信号发生器为例,说明 DDS 函数信号发生器的使用方法。

6.2.2.1　技术指标

TFG2003 型 DDS 函数信号发生器具有双路输出、调幅输出、门控输出、猝发计数输出、频率扫描和幅度扫描等功能。其主要技术指标如下:

(1) A 路输出技术指标

① 波形种类:正弦波、方波。

② 频率范围:30 mHz~3 MHz,分辨率为 30 mHz。

③ 幅度范围：100mVpp～20Vpp（高阻），分辨率为80mVpp，输出阻抗为50 Ω；手动衰减范围为0～70 dB（10 dB、20 dB、40 dB 三挡），步进10 dB。

④ 调制特性：

a. 调制信号：内部B路4种波形（正弦波、方波、三角波、锯齿波），频率100 Hz～3 kHz。

b. 幅度调制（ASK）：载波幅度和跳变幅度任意设定。

c. 频率调制（FSK）：载波频率和跳变频率任意设定。

⑤ 扫描特性：频率或幅度线性扫描，扫描过程可随时停止并保持，可手动逐点扫描。

（2）B路输出技术指标

① 波形种类：正弦波、方波、三角波、锯齿波。

② 频率范围：100 Hz～3 kHz。

③ 幅度范围：300mVpp～8Vpp（高阻）。

（3）TTL输出技术指标

① 波形特性：方波，上升/下降时间<20 ns。

② 频率特性：与A路输出特性相同。

③ 幅度特性：TTL兼容，低电平<0.3 V，高电平>4 V。

6.2.2.2 面板键盘功能

TFG2003型DDS函数信号发生器前操作面板如图6.2.3所示。该操作面板共有20个按键、3个幅度衰减开关、1个调节旋钮、2个输出端口和1个电源开关。

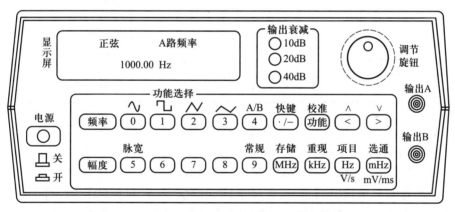

图6.2.3 TFG2003型DDS函数信号发生器前操作面板

（1）【频率】键：频率选择键。

（2）【幅度】键：幅度选择键。

（3）【0】、【1】、【2】、【3】、【4】、【5】、【6】、【7】、【8】、【9】键：数字输入键。

（4）【MHz】/【存储】、【kHz】/【重现】、【Hz】/【项目】/【V】/【s】、【mHz】/【选通】/【mV】/【ms】键：双功能（多功能）键，在数字输入之后执行单位键的功能，同时作为数字输入的结束键（即确认键），其他时候执行【项目】、【选通】、【存储】、【重现】等功能。

（5）【·/-】/【快键】键：输入数字时为小数点输入键，其他时候执行【快键】功能。

（6）【<】/【∧】、【>】/【∨】键：双功能键，一般情况下作为光标左右移动键，只有在系统处于"扫描"功能时作为加、减步进键和手动扫描键。

（7）【功能】/【校准】键：主菜单控制键，循环选择五种功能，见表6-2-1。

表 6-2-1 【功能】、【项目】菜单显示表

【功能】（主菜单）键	【项目】（子菜单）键
常规	A 路频率 B 路频率
扫描	A 路频率 始点频率 终点频率 步长频率 间隔 方式
调幅	A 路频率 B 路频率
猝发	A 路频率 计数 间隔 单次
键控	A 路频率 始点频率 终点频率 间隔

（8）【项目】键：子菜单控制键，在每种功能下选择不同的项目，见表6-2-1。

（9）【选通】键：双功能键，在"常规"功能时可以切换输出波的频率和周期，或者幅度峰-峰值和有效值，在系统处于"扫描""猝发"和"键控"功能时作为启动键。

（10）【快键】键：按【快键】键后，显示屏上出现"Q"标志，再按【0】/【1】/【2】/【3】键，可以直接选择对应的4种不同波形输出；按【快键】键后再按【4】键，可以直接进行A路和B路的输出转换。按【快键】键后按【5】键，可以调整方波的占空比。

（11）调节旋钮：调节输入的数据。

6.2.2.3 使用方法

按下电源开关，电源接通。显示屏先显示"欢迎使用"及一串数字，然后进入默认的"常规"功能输出状态，显示出当前A路输出波形为"正弦"，频率为"1000.00 Hz"。

（1）数据输入方式：该仪器的数据输入方式有三种。

① 数字键输入：用0~9这十个数字键及小数点键写入数据。数据写入后应按相应的单位键（【MHz】、【kHz】、【Hz】或【mHz】键）予以确认。此时数据开始生效，信号发生器按照新写入的参量输出信号。如设置A路输出正弦波频率为2.7 kHz，依次按下【2】、【.／-】、【7】、

【kHz】键。

数字键输入方式可使输入数据一次到位,因而适合于输入已知的数据。

② 步进键输入:实际应用中,有时需要得到一组几个或几十个等间隔的频率值或幅度值,如果用数字键输入方式,就必须反复使用数字键和单位键。为了简化操作,可以使用步进键输入方式,将【功能】键选择为"扫描",把频率间隔设定为步长频率值,此后每按一次【∧】键,频率增加一个步长值,每按一次【∨】键,频率减小一个步长值,且数据改变后即可生效,不需要再按单位键。

如设置间隔为 12.84 kHz 的一系列频率值,其按键顺序是:先按【功能】键选择"扫描"模式,再按【项目】键选择"步长频率"模式,依次按下【1】、【2】、【./-】、【8】、【4】、【kHz】键,此后连续按【∧】或【∨】键,就可得到一系列间隔为 12.84 kHz 的递增或递减频率值。

注意:步进键输入方式只能在"项目"选项选择为"频率"或"幅度"时使用。

步进键输入方式适合于一系列等间隔数据的输入。

③ 调节旋钮输入:按位移键【<】或【>】键,使三角形光标左移或右移并指向显示屏上的某一数字,向右或左转动调节旋钮,光标指示位上相应的数字连续加 1 或减 1,并能向高位进位或借位。调节旋钮输入时,数字改变后即刻生效。当不需要使用调节旋钮输入时,按位移键【<】或【>】键使光标消失,调节旋钮就不再生效。

调节旋钮输入方式适合于对已输入数据进行局部修改或需要输入连续变化的数据进行搜索观测的场合。

(2)"常规"功能的使用

仪器开机后为"常规"功能,显示 A 路波形(正弦或方波),否则可按【功能】键选择"常规"模式,仪器便进入"常规"模式。

① 频率/周期的设定:按【频率】键可以进行频率设定。在系统工作于"A 路频率"时,用数字键输入方式或调节旋钮输入方式输入频率值,此时在"输出 A"端口即有该频率的信号输出。例如:设定频率值为 3.5 kHz,依次按下【频率】、【3】、【./-】、【5】、【kHz】键。

频率也可用周期值进行显示和输入。若当前显示为频率,按【选通】键,即可显示出当前周期值,用数字键或调节旋钮输入周期值。例如:设定周期值 25 ms,应依次按下【频率】、【选通】、【2】、【5】、【ms】键。

② 幅度的设定:按【幅度】键可以进行幅度设定。在系统工作于"A 路幅度"时,用数字键输入方式或调节旋钮输入方式输入幅度值,此时在"输出 A"端口即有该幅度的信号输出。例如:设定幅度为 3.2 V,依次按下【幅度】、【3】、【./-】、【2】、【V】键。

幅度的输入和显示可以使用有效值(V_{RMS})或峰-峰值(V_{pp}),当系统的设定项目选择为"幅度"时,按【选通】键可对两种显示格式进行循环转换。

③ 输出波形选择:

如果当前选择为 A 路,按【快键】、【0】键,输出为正弦波;按【快键】、【1】键,输出为方波。

方波占空比设定:若当前显示为 A 路方波,可按【快键】、【5】键,显示出方波占空比的百分数,用数字键输入方式或调节旋钮输入方式输入占空比值,"输出 A"端口即可得到该占空比的方波信号输出。

（3）"扫描"功能的使用

① "频率"扫描

按【功能】键选择"扫描"方式,如果当前显示为频率,则进入"频率"扫描状态,可设置扫描参量,并进行扫描。

a. 设定扫描始点/终点频率:按【项目】键,选择"始点频率", 用数字键输入方式或调节旋钮输入方式设定始点频率值;按【项目】键,选择"终点频率",用数字键输入方式或调节旋钮输入方式设定终点频率值。

注意:终点频率值必须大于始点频率值。

b. 设定扫描步长:按【项目】键,选择"步长频率",用数字键输入方式或调节旋钮输入方式设定步长频率值。扫描步长小,扫描点多,测量精细,反之则测量粗糙。

c. 设定扫描间隔时间:按【项目】键,选择"间隔",用数字键输入方式或调节旋钮输入方式设定间隔时间值。

d. 设定扫描方式:按【项目】键,选择"方式", 有以下 4 种扫描方式可供选择。按【0】键,选择为"正扫描方式"(扫描从始点频率开始,每步增加一个步长值,到达终点频率后,再返回始点频率重复扫描过程);按【1】键,选择为"逆扫描方式"(扫描从终点频率开始,每步减小一个步长值,到达始点频率后,再返回终点频率重复扫描过程);按【2】键,选择为"单次正扫描方式"(扫描从始点频率开始,每步增加一个步长值,到达终点频率后,扫描停止。每按一次【选通】键,扫描过程进行一次);按【3】,选择为"往返扫描方式"(扫描从始点频率开始,每步增加一个步长值,到达终点频率后,改为每步减小一个步长值扫描至始点频率,如此往返重复扫描过程)。

e. 扫描启动和停止:扫描参量设定后,按【选通】键,屏幕显示出"F SWEEP"表示频率扫描功能已启动,按任意键可使扫描停止。扫描停止后,输出信号便保持在停止时的状态不再改变。无论扫描过程是否正在进行,按【选通】键都可使扫描过程重新启动。

f. 手动扫描:扫描过程停止后,可用步进键进行手动扫描,每按 1 次【∧】键,频率增加一个步长值,每按 1 次【∨】键,频率减小一个步长值,这样可逐点观察扫描过程的细节变化。

② "幅度"扫描

当系统工作于"扫描"功能时,按【幅度】键,显示出当前幅度值。设定幅度扫描参量,如始点幅度、终点幅度、步长幅度、间隔时间、扫描方式等,其设定方法与频率扫描类似。按【选通】键,屏幕显示出"A SWEEP"表示幅度扫描功能已启动。按任意键可使扫描过程停止。

（4）"调幅"功能的使用

按【功能】键,选择"调幅","输出 A"端口即有幅度调制信号输出。A 路为载波信号,B 路为调制信号。

① 设定调制信号的频率:按【项目】键选择"B 路频率",显示出 B 路调制信号的频率,用数字键调节方式或调节旋钮调节方式可设定调制信号的频率。调制信号的频率应与载波信号频率相适应。一般地,调制信号的频率应是载波信号频率的十分之一。

② 设定调制信号的幅度:按【项目】键选择"B 路幅度",显示出 B 路调制信号的幅度,用数字键调节方式或调节旋钮调节方式设定调制信号的幅度。调制信号的幅度越大,幅度调制深度就越大。

注意:调制深度还与载波信号的幅度有关,载波信号的幅度越大,调制深度就越小,因此,可通过改变载波信号的幅度来调整调制深度。

③ 外部调制信号的输入:从仪器后面板"调制输入"端口可引入外部调制信号。外部调制信号的幅度应根据调制深度的要求来调整。使用外部调制信号时,应将"B 路频率"设定为 0,以关闭内部调制信号。

(5)"猝发"功能的使用

按【功能】键,选择"猝发"模式,仪器即进入猝发输出状态,可输出一定周期数的脉冲串或对输出信号进行闸门控制。

① 设定波形周期数:按【项目】键,选择"计数",屏幕显示当前输出波形的周期数,用数字键调节方式或调节旋钮调节方式可设定每组输出的波形周期数。

② 设定间隔时间:按【项目】键,选择"间隔",屏幕显示猝发信号的间隔时间值,用数字键调节方式或调节旋钮调节方式可设定各组输出之间的间隔时间。

③ 猝发信号的启动和停止:设定好猝发信号的频率、幅度、计数和间隔时间后,按【选通】键,屏幕显示"BURST",猝发信号开始输出,达到设定的周期数后输出暂停,经设定的时间间隔后又开始输出。如此循环,输出一系列脉冲串波形。按任意键可停止猝发输出。

④ 门控输出:若"计数"值设定为 0,则为无限多个周期输出。猝发输出启动后,信号便连续输出,直到按任意键输出停止。这样可通过按键对输出信号进行闸门控制。

⑤ 单次猝发输出:按【项目】键,选择"单次",可以输出单次猝发信号,每按一次【选通】键,输出一次设定数目的脉冲串波形。

(6)键控功能的使用

在数字通讯或遥控遥测系统中,对数字信号的传输通常采用频移键控(FSK)或幅移键控(ASK)方式,对载波信号的频率或幅度进行编码调制,在接收端经过解调器再还原成原来的数字信号。

① 频移键控(FSK)输出:按【功能】键,选择"键控"方式,若当前显示为频率值,仪器则进入 FSK 输出方式,可按【频率】键,设定 FSK 输出参量。按【项目】键,选择"始点频率",设定载波频率值;按【项目】键,选择"终点频率",设定跳变频率值;按【项目】键,选择"间隔",设定两个频率的交替时间间隔。然后按【选通】键,启动 FSK 输出,此时屏幕显示"FSK"。按任意键可使输出停止。

② 幅移键控(ASK)输出:按【功能】键,选择"键控"方式,按【幅度】键,显示出当前幅度值,仪器进入 ASK 输出方式。各项参数设定方法和输出启动方式与 FSK 相同,不再复述。

(7)B 路输出的使用

B 路输出有 4 种波形(正弦波、方波、三角波、锯齿波),频率和幅度连续可调。但 B 路输出精度不高,也不能显示准确的数值,主要用作幅度调制信号以及定性的观测实验。

① 频率设定:按【项目】键,选择"B 路频率",显示出一个频率调整数字(不是实际频率值),用数字键调节方式或调节旋钮调节方式改变此数字即可改变"输出 B"信号的频率。

② 幅度设定:按【项目】键,选择"B 路幅度",显示出一个幅度调整数字(不是实际幅度值),用数字键调节方式或调节旋钮调节方式改变此数字即可改变"输出 B"信号的幅度。

③ 波形选择:若当前输出为 B 路,按【快键】、【0】键,B 路输出正弦波;按【快键】、【1】

键,B 路输出方波;按【快键】、【2】键,B 路输出三角波;按【快键】、【3】键,B 路输出锯齿波。

（8）出错显示功能

当存在各种原因使得仪器不能正常运行时,显示屏将会有出错显示,如"EOP×"或"EOU ×"等。"EOP×"为操作方法错误显示,例如显示"EOP1",提示用户只有在频率和幅度设定时才能使用【∧】、【∨】键;显示"EOP3",提示用户在正弦波时不能输入脉宽;显示"EOP5",提示用户"扫描""键控"方式只能在频率和幅度时才能触发启动等。"EOU×"为超限出错显示,即输入的数据超过了仪器所允许的范围,如显示"EOU1",提示用户扫描始点值不能大于终点值;显示"EOU2",提示用户频率或周期为 0 不能互换;显示"EOU3",表示输入数据中含有非数字字符或输入数据超过允许值范围等。

6.3 模拟示波器

示波器是一种综合性电信号显示和测量仪器,它不但可以直接显示出电信号随时间变化的波形及其变化过程,测量出信号的幅度、频率、脉宽、相位差等参量,还能观察信号的非线性失真,测量调制信号的参量等。配合各种传感器,示波器还可以进行各种非电量参量的测量。

6.3.1 模拟示波器的组成和工作原理

模拟示波器的基本结构框图如图 6.3.1 所示。它由垂直系统（Y 轴信号通道）、水平系统（X 轴信号通道）、示波管及其电路、电源等组成。

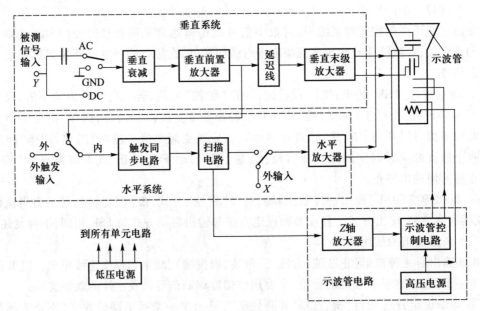

图 6.3.1 模拟示波器的基本结构框图

6.3.1.1 示波管的结构和工作原理

（1）示波管的结构

示波管是用以将被测电信号转变为光信号而显示出来的一个光电转换器件,它主要由电子枪、偏转系统和荧光屏三部分组成,其结构图如图 6.3.2 所示。

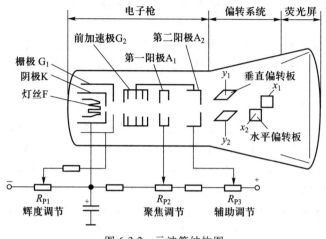

图 6.3.2　示波管结构图

① 电子枪:电子枪由灯丝 F、阴极 K、栅极 G_1、前加速极 G_2、第一阳极 A_1 和第二阳极 A_2 组成。阴极 K 是一个表面涂有氧化物的金属圆筒,灯丝 F 装在圆筒内部,灯丝通电后加热阴极,使其发热并发射电子。电子经栅极 G_1 顶端的小孔、前加速极 G_2 圆筒内的金属限制膜片、第一阳极 A_1、第二阳极 A_2 汇聚成可控的电子束冲击荧光屏,并使之发光。栅极 G_1 套在阴极 K 外面,其电势比阴极 K 低,对阴极 K 发射出的电子起控制作用。调节栅极 G_1 电势可以控制射向荧光屏的电子流密度。栅极 G_1 电势较高时,绝大多数初速度较大的电子通过栅极顶端的小孔奔向荧光屏,只有少量初速度较小的电子返回阴极,电子流密度大,荧光屏上显示的波形较亮;反之,电子流密度小,荧光屏上显示的波形较暗。当栅极电势足够低时,电子会全部返回阴极,荧光屏上不显示光点。调节电阻 R_{P1} 即"辉度"调节旋钮,就可改变栅极电势,也即改变显示波形的亮度。

第一阳极 A_1 的电势远高于阴极,第二阳极 A_2 的电势高于 A_1,前加速极 G_2 位于栅极 G_1 与第一阳极 A_1 之间,且与第二阳极 A_2 相连。G_1、G_2、A_1、A_2 构成电子束控制系统。调节 R_{P2}("聚焦"调节旋钮)和 R_{P3}("辅助聚焦"调节旋钮),即第一、第二阳极的电势,可使发射出来的电子形成一条高速且聚集成细束的射线,冲击到荧光屏上会聚成细小的亮点,以保证显示波形的清晰度。

② 偏转系统:偏转系统由水平(X 轴)偏转板和垂直(Y 轴)偏转板组成。两对偏转板相互垂直,每对偏转板相互平行,其上加有偏转电压,形成各自的电场。电子束从电子枪射出之后,依次从两对偏转板之间穿过,受电场力作用,电子束产生偏移。其中,垂直偏转板控制电子束沿垂直(Y)轴方向上下运动,水平偏转板控制电子束沿水平(X)轴方向运动,形成信号轨迹并通过荧光屏显示出来。例如,只在垂直偏转板上加一直流电压,如果上板正,下板负,电子束在荧光屏上的光点就会向上偏移;反之,光点就会向下偏移。由此可见,光点偏移的方向取决于偏转板上所加电压的极性,而偏移的距离则与偏转板上所加的电压成正比。示波器上的"X 位移"和"Y 位移"旋钮用来调节偏转板上所加的电压值,以改变荧光屏上光点(波形)的位置。

③ 荧光屏:荧光屏内壁涂有荧光物质,形成荧光膜。荧光膜在受到电子冲击后能将电子的动能转化为光能,形成光点。当电子束随信号电压偏转时,光点的移动轨迹就形成了信号波形。

由于电子打在荧光屏上,仅有少部分能量转化为光能,大部分则变成热能;因此,使用示波器时,不能将光点长时间停留在某一处,以免烧坏该处的荧光物质,在荧光屏上留下不能发光的暗点。

（2）波形显示原理

电子束的偏转量与加在偏转板上的电压成正比。将被测正弦电压加到垂直（Y轴）偏转板上,通过测量偏转量的大小就可以测出被测电压值。但由于水平（X轴）偏转板上没有加偏转电压,电子束只会沿Y轴方向上下垂直移动,光点重合成一条竖线,无法观察到波形的变化过程。为了观察被测电压的变化过程,就要同时在水平（X轴）偏转板上加一个与时间呈线性关系的周期性的锯齿波。电子束在锯齿波电压作用下沿X轴方向匀速移动,即"扫描"。在垂直（Y轴）和水平（X轴）两个偏转板的共同作用下,电子束在荧光屏上显示出波形的变化过程。

水平偏转板上所加的锯齿波电压称为扫描电压。当被测信号的周期与扫描电压的周期相等时,荧光屏上只显示一个正弦波。当扫描电压的周期是被测电压周期的整数倍时,荧光屏上将显示多个正弦波。示波器上的"扫描时间"旋钮就是用来调节扫描电压周期的。

6.3.1.2　水平系统

水平系统结构框图如图 6.3.3 所示,其主要作用是:产生锯齿波扫描电压并保持与Y轴通道输入被测信号同步,放大扫描电压或外触发信号,产生增辉或消隐作用以控制示波器Z轴放大器电路。

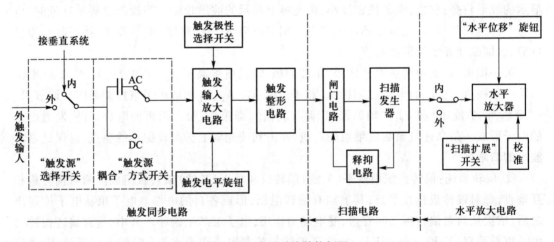

图 6.3.3　水平系统结构框图

（1）触发同步电路

触发同步电路的主要作用是将触发信号（内部Y通道信号或外触发输入信号）经触发输入放大电路放大后,送到触发整形电路以产生前沿陡峭的触发脉冲,驱动扫描电路中的闸门电路。

① "触发源"选择开关:用来选择触发信号的来源,使触发信号与被测信号相关。其中, "内触发"方式是指触发信号来自垂直系统的被测信号;"外触发"方式是指触发信号来自示波器"外触发输入(EXT TRIG)"端的输入信号。一般选择"内触发"方式。

② "触发源耦合"方式开关:用于选择触发信号通过何种耦合方式送到触发输入放大器。"AC"为交流耦合,用于观察低频到较高频率的信号;"DC"为直流耦合,用于观察直流或缓慢变化的信号。

③ 触发极性选择开关:用于选择触发时刻是在触发信号的上升沿还是下降沿。用上升沿触发的称为正极性触发;用下降沿触发的称为负极性触发。

④ 触发电平旋钮:触发电平是指触发点位于触发信号的高电平或低电平上。触发电平旋钮用于调节触发电平高低。

示波器上的触发极性选择开关和触发电平旋钮,可用来控制波形的起始点并使显示的波形稳定。

（2）扫描电路

扫描电路主要由扫描发生器、闸门电路和释抑电路等组成。扫描发生器用来产生线性锯齿波。闸门电路的主要作用是在触发脉冲作用下,产生急升或急降的闸门信号,以控制锯齿波的始点和终点。释抑电路的作用是控制锯齿波的幅度,达到等幅扫描,保证扫描的稳定性。

（3）水平放大电路

水平放大电路的主体是水平放大器。水平放大器的作用是进行锯齿波信号的放大或在 $X-Y$ 方式下对 X 轴输入信号进行放大,使电子束产生水平偏转。

① 工作方式选择开关:选择"内", X 轴信号为内部扫描锯齿波电压时,荧光屏上显示的波形是时间 t 的函数,称为"$X-t$"工作方式;选择"外", X 轴信号为外部输入信号,荧光屏上显示水平、垂直方向的合成图形,称为"$X-Y$"工作方式。

② "水平位移"旋钮:"水平位移"旋钮用来调节水平放大器输出的直流电平,以使荧光屏上显示的波形水平移动。

③ "扫描扩展"开关:"扫描扩展"开关可改变水平放大电路的增益,使荧光屏水平方向单位长度(格)所代表的时间缩小为原值的 $1/k$。

6.3.1.3 垂直系统

垂直系统主要由输入耦合选择器、垂直衰减器、延迟电路和垂直放大器等组成,其结构框图如图 6.3.4 所示。其作用是将被测信号送到垂直偏转板,以再现被测信号的真实波形。

图 6.3.4 垂直系统结构框图

（1）输入耦合选择器

选择被测信号进入示波器垂直通道的耦合方式。它有三种耦合方式，"AC"（交流耦合）是指只允许输入信号的交流成分进入示波器，用于观察不含直流成分的交流信号；"DC"（直流耦合）是指输入信号的交、直流成分都允许通过，适用于观察含直流成分的信号或频率较低的交流信号以及脉冲信号；"GND"（接地）是指输入信号通道被断开，示波器荧光屏上显示的扫描基线为零电平线。

（2）垂直衰减器

垂直衰减器用来衰减大输入信号的幅度，以保证垂直放大器输出不失真。示波器上的"垂直灵敏度"开关即为该衰减器的调节旋钮。

（3）垂直放大器

垂直放大器为波形幅度的微调部分，其作用是与垂直衰减器配合，将显示的波形调整到适宜于人观察的幅度。

（4）延迟电路

延迟电路的作用是使作用于垂直偏转板上的被测信号延迟到扫描电压出现后到达，以保证输入信号无失真地显示出来。

6.3.2　模拟示波器的正确调整和使用

各种不同型号的模拟示波器的调整和使用方法基本相同，现以 MOS-620/640 双踪示波器为例进行介绍。

6.3.2.1　MOS-620/640 双踪示波器前面板简介

MOS-620/640 双踪示波器的调节旋钮、开关、按键及连接器等都位于前面板上，如图 6.3.5 所示。其各部分介绍如下。

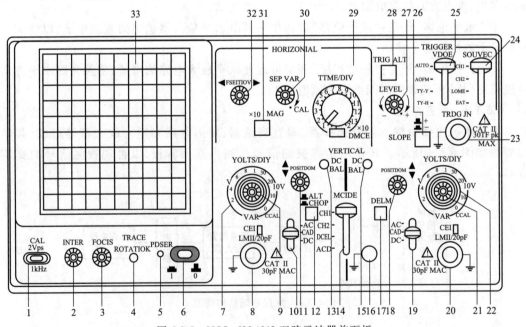

图 6.3.5　MOS-620/640 双踪示波器前面板

（1）示波管操作部分

6——主电源开关"POWER"。按下此开关,其左侧的主电源指示灯(5)点亮,表明电源已接通。

2——亮度调节旋钮"INTER"。用于调节轨迹或光点的亮度。

3——聚焦调节旋钮"FOCUS"。用于调节轨迹或亮光点的聚焦。

4——轨迹旋转旋钮"TRACE ROTATION"。用于调整水平轨迹与刻度线相平行。

33——显示屏。显示信号的波形。

（2）垂直轴操作部分

7、22——垂直衰减旋钮"VOLTS/DIV"。调节垂直偏转灵敏度,分为 5 mV/div ~ 5 V/div,共 10 个挡位。

8——通道 1 被测信号输入连接器"CH1X"。在"X-Y"模式下,作为 X 轴输入端。

20——通道 2 被测信号输入连接器"CH2Y"。在"X-Y"模式下,作为 Y 轴输入端。

9、21——垂直灵敏度旋钮"VAR"。在校正(CAL)位置时,灵敏度校正为标示值。

10、19——垂直系统输入耦合开关"AC-GND-DC"。选择被测信号进入垂直通道的耦合方式。其中,"AC"表示交流耦合;"DC"表示直流耦合;"GND"表示接地。

11、18——垂直位置调节旋钮"POSITION"。调节显示波形在荧光屏上的垂直位置。

12——交替/断续选择开关"ALT"/"CHOP"。双踪显示时,放开此开关,即为"ALT"模式,通道 1 与通道 2 的信号交替显示,适用于观测频率较高的信号波形;按下此开关,即为"CHOP"模式,通道 1 与通道 2 的信号同时断续显示,适用于观测频率较低的信号波形。

13、15——CH1、CH2 通道直流耦合调节旋钮"DC BAL"。垂直系统输入耦合开关(10、19)设置在"GND"时,在 5 mV 与 10 mV 之间反复转动垂直衰减旋钮(7、22),调整"DC BAL"使光迹保持在零水平线上不移动。

14——垂直系统工作模式开关"VERTICAL MODE"。设为"CH1"时通道 1 单独显示。设为"CH2"时,通道 2 单独显示。设为"DUAL"时,两个通道同时显示;设为"ADD",按下通道 2 的信号反向键(17)时,显示通道 1 与通道 2 信号的代数和或代数差。

17——通道 2 信号反向按键"CH2 INV"。按下此键,通道 2 及其触发信号同时反向。

（3）触发操作部分

23——外触发输入端子"TRIG IN"。用于输入外部触发信号。当使用该功能时,触发源选择开关(24)应设置在"EXT"位置。

24——触发源选择开关"SOURCE"。当该开关设定为"CH1",且垂直系统工作模式开关(14)设定为"DUAL"或"ADD"时,选择通道 1 作为内部触发信号源;当该开关设定为"CH2",且垂直系统工作模式开关(14)设定为"DUAL"或"ADD"时,选择通道 2 作为内部触发信号源。当该开关设定为"LINE"时,选择交流电源作为触发信号源;当该开关设定为"EXT"时,选择"TRIG IN"端子输入的外部信号作为触发信号源。

25——触发方式选择开关"TRIGGER MODE"。选择"AUTO"(自动)模式,当没有触发信号输入时,扫描处在自由模式下;选择"NORM"(常态)模式,当没有触发信号输入时,踪迹处在待命状态并不显示;选择"TV-V"(电视场):可观察—电视场信号;选择"TV-H"(电视行):可观察—电视行信号。

26——触发极性选择按键"SLOPE"。该键释放为"+",上升沿触发;按下为"-",下降沿触发。

27——触发电平调节旋钮"LEVEL"。显示一个同步的稳定波形,并设定一个波形的起始点。向"+"方向旋转,触发电平向上移;向"-"方向旋转,触发电平向下移。

28——交替触发开关"TRIG. ALT"。当垂直系统工作模式开关(14)设定为"DUAL"或"ADD",且触发源选择开关(24)选择为"CH1"或"CH2"时,按下此键,示波器会交替选择CH1 和 CH2 作为内部触发信号源。

(4) 水平轴操作部分

29——水平扫描速度旋钮"TIME/DIV"。用于调节扫描速度,分为 0.2 μs/div 到 0.5 s/div 共 20 挡。当该旋钮设置到 X-Y 位置时,示波器可工作在 X-Y 方式。

30——水平扫描微调旋钮"SWP VAR"。微调水平扫描时间,使扫描时间被校正到与面板上"TIME/DIV"指示值一致。顺时针转到底为校正(CAL)位置。

31——扫描扩展开关"×10 MAG"。该开关按下时,扫描速度扩展 10 倍。

32——水平位置调节旋钮"POSITION"。调节显示波形在荧光屏上的水平位置。

(5) 其他部分

1——示波器校正信号输出端"CAL"。提供幅度为 2Vpp,频率为 1 kHz 的方波信号,用于校正 10∶1 探头的补偿电容器和检测示波器垂直与水平偏转因数等。

16——示波器机箱接地端子"GND"。

6.3.2.2　双踪示波器的正确调整与操作

示波器的正确调整和操作对于提高测量精度和延长仪器的使用寿命十分重要。

(1) 聚焦和辉度的调整

调整聚焦调节旋钮,使扫描线尽可能细,以提高测量精度。扫描线亮度(辉度)应适当,过亮不仅会降低示波器的使用寿命,而且也会影响聚焦特性。

(2) 正确选择触发源和触发方式

触发源的选择:如果观测的是单通道信号,应选择该通道信号作为触发源;如果同时观测两个时间相关的信号,则应选择信号周期长的通道作为触发源。

触发方式的选择:首次观测被测信号时,触发方式选择开关(25)应设置于"AUTO"模式,待观测到稳定信号后,完成其他设置,最后将触发方式选择开关(25)置于"NORM"模式,以提高触发的灵敏度。当观测直流信号或小信号时,必须采用"AUTO"模式。

(3) 正确选择输入耦合方式

根据被观测信号的性质来选择正确的输入耦合方式。一般情况下,被观测的信号为直流或脉冲信号时,垂直系统输入耦合开关(10、19)应选择"DC"耦合方式;被观测的信号为交流信号时,垂直系统输入耦合开关(10、19)应选择"AC"耦合方式。

(4) 合理调整扫描速度

调节水平扫描速度旋钮(29),可以改变荧光屏上显示波形的个数。提高扫描速度,显示的波形少;降低扫描速度,显示的波形多。显示的波形不应过多,以保证时间测量的精度。

(5) 波形位置和几何尺寸的调整

观测信号时,波形应尽可能处于荧光屏的中心位置,以获得较好的测量线性。正确调整垂直衰减旋钮(7、22),尽可能使波形幅度占荧光屏总长度一半以上,以提高电压测量的精度。

（6）合理操作双通道

将垂直系统工作模式开关(14)设置为"DUAL",两个通道的波形可以同时显示。为了观察到稳定的波形,可以通过交替/断续选择开关(12)控制波形的显示。按下交替/断续选择开关,即将其置于"CHOP"模式,两个通道的信号断续地显示在荧光屏上,此设定方式适用于观测频率较高的信号;释放交替/断续选择开关,即将其置于"ALT"模式,两个通道的信号交替地显示在荧光屏上,此设定方式适用于观测频率较低的信号。在双通道显示时,还必须正确选择触发源。当CH1、CH2信号同步时,选择任意通道作为触发源,两个波形都能稳定显示,当CH1、CH2信号在时间上不相关时,应按下触发交替开关(28),此时每一个扫描周期,触发信号交替一次,因而两个通道的波形都会稳定显示。

值得注意的是:双通道显示时,不能同时按下交替/断续选择开关和触发交替开关,因为当"CHOP"按钮被按下时,该信号成为触发信号而不能同步显示。利用双通道进行相位和时间对比测量时,两个通道必须采用同一同步信号触发。

（7）触发电平调整

调整触发电平调节旋钮(27)可以改变扫描电路预置的阀门电平。向"+"方向旋转时,阀门电平向正方向移动;向"−"方向旋转时,阀门电平向负方向移动;处在中间位置时,阀门电平设定在信号的平均值上。触发电平设置不当,将不会产生扫描信号。因此,触发电平调节旋钮通常应保持在中间位置。

6.3.3 模拟示波器测量实例

6.3.3.1 直流电压的测量

① 将示波器垂直灵敏度旋钮(9、21)置于"校正"位置,触发方式选择开关(25)置于"AUTO"模式。

② 将垂直系统输入耦合开关(10、19)置于"GND",此时扫描线的垂直位置即为零电压基准线,即时间基线。调节垂直位置调节旋钮(11、18)使扫描线落于某一合适的水平刻度线。

③ 将被测信号接到示波器的输入端,并将垂直系统输入耦合开关(10、19)置于"DC"。调节垂直衰减旋钮(7、22),使扫描线有合适的偏移量。

④ 确定被测电压值。扫描线在 Y 轴的偏移量与垂直衰减旋钮对应挡位电压的乘积即被测电压值。

⑤ 根据扫描线的偏移方向确定直流电压的极性。扫描线向零电压基准线上方移动时,直流电压为正极性,反之为负极性。

6.3.3.2 交流电压的测量

① 将示波器垂直灵敏度旋钮(9、21)置于"校正"位置,触发方式选择开关(25)置于"AUTO"模式。

② 将垂直系统输入耦合开关(10、19)置于"GND",调节垂直位置调节旋钮(11、18),使扫描线准确地落在水平中心线上。

③ 输入被测信号,并将垂直系统输入耦合开关(10、19)置于"AC"。调节垂直衰减旋钮

(7、22)和水平扫描速度旋钮(29)使显示波形的幅度和个数合适。选择合适的触发源、触发方式和触发电平等,使波形稳定显示。

④ 确定被测电压的峰-峰值。波形在 Y 轴方向最高与最低点之间的垂直距离(偏移量)与垂直衰减旋钮(7、22)对应挡位电压的乘积即为被测电压的峰-峰值。

6.3.3.3　周期的测量

① 将水平扫描微调旋钮(30)置于"校正"位置,并使时间基线落在水平中心刻度线上。

② 输入被测信号。调节垂直衰减旋钮(7、22)和水平扫描速度旋钮(29)等,使荧光屏上稳定显示 1~2 个波形。

③ 选择被测波形一个周期的始点和终点,并将始点移动到某一垂直刻度线上,以便读数。

④ 确定被测信号的周期。信号波形的一个周期在 X 轴方向始点与终点之间的水平距离与水平扫描速度旋钮对应挡位的时间之积即为被测信号的周期。

用示波器测量信号周期时,可以测量信号 1 个周期的时间,也可以测量 n 个周期的时间,再除以周期个数 n。后一种方法产生的误差会小一些。

6.3.3.4　频率的测量

由于信号的频率与周期为倒数关系,即 $f = 1/T$。因此,可以先测量得到信号的周期,再求倒数即可得到信号的频率。

6.3.3.5　相位差的测量

① 将水平扫描微调旋钮(30)和垂直灵敏度旋钮(9、21)置于"校正"位置。

② 将垂直系统工作模式开关(14)置于"DUAL"模式,并使两个通道的时间基线均落在水平中心刻度线上。

③ 输入两路频率相同而相位不同的交流信号至 CH1 和 CH2,将垂直系统输入耦合开关(10、19)置于"AC"。

④ 调节相关旋钮,使荧光屏上稳定显示出两个大小适中的波形。

⑤ 确定两个被测信号的相位差。如图 6.3.6 所示,测出一个周期的信号波形在 X 轴方向所占的格数 m(5 格),再测出两波形上对应点(如过零点)之间的水平格数 n(1.6 格),则 u_1 超前 u_2 的相位差角

$$\Delta\varphi = \frac{n}{m} \times 360° = \frac{1.6}{5} \times 360° = 115.2°。$$

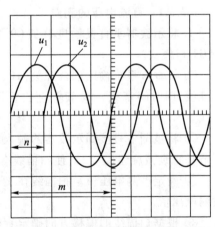

图 6.3.6　测量两正弦交流电的相位差

当 u_2 滞后于 u_1 时,$\Delta\varphi$ 为负;当 u_2 超前于 u_1 时,$\Delta\varphi$ 为正。

6.4　数字示波器

数字示波器不仅具有多重波形显示、分析和数学运算功能,波形、设置、CSV 和位图文件存储功能,自动光标跟踪测量功能,波形录制和回放功能等实用功能,还支持连接 USB 存储

设备和打印机,并可通过 USB 存储设备进行软件升级。

6.4.1 数字示波器快速入门

数字示波器前操作面板各通道标志、旋钮和按键的位置及操作方法与传统示波器类似。现以 DS1000 系列数字示波器为例予以说明。

6.4.1.1 DS1000 系列数字示波器前操作面板简介

DS1000 系列数字示波器前操作面板如图 6.4.1 所示。按照功能,前操作面板可分为 8 大区域,即液晶显示区(以下简称屏幕)、功能菜单操作区、常用菜单区、执行按键区、垂直控制区、水平控制区、触发控制区、信号输入/输出区等。

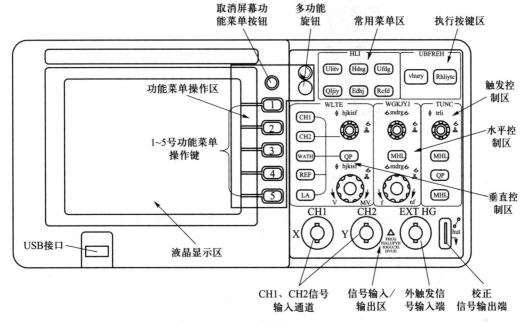

图 6.4.1   DS1000 系列数字示波器前操作面板

功能菜单操作区有 5 个按键、1 个多功能旋钮和 1 个取消屏幕功能菜单按钮。5 个按键用于操作屏幕右侧的功能菜单及其子菜单;多功能旋钮用于选择和确认功能菜单中下拉菜单的选项等;取消屏幕功能菜单按钮用于取消屏幕上显示的功能菜单。

在常用菜单区中,按下任一按键,屏幕右侧会出现相应的功能菜单。通过功能菜单操作区的 5 个按键可选定功能菜单的选项。功能菜单选项中有扩展符号"◁"的,表明该选项有下拉菜单。下拉菜单打开后,可转动多功能旋钮选择相应的项目并按下,作为确认。功能菜单的上、下方有向上或向下符号"↑""↓",表明功能菜单一页未显示完,可操作按键上、下翻页。功能菜单中有旋转符号"↻"的,表明该项参量可通过转动多功能旋钮进行设置调整。按下取消屏幕功能菜单按钮,显示屏上的功能菜单立即消失。

执行按键区有"AUTO"(自动设置)和"RUN/STOP"(运行/停止)2 个按键。按下"AUTO"按键,示波器开始应用自动设置功能,即示波器根据输入信号自动设置和调整垂直、水平及触发方式等各项控制值,使波形显示达到最佳适宜观察状态,如需要,还可进行手动调整。按下"AUTO"按钮后,"AUTO"功能菜单及其功能如图 6.4.2 所示。"RUN/STOP"键为运行/停止波形采样按键。运行波形采样状态时,按键为黄色;按一下"RUN/STOP"键,示波器停止波形采样且按键变为红色,停止波形采样有利于绘制波形并可在一定范围内调整波形的垂直衰减和水平时基,再按一下该键,恢复波形采样状态。注意:应用自动设置功能时,要求被测信号的频率大于或等于 50 Hz,占空比大于 1%。

图 6.4.2　AUTO 功能菜单及其功能

在垂直控制区中,垂直位置旋钮可设置所选通道波形的垂直显示位置。转动该旋钮,不但显示的波形会上下移动,且所选通道的"地"(GND)标识也会随波形上下移动并显示于屏幕左状态栏,移动值则显示于屏幕左下方;按下垂直位置旋钮,垂直显示位置快速恢复到零点(即显示屏水平中心位置)处。垂直衰减旋钮用于调整所选通道波形的显示幅度。转动该旋钮改变"V/div(伏/格)"垂直档位,同时下状态栏对应通道显示的幅值也会发生变化。"CH1""CH2""MATH""REF""LA"为通道或方式按键,按下某按键屏幕将显示其功能菜单、标志、波形和档位状态等信息。"OFF"键用于关闭当前选择的通道。

水平控制区主要用于设置水平时基。水平位置旋钮调整信号波形在屏幕上的水平位置。转动该旋钮,不但波形随旋钮而水平移动,且触发位移标志"T"也在显示屏上部随之移动,移动值则显示在屏幕左下角;按下此旋钮,触发位移恢复到水平零点(即显示屏垂直中心线置)处。水平衰减旋钮用于改变水平时基档位设置,转动该旋钮改变"s/div(秒/格)"水平档位,下状态栏"Time"后显示的主时基值也会发生相应的变化。水平扫描速度设定范围为20 ns~50 s,以"1-2-5"的形式步进。按动水平衰减旋钮可快速打开或关闭延迟扫描功能。按水平功能菜单键"MENU",显示"TIME"功能菜单。在此菜单下,可开启/关闭延迟扫描,切换 Y-T(电压-时间)、X-Y(电压-电压)和 ROLL(滚动)模式,设置水平触发位移复位等。

触发控制区主要用于触发系统的设置。转动触发电平设置旋钮,屏幕上会出现一条上下移动的水平黑色触发线及触发标志,且左下角和上状态栏最右端触发电平的数值也随之发生变化。停止转动触发电平设置旋钮,触发线、触发标志及左下角触发电平的数值会在约5 s 后消失。按下此旋钮,触发电平快速恢复到零点。按"MENU"键可调出触发功能菜单,改变触发设置。"50%"键用于设定触发电平在触发信号幅值的垂直中点。按"FORCE"键,强制产生一个触发信号,主要用于触发方式中的"普通"和"单次"模式。

在信号输入/输出区,"CH1"和"CH2"为信号输入通道,"EXT TREIG"为外触发信号输入端,最右侧为示波器校正信号输出端(输出频率为 1 kHz、幅值为 3 V 的方波信号)。

6.4.1.2　DS1000 系列数字示波器显示界面说明

DS1000 系列数字示波器显示界面如图 6.4.3 所示。它主要包括波形显示区和状态显示区。图形区边框线以内为波形显示区,用于显示信号波形、测量数据、水平/垂直位移和触发电平值等。位移值和触发电平值在旋钮转动时显示,停止转动 5 s 后则消失。图形区边框线以外为上、下、左 3 个状态显示区(栏)。下状态栏通道标志中,显示为黑底的是当前选定通道,操作示波器前操作面板上的按键或旋钮只有对当前选定通道有效,按下通道按键则可选定通道。状态显示区(栏)中显示的标志位置及数值随面板相应按键或旋钮的操作而变化。

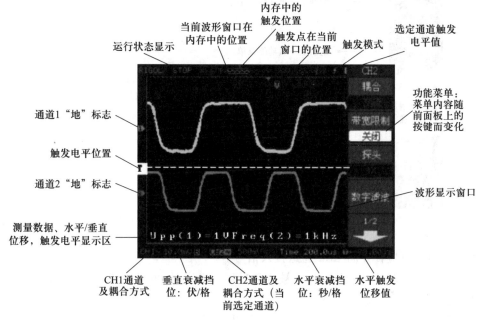

图 6.4.3　DS1000 数字示波器显示界面

6.4.1.3　使用注意事项

(1) 应正确掌握信号接入方法,具体操作过程如下。

① 将探头上的黄色开关(衰减系数)设定为"10×",将探头连接器上的插槽对准信号输入通道"CH1"并插入,然后向右旋转拧紧。

② 设定示波器探头衰减系数。探头衰减系数会改变仪器的垂直挡位比例,因而直接关系到测量结果的正确与否。默认的探头衰减系数为"1×",设定时必须使探头上的黄色开关的设定值与输入通道"探头"菜单的衰减系数一致。衰减系数设置方法是:按垂直控制区的"CH1"键,显示 CH1 的功能菜单,如图 6.4.4 所示。按下功能菜单操作区的 3 号功能菜单操作键,转动多功能旋钮选择与探头同比例的衰减系数设置完成后按下该旋钮予以确认。此时衰减系数应设定为 10×。

③ 把探头端部和接地夹接到函数信号发生器或示波器校正信号输出端。按执行按键区的"AUTO"键,几秒之后,在屏幕上即可看到输入函数信号或示波器校正信号的波形。

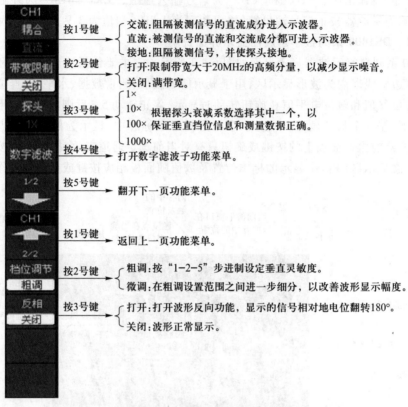

图 6.4.4 CH1 的功能菜单

用同样的方法检查并向 CH2 通道接入信号。

（2）为了加速调整，便于测量，当被测信号接入通道时，可直接按"AUTO"键以便立即获得合适的波形显示和挡位设置等。

（3）示波器的所有操作只对当前选定（打开）通道有效。通道选定（打开）方法是：按垂直控制区的"CH1"或"CH2"键即可选定（打开）相应通道，并且下状态栏的通道标志变为黑底。关闭通道的方法是：按"OFF"键或再次按下垂直控制区中的通道或方式按键，当前选定通道即被关闭。

（4）数字示波器的操作方法类似于操作计算机，其操作分为三个层次。第一层：按下前操作面板上的功能键即进入不同的功能菜单或直接获得特定的功能应用；第二层：通过 5 个功能菜单操作键选定屏幕右侧对应的功能项目，打开子菜单或转动多功能旋钮调整项目参量；第三层：转动多功能旋钮，选择下拉菜单中的项目并按下多功能旋钮，对所选项目予以确认。

6.4.2 数字示波器的高级应用

6.4.2.1 垂直系统的高级应用

（1）通道设置

该示波器 CH1 和 CH2 通道的垂直菜单是独立的，每个项目都要按不同的通道进行单独设置，但 2 个通道功能菜单的项目及操作方法则完全相同。现以 CH1 通道为例予以说明。

按垂直控制区的"CH1"键,屏幕右侧显示 CH1 通道的功能菜单。

① 设置通道耦合方式。假设被测信号是一个含有直流偏移的正弦信号,其设置方法是:按"CH1"键,并通过功能菜单操作区的按键分别选择"耦合""交流/直流/接地",分别设置为交流、直流和接地耦合方式,注意观察波形显示及下状态栏通道耦合方式符号的变化。

② 设置通道带宽限制。假设被测信号是一个含有高频振荡的脉冲信号。其设置方法是:按"CH1"键,并通过功能菜单操作区的按键分别选择"带宽限制""关闭/打开",即可设置带宽限制为关闭/打开状态。前者允许被测信号含有的高频分量通过,后者则阻隔大于 20 MHz 的高频分量。注意观察波形显示及下状态栏垂直衰减挡位之后带宽限制符号的变化。

③ 调节探头比例。为了配合探头衰减系数,需要在通道功能菜单调整探头衰减比例。如探头衰减系数为 10∶1,示波器输入通道的探头比例也应设置成"10×",以免显示的档位信息和测量的数据不一致。

④ 垂直档位调节设置

垂直灵敏度调节范围为 2 mV/div 至 5 V/div。档位调节分为粗调和微调两种模式。粗调是指以 2 mV/div、5 mV/div、10 mV/div、20 mV/div、…、5 V/div 的步进方式调节垂直档位灵敏度。微调是指在当前垂直档位下进一步细调。如果输入的波形幅度在当前档位略大于满刻度,而应用下一挡位波形显示幅度稍低,可用微调改善波形显示幅度,以便于观察信号的细节。

⑤ 波形反相设置

波形反相功能关闭,显示正常被测信号波形;波形反相功能打开,显示的被测信号波形相对于地相位翻转 180°。

(2)"REF"按键功能

在有电路工作点参考波形的条件下,通过"REF"按键得到的菜单,可以把被测波形和参考波形样板进行比较,以判断故障原因。

(3)垂直位置旋钮和垂直衰减旋钮的使用

① 垂直位置旋钮调整所有通道(含 MATH 和 REF)波形的垂直位置。该旋钮的解析度根据垂直衰减旋钮的挡位而变化,按下此旋钮,选定通道的位移立即回零,即回到屏幕的水平中心线位置。

② 垂直衰减旋钮调整所有通道(含 MATH 和 REF)波形的垂直显示幅度。粗调以"1-2-5"步进方式确定垂直档位灵敏度。顺时针方向调整可增大显示幅度,逆时针方向调整可减小显示幅度。微调是在当前档位进一步调节波形的显示幅度。按动垂直扫描旋钮,可在粗调、微调状态间切换。

6.4.2.2　水平系统的高级应用

(1)水平位置和扫描旋钮的使用

① 转动水平位置旋钮,可调节通道波形的水平位置。按下此旋钮,触发位置立即回到屏幕中心位置。

② 转动水平衰减旋钮,可调节主时基值;当延迟扫描功能打开时,转动水平衰减旋钮可改变延迟扫描时基以改变窗口宽度。

(2)水平控制区的"MENU"键

按下水平控制区的"MENU"键,显示水平功能菜单,如图 6.4.5 所示。在 X-Y 方式下,自动测量模式、光标测量模式、REF 和 MATH 通道方式、延迟扫描、矢量显示类型、水平位置旋钮、触发控制等均不起作用。

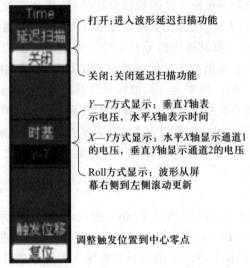

图 6.4.5　水平功能菜单及意义

　　延迟扫描功能用来放大某一段波形,以便观测波形的细节。在延迟扫描状态下,图形区被分成上、下两个显示区,如图 6.4.6 所示。上半部分显示的是原波形,中间黑色覆盖区域是被水平扩展的波形部分。此区域可通过转动水平位置旋钮来左右移动,或转动水平衰减旋钮扩大和缩小。下半部分是对上半部分选定区域波形的水平扩展,即放大。由于整个下半部分显示的波形对应上半部分选定的区域,因此转动水平扫描旋钮减小选择区域可以提高延迟时基,即提高波形的水平扩展倍数。可见,延迟时基相对于主时基提高了分辨率。按下水平衰减旋钮可快速退出延迟扫描状态。

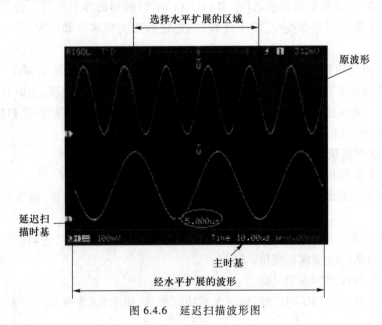

图 6.4.6　延迟扫描波形图

6.4.2.3 触发系统的高级应用

触发控制区包括触发电平设置旋钮、"MENU"键、"50%"键和"FORCE"键。

触发电平设置旋钮:设定触发点对应的信号电压,按下此旋钮可使触发电平立即回零。

"50%"键:按下此键,触发电平设定在触发信号幅值的垂直中点。

"FORCE"键:按下此键,产生一触发信号,主要用于触发方式中的"普通"和"单次"模式。

"MENU"键为触发系统菜单设置键。触发系统菜单及其子菜单如图 6.4.7 所示。下面对触发菜单予以介绍。

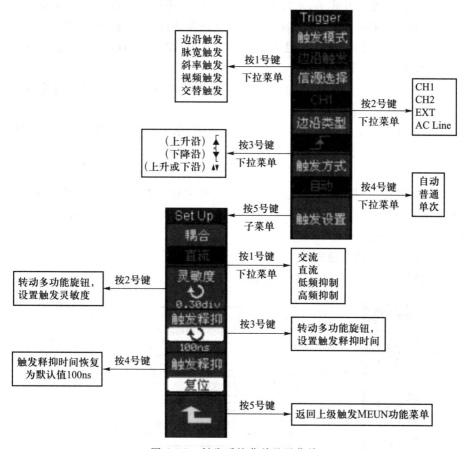

图 6.4.7 触发系统菜单及子菜单

(1) 触发模式

① 边沿触发:指在输入信号边沿的触发阈值上触发。在选择"边沿触发"后,还应选择是在输入信号的上升沿触发、下降沿触发还是上升和下降沿都触发。

② 脉宽触发:指根据脉冲的宽度来确定触发时刻。当选择"脉宽触发"时,可以通过设定脉宽条件和脉冲宽度来捕捉异常脉冲。

③ 斜率触发:指把示波器设置为对指定时间的正斜率或负斜率触发。选择"斜率触发"时,还应设置斜率条件、斜率时间等,还可选择触发电平调节旋钮调节 LEVEL A、LEVEL B 或

同时调节 LEVEL A 和 LEVEL B。

④ 交替触发:在"交替触发"时,触发信号来自两个垂直通道,此方式适用于同时观察两路不相关信号。在交替触发菜单中,可为两个垂直通道选择不同的触发方式、触发类型等。在交替触发方式下,两通道的触发电平等信息会显示在屏幕右上角状态栏中。

⑤ 视频触发:选择"视频触发"后,可在 NTSC、PAL 或 SECAM 标准视频信号的场或行上触发。视频触发时触发耦合应设置为"直流"。

(2)触发方式

触发方式有三种:自动、普通和单次。

① 自动:在自动触发方式下,示波器即使没有检测到触发条件也能采样波形。示波器在一定等待时间(该时间由时基设置决定)内没有触发条件发生时,将进行强制触发。当强制触发无效时,示波器虽显示波形,但不能使波形同步,即显示的波形不稳定。当有效触发发生时,显示的波形将稳定下来。

② 普通:在普通触发方式下,示波器只有当触发条件满足时才能采样到波形。在没有触发时,示波器将显示原有波形而等待触发。

③ 单次:在单次触发方式下,按一次"运行"按钮,示波器等待触发,当示波器检测到一次触发时,采样并显示一个波形,然后采样停止。

(3)触发设置

在触发系统菜单下,按功能菜单操作区 5 号功能菜单操作键进入触发设置子菜单,可对与触发相关的选项进行设置。触发模式、触发方式、触发类型不同,可设置的触发选项也有所不同。此处不再赘述。

6.4.2.4　采样系统的高级应用

在常用菜单区按"Acquire"键,弹出采样系统功能菜单,如图 6.4.8 所示。

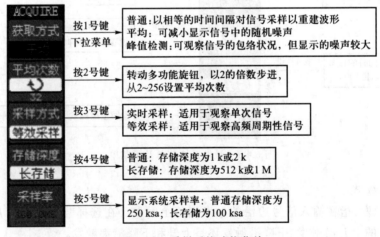

图 6.4.8　采样系统功能菜单

6.4.2.5　存储和调出功能的高级应用

在常用菜单控制区按"STORAGE"键,弹出存储和调出功能菜单,如图 6.4.9 所示。通过该菜单及相应的下拉菜单和子菜单可对示波器内部存储区和 USB 存储设备上的波形和设置文件等进行保存、调出、删除等操作,操作的文件名称支持中、英文输入。

存储类型选择"波形存储"时,其文件格式为 wfm,只能在示波器中打开;存储类型选择"位图存储"和"CSV 存储"时,还可以选择是否以同一文件名保存示波器参量文件(文本文件),"位图存储"文件格式是 bmp,可在计算机中打开,"CSV 存储"文件为表格形式,可用 Excel 打开,并可用其"图表导向"工具转换成需要的图形。

"外部存储"只有在 USB 存储设备插入时才能被激活,进行存储文件的各种操作。

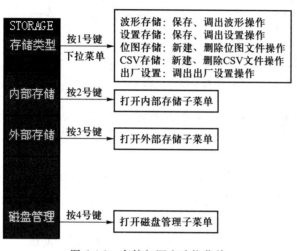

图 6.4.9　存储与调出功能菜单

6.5　直流稳压电源

直流稳定电源可分为恒压源和恒流源。恒压源的作用是提供可调直流电压,其伏安特性十分接近理想电压源;恒流源的作用是提供可调直流电流,其伏安特性十分接近理想电流源。直流稳压电源的种类和型号很多,有独立制作的恒压源和恒流源,也有将两者制成一体的直流稳压电源。现以 HH 系列双路带 5V3A 可调直流稳压电源为例介绍直流稳压电源的工作原理和使用方法。

6.5.1　直流稳压电源的结构和工作原理

HH 系列双路直流稳压电源采用开关型和线性串联双重调节系统,具有输出电压和电流连续可调、稳压和稳流自动转换、自动限流、短路保护和自动恢复供电等功能。该双路直流恒压电源可通过前操作面板开关实现两路电源独立供电、串联跟踪供电、并联供电三种工作方式。其结构和工作原理框图如图 6.5.1 所示。它主要由变压器、交流电压转换电路、整流滤波电路、调整电路、输出滤波器、取样电路、CV 比较电路、CC 比较电路、基准电压电路、数码显示电路和供电电路等组成。

(1)变压器:变压器的作用是将 220 V 的交流电转变成多规格交流低压电。

(2)交流电压转换电路:交流电压转换电路主要由运算放大器组成 A/D 转换控制电路。其作用是将电源输出电压转换成不同数码,通过驱动电路控制继电器动作,达到自动换

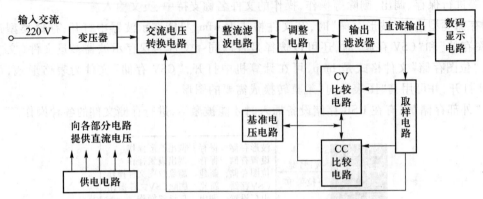

图 6.5.1　HH 系列双路直流稳定电源结构和工作原理框图

挡的目的。随着输出电压的变化,A/D 转换器输出不同的数码,控制继电器动作,及时调整送入整流滤波电路的输入电压,以保证电源输出电压发生大范围变化时,调整管两端电压值始终保持在最合理的范围内。

(3) 整流滤波电路:将经变压器输出的交流电进行整流和滤波,变成脉动很小的直流电。

(4) 调整电路:该电路为串联线性调整器。其作用是通过比较放大器控制调整管,使输出电压/电流恒定。

(5) 输出滤波器:其作用是将输出电路中的交流分量进行滤波。

(6) 取样电路:对电源输出的电压和电流进行取样,并反馈给 CV 比较电路、CC 比较电路、交流电压转换电路等。

(7) CV 比较电路:该电路可以预置输出电流,当输出电流小于预置电流时,电路处于恒压状态,CV 比较电路处于控制优先状态。当输入电压或负载变化时,输出电压发生相应变化,此变化经取样电阻输入到比较放大器、基准电压比较放大器等电路,并控制调整管,使输出电压回到原来的数值,达到输出电压恒定的效果。

(8) CC 比较电路:当负载变化输出电流大于预置电流时,CC 比较电路处于控制优先状态,对调整管起控制作用。当负载增加使输出电流增大时,比较电阻上的电压降增大,CC 比较电路比较输出低电平,使调整管电流趋于原来值,恒定在预置的电流上,达到输出电流恒定的效果,以保护电源和负载。

(9) 基准电压电路:提供基准电压。

(10) 数码显示电路:将输出电压或电流进行 A/D 转换并显示出来。

(11) 供电电路:为仪器的各部分电路提供直流电压。

6.5.2　直流稳压电源的使用方法

6.5.2.1　HH 系列双路带 5V3A 可调直流稳压电源操作面板简介

HH 系列双路带 5V3A 可调直流稳压电源输出电压为 0~30 V 或 0~50 V,输出电流为 0~2 A 或 0~3 A,输出电压/电流从零到额定值均连续可调;固定输出端输出电压为 5 V,输出电流为 3 A。电压/电流值采用 $3\frac{1}{2}$ 位 LED 数字显示,并通过开关切换电压/电流显示。

HH 系列双路带 5V3A 可调直流稳压电源前操作面板如图 6.5.2 所示。

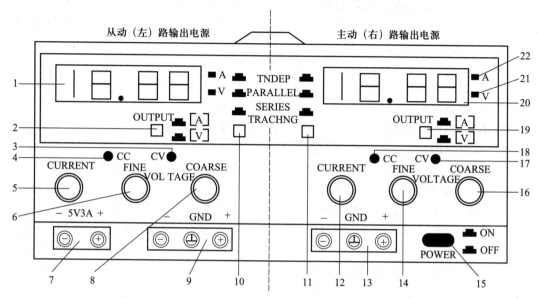

图 6.5.2 HH 系列双路带 5V3A 可调直流稳压电源前操作面板

该直流稳压电源的前操作面板可分为从动(左)路输出电源与主动(右)路输出电源,其开关和旋钮基本对称布置,其功能如下:

1——从动(左)路 LED 电压/电流显示窗。

2——从动(左)路电压/电流显示切换开关"OUTPUT"。按下此开关,显示从动(左)路电流值,此开关弹出则显示电压值。

3——从动(左)路恒压输出指示灯"CV"。此灯亮时,从动(左)路为恒压输出。

4——从动(左)路恒流输出指示灯"CC"。此灯亮时,从动(左)路为恒流输出。

5——从动(左)路输出电流调节旋钮"CURRENT"。可调节从动(左)路输出电流大小。

6——从动(左)路输出电压微调旋钮"FINE"。

7——5V3A 固定输出端。

8——从动(左)路输出电压粗调旋钮"COARSE"。

9——从动(左)路电源输出端。该输出端共有三个接线端,分别为电源输出正极(+),电源输出负极(-)和接地端(GND)。接地端与机壳、电源输入地线连接。

10——从动(左)路电源工作状态控制开关。

11——主动(右)路电源工作状态控制开关。

12——主动(右)路输出电流调节旋钮"CURRENT"。可调节主动(右)路输出电流大小。

13——主动(右)路电源输出端。接线端与从动(左)路相同。

14——主动(右)路输出电压微调旋钮"FINE"。

15——电源开关,按下为开机(ON);弹出为关机(OFF)。

16——主动(右)路输出电压粗调旋钮"COARSE"。

17——主动(右)路恒压输出指示灯"CV"。此灯亮时,主动(右)路为恒压输出。

18——主动(右)路恒流输出指示灯"CC"。此灯亮时,主动(右)路为恒流输出。

19——主动(右)路电压/电流显示切换开关"OUTPUT"。按下此开关,显示主动(右)路电流值,此开关弹出则显示电压值。

20——主动(右)路 LED 电压/电流显示窗。

21——电压指示灯。此灯亮,显示数值为电压值,单位为"V"。

22——电流指示灯。此灯亮,显示数值为电流值,单位为"A"。

6.5.2.2　HH 系列双路带 5V3A 可调直流稳压电源使用方法

(1) 双路电源独立使用的使用方法

① 将主动(右)、从动(左)路电源工作状态控制开关(10)、(11)分别置于弹出位置,使主、从动输出电路均处于独立工作状态。

② 恒压输出调节:将电流调节旋钮(5 或 12)顺时针方向调至最大,电压/电流显示切换开关(2 或 19)置于电压显示状态,通过电压粗调旋钮(8 或 16)和微调旋钮(6 或 14)的配合将输出电压调至所需电压值,使恒压输出指示灯"CV"(3,17)常亮,此时直流恒定电源工作于恒压状态。如果负载电流超过电源最大输出电流,恒流输出指示灯"CC"(4、18)亮,则电源自动进入恒流(限流)状态,随着负载电流的增大,输出电压会下降。

③ 恒流输出调节:按下电压/电流显示切换开关(2 或 19),将其置于电流显示状态。逆时针转动电压调节旋钮(6,8 或 14,16)至最小。调节输出电流调节旋钮(5 或 12)至所需电流值,再将电压调节旋钮(6,8 或 14,16)调至最大,接上负载,恒流输出指示灯"CC"(4、18)亮。此时直流恒定电源工作于恒流状态,恒流输出电流为调节值。

如果负载电流未达到调节值时,恒压输出指示灯"CV"(3、17)亮,则表明此时直流恒定电源还是工作于恒压状态。

(2) 双路电源串联(两路电压跟踪)使用方法

按下从动(左)路电源工作状态控制开关(10),使主动(右)路电源工作状态控制开关(11)弹起。顺时针方向转动两路电流调节旋钮(5 与 12)至最大。调节主动(右)路电压调节旋钮(14 与 16),从动(左)路输出电压将完全跟踪主动(右)路输出电压变化,其输出电压为两路输出电压之和,即主动(右)路输出正端(+)与从动(左)路输出负端(-)之间电压值。其最高输出电压为两路额定输出电压之和。

当两路电源串联使用时,两路的电流调节仍然是独立的,如从动路电流调节不在最大值,而在某限流值上,则当负载电流大于该限流值时,从动路工作于限流状态,不再跟踪主动路的调节。

(3) 两路电源并联使用方法

主动(右)、从动(左)路电源工作状态控制开关(10、11)均按下,从动(左)路电源工作状态指示灯"CC"(3)亮。此时,两路输出处于并联状态,调节主动(右)路电压调节旋钮(14、16)即可调节输出电压。

当两路电源并联使用时,电流由主动(右)路电流调节旋钮(12)调节,其输出最大电流为两路额定电流之和。

6.5.2.3　HH 系列双路带 5V3A 可调直流稳压电源使用注意事项

(1) 两路输出负端(-)与接地端(GND)不应有连接片,否则会引起电源短路。

（2）连接负载前,应调节电流调节旋钮(5,12)使输出电流大于负载电流值,以有效保护负载。

参 考 文 献

第七章 应用制图软件绘制电路图

常用的电路板绘制软件主要有 Altium Designer、Cadence 及 PADS,其中 Altium Designer 是 protel、protel99se、protelDXP 系列之后推出的新产品。其设计简单、功能强大,是目前国内最流行的电路设计软件。Altium Designer 通过把原理图设计、电路仿真、PCB 绘制与编辑、拓扑逻辑自动布线、信号完整性分析和设计输出等技术完美融合,为设计者提供了全新的设计解决方案。

通过 Altium Designer 软件进行 PCB 电路图的绘制主要有如下几个步骤:

① 绘制元件集成库,② 原理图的绘制,③ 错误检查及生成 PCB(Printed Circuit Board,中文名称为印制电路板,又称印刷线路板),④ 元件的布局,⑤ 设置布线规则及布线,⑥ 布线结果核查,⑦ 敷铜,⑧ 导出加工文件。

本章将通过使用 Altium Designer 10 软件,绘制一个 89C51 系列单片机最小系统,介绍 PCB 电路图的绘制过程。

7.1 绘制元件集成库

在进行 PCB 电路图绘制前,要先进行元件集成库的绘制。这是为了在进行 PCB 电路图绘制时,可以直接调用库中的元件,方便电路图的绘制。当然,Altium Designer 软件自带了一些标准元件库,在网上也可以下载到各大元件生产商针对自己生产的元件所制作的元件库。虽然这些可以涵盖一些常用的标准元件,但不一定能够完全满足用户绘制电路图时的需求,因此,需要绘制专门的元件集成库。将常用的元件绘制好后制作集成库,既方便在以后的设计中随时调用,又便于平时对库文件的管理。

绘制元件的集成库主要包括元件原理图的绘制和元件 PCB 封装的绘制。要注意,元件原理图和元件 PCB 封装是针对一个具体元件而言的,而不是对于整张电路板图而言的。例如,一个 89C51 系列单片机最小系统主要由 89C51 单片机、晶振电路和复位电路组成。其详细元件组成如图 7.1.1 所示。

因而,在绘制 89C51 系列单片机最小系统时,要依次绘制出复位电路中的电阻、电容、按键以及晶振等元件,最后还要绘制出 89C51 单片机元件。下面通过对一个含有电阻、按键以及单片机集成库的绘制来说明绘制元件集成库的步骤。

1. 双击桌面上的"Altium Designer"软件图标 ,进入到软件主界面,如图 7.1.2 所示。

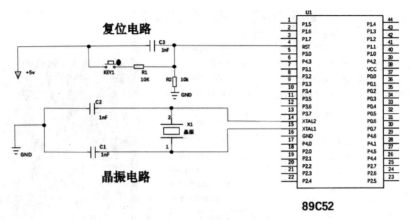

图 7.1.1 89C51 系列单片机最小系统元件组成

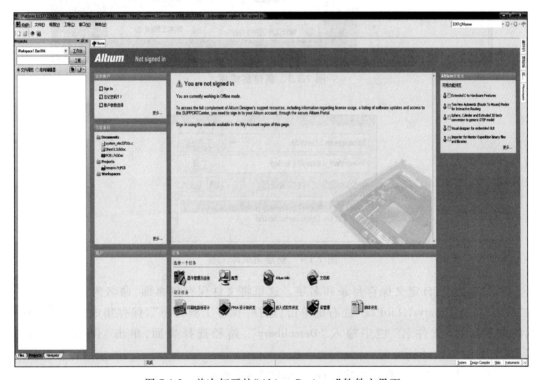

图 7.1.2 首次打开的"Altium Designer"软件主界面

2. 新建集成库工程,依次点击【文件】→【新建】→【工程】→【集成库】菜单命令,如图 7.1.3 所示。

此时,坐标列表中新建了一个集成库工程,如图 7.1.4 所示。

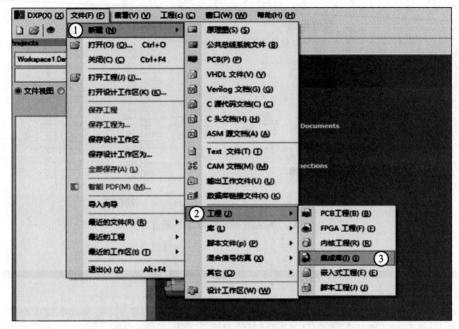

图 7.1.3　新建集成库

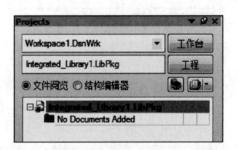

图 7.1.4　新建集成库工程

3. 保存工程,自定义保存目录和名字。这里将文件保存到桌面,命名为"Demolibary"。在"Integrated_Library 1.LibPkg"处右键单击,选择"保存工程为…",保存集成库工程。在弹出的对话框的"文件名"栏中输入"Demolibary",路径选择桌面,单击"保存"按钮。如图 7.1.5 和图 7.1.6 所示。

这样,一个元件库工程就新建完成了,如图 7.1.7 所示。

4. 然后,在该工程中新建原理图库,即依次点击【文件】→【新建】→【库】→【原理图库】菜单命令,如图 7.1.8 所示。

注意:选择的是"库",而不是"工程"或者其他选项。随后,自定义保存该原理图库,方式和上面新建元件库相同。用同样的方法新建 PCB 元件库,新建完成后保存。这时,可以在对话框左边列表看到新建的原理图库和 PCB 元件库,表示库添加成功。

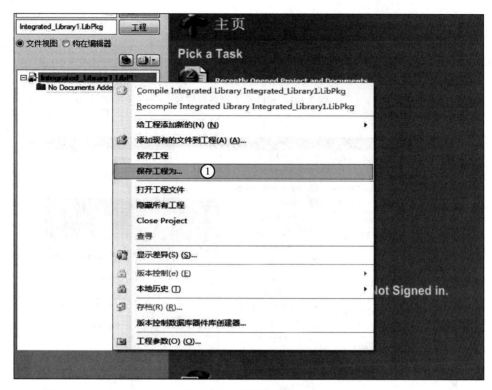

图 7.1.5 保存集成库工程

图 7.1.6 保存路径自定义

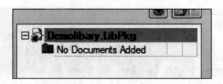

图 7.1.7　元件库工程新建完成

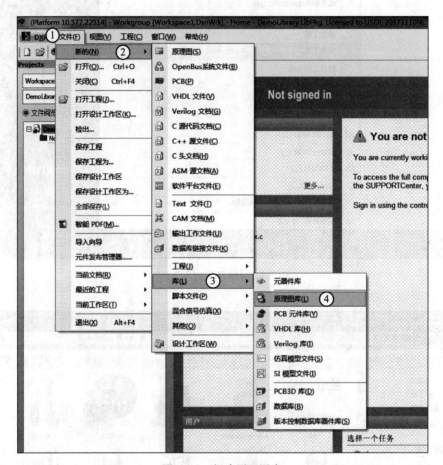

图 7.1.8　新建原理图库

7.1.1　绘制直插电阻

　　直插电阻的元件原理图的制作(注意:制作过程应在原理图绘制区域上方后缀为".SchLib"的界面中进行)。先依次点击【放置】→【矩形】菜单命令,如图 7.1.9 所示。

　　放置一个矩形到原理图绘制区域中,可以拉伸到合适的大小,根据一般电阻的大小绘制即可。注意,原理图只是用来表示电气的连接的,所以不需要绘制成标准尺寸。而 PCB 图是需对应最终生成在 PCB 上的元件尺寸大小,这个就需要按照实际标准大小进行绘制,这两个大小需要区分。放置好合适尺寸的矩形来代表电阻的元件体,如图 7.1.10 所示。

图 7.1.9 放置矩形

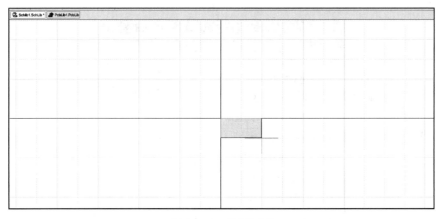

图 7.1.10 绘制矩形

添加电阻的两个引脚。这个引脚就是用来表示实际电路中电气连接的两个引脚,如图 7.1.11 所示。

放置引脚时,会发现有一个"×",代表这端是热点,这个点以后要连接其他电路,所以在放置引脚时,热点放置在元件外侧,可以通过按〈空格〉键改变引脚的方向。给元件体两端加上两个引脚,就能形成一个直插电阻的原理图,如图 7.1.12 所示。

这样,一个简单的电阻元件原理图就画好了,需进行保存。点击【工具】→【器件属性】菜单命令或者双击元器件,可以设置元器件属性,如图 7.1.13 所示。

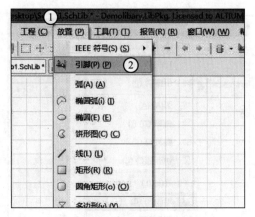

图 7.1.11 添加引脚

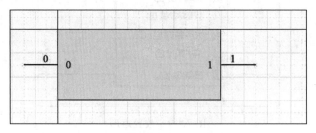

图 7.1.12 绘制电阻原理图

图 7.1.13 设置元器件属性

　　进入到元器件属性界面,如图 7.1.14 所示。设置元件原理图名称和元件标号,元件的原理图名称改为"RES",元件标号改为"R?"。这样,在进行电路图绘制时,直接将"?"改为对应的电阻序号即可。也可以添加元件的属性,如具体数值等。

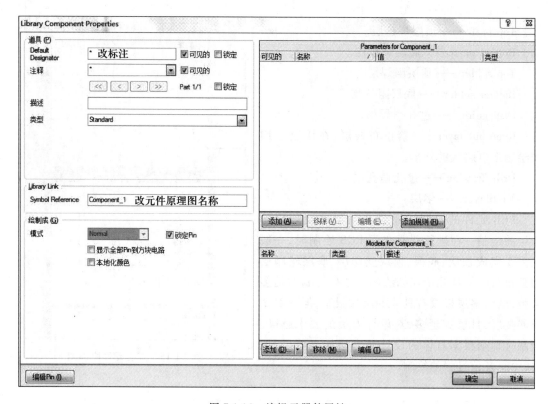

图 7.1.14　编辑元器件属性

　　点击"确定"按钮,就可以在对话框右边的"库"列表中查看到绘制好的元件原理图了,如图 7.1.15 所示。

　　下面就可以进行元件 PCB 的绘制了。

　　点击原理图绘制区域上方后缀为".PcbLib"的文件,切换到 PCB 元件编辑状态,如图 7.1.16 所示。

　　在进行元件 PCB 绘制时,要先进行元件实际尺寸的测量。一般用千分尺进行元件尺寸的测量,单位一般有 mil[①] 和 mm 之分,用户可以根据习惯自行切换单位。

　　一般常用的直插电阻尺寸约为 8 mm×ϕ1.8 mm,为了使空间足够大,在进行电阻 PCB 绘制时,一般绘制成 8 mm×ϕ2 mm。测量好尺寸后,要进行元件 PCB 的绘制。

　　需根据元件的组成部分在不同的层完成各部分的绘制。PCB 的各层构成如下:

　　Top Layer——电路板顶层,绘制顶层的线路。

　　Bottom Layer——电路板底层,绘制底层的线路。

---

① mil 为英制单位,1 mil≈0.025 4 mm。

Mechanical——机械层。

Top overlay——顶层丝印层，丝印是电路板上的白色符号，方便焊接元件。

Bottom overlay——底层丝印层。

Top paste——顶层焊盘层。

Bottom paste——底层焊盘层。

Top solder——顶层阻焊层。

Bottom solder——底层阻焊层。

Drill guide——过孔引导层。

Keep-out layer——禁止布线层，在该层上用线绘制出电路板的外形。

Drill drawing——过孔钻孔层。

Multilayer——多层。

PCB 元件的绘制一般只涉及顶层及顶层丝印层的绘制。在进行普通双面 PCB 绘制时，一般仅需要完成顶层、底层、顶层丝印层、底层丝印层和禁止布线层这几个层的绘制。如果绘制的是多层板，虽然多层板没有具体的层数限制，但一般做成偶数层，且层数越多，对设计人员的要求越高。绘制时则须根据具体的设计要求增加电源层、地层、中间各信号层的绘制。

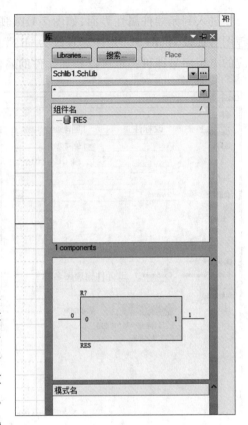

图 7.1.15　查看元件原理图

图 7.1.16　PCB 元件编辑状态

先选择顶层丝印层"Top overlay",进行元件的外形绘制。点击【放置】→【走线】菜单命令,如图 7.1.17 所示。

图 7.1.17　放置走线

可以通过鼠标滚轮放大视图区域,按照实际的大小,绘制出一个电阻。可以通过按键盘上的〈Tab〉键,在弹出的"线约束"对话框中改变相关属性,如图 7.1.18 所示。

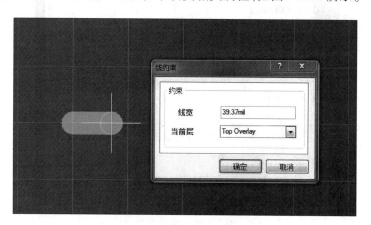

图 7.1.18　"线约束"对话框

如果想进行"mil"和"mm"两种单位的切换,按键盘上的〈Q〉键即可。

在绘制好以后,可以通过按键盘上的〈M〉键,测量画的尺寸是否正确,如图 7.1.19 所示。

然后,在电阻躯干两边放置焊盘,焊盘就是一个孔,用于焊接直插电阻元件,点击【放置】→【焊盘】菜单命令即可,如图 7.1.20 所示。

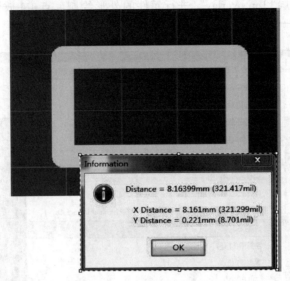

图 7.1.19 元件 PCB 轮廓测量

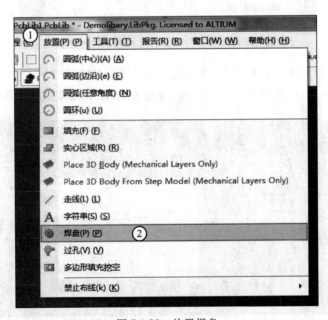

图 7.1.20 放置焊盘

在放置焊盘过程中,通过按下键盘上的〈Tab〉键,弹出"焊盘[mm]"对话框,可以进行对焊盘的一些属性进行更改,如图 7.1.21 所示。

属性改好之后,把焊盘放置到电阻躯干的两端即可,如图 7.1.22 所示。

然后对元件 PCB 属性进行更改,"名称"可改为常用的"RES","高度"可以不作限制,如图 7.1.23 所示。

焊盘 [mm]

Top Layer / Bottom Layer / Top Paste / Bottom Paste / Top Solder / Bottom Solder / Multi-Layer /

位置

X	7.747mm
Y	7.747mm
旋转	0.000

尺寸和外形

◉ 简单的 ○ 顶层－中间层－底层 ○ 完成堆栈

X－Size | Y－Size | 外形 | 角半径(%)
2mm | 2mm | Round ▼ | 50%

本处是焊盘的外形大小

[编辑全部焊盘层定义...]

孔洞信息

通孔尺寸 | 1mm
◉ 圆形(R)   本处是过孔的大小
○ 正方形
○ 槽

粘贴掩饰扩充

◉ 按规则扩充值
○ 指定扩充值 0mm

道具

设计者	0 本处是引脚号，要与元件原理图中的序号对应
层	Multi-Layer ▼
网络	No Net ▼
电气类型	Load ▼
测试点	□ 置顶 □ 置底
镀金的	☑
锁定	□
Jumper ID	0 ⬍

阻焊层扩展

◉ 按规则扩充值
○ 指定扩充值 0.1016mm
□ 强迫完成顶部隆起
□ 强迫完成底部隆起

[确定] [取消]

图 7.1.21 "焊盘[mm]"对话框

图 7.1.22 放置焊盘

图 7.1.23　修改库元件参数

保存之后,就可以在对话框右边"库"列表中看到该 PCB 元件。一个电阻的元件 PCB 已经绘制完成。对于其他元件,如晶振和电容,其绘制方法类似。

7.1.2　绘制 89C52 系列单片机芯片

在绘制 89C52 系列单片机芯片这样的 IC 元件时,首先要找到其对应型号的数据手册。该元件的数据手册在官方网站可以下载得到。下载数据手册后,需要找到对应的引脚说明和封装尺寸图,通过利用官方提供的引脚说明进行元件原理图的绘制,通过封装尺寸图进行元件 PCB 的绘制。89C52 系列单片机的引脚说明见表 7-1-1,其封装尺寸如图 7.1.24 所示。

表 7-1-1　89C52 系列单片机的引脚说明

引脚	引脚编号			说明	
	LQFP44 PQFP44	PDIP40	PLCC44		
P0.0-P0.7	37-30	39-32	43-36	P0:P0 口既可作为输入/输出端口,也可作为地址/数据复用总线使用。当 P0 口作为输入/输出端口时,P0 是一个 8 位准双向口,上电复位后处于开漏模式。P0 口内部无上拉电阻,所以作 I/O 必须外接 4.7~10 kΩ 的上拉电阻,当 P0 作为地址/数据复用总线使用时,是低 8 位地址线[A0-A7],数据线[D0-D7],此时无需外接上拉电阻	
P1.0/T2	40	1	2	P1.0	标准 I/O 口　PORT1[0]
				T2	定时器/计数器 2 的外部输入
P1.1/T2EX	41	2	3	P1.1	标准 I/O 口　PORT1[1]
				T2EX	定时器/计数器 2 捕捉/重装方式的触发控制
P1.2	42	3	4	标准 I/O 口　PORT1[2]	
P1.3	43	4	5	标准 I/O 口　PORT1[3]	

引脚	引脚编号			说明
	LQFP44 PQFP44	PDIP40	PLCC44	
P1.4	44	5	6	标准 I/O 口 PORT1[4]
P1.5	1	6	7	标准 I/O 口 PORT1[5]
P1.6	2	7	8	标准 I/O 口 PORT1[6]
P1.7	3	8	9	标准 I/O 口 PORT1[7]
P2.0~P2.7	18-25	21-28	24-31	Port2:P2 口内部有上拉电阻,既可作为输入/输出端口,也可作为高 8 位地址总线使用(A8—A15)。当 P2 口作为输入/输出端口时,P2 是一个 8 位准双向口
P3.0/RxD	5	10	11	P3.0 标准 I/O 口 PORT3[0] RxD 串口 1 数据接收端
P3.1/TxD	7	11	13	P3.1 标准 I/O 口 PORT3[1] TxD 串口 1 数据发送端

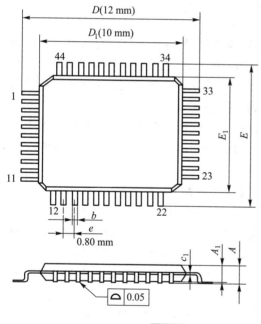

元件尺寸表   mm

相关量	最小值	一般值	最大值
A	–	–	1.60
A_1	0.05	–	0.15
A_2	1.35	1.40	1.45
c_1	0.09	–	0.16
D		12.00	
D_1		10.00	
E		12.00	
E_1		10.00	
e		0.80	
b	0.25	0.30	0.35
L	0.45	0.60	0.75
L_1		1.00	
θ	0°	3.5°	7°

图 7.1.24   89C52 系列单片机的封装尺寸图

表 7-1-1 列出了元件上的各个引脚编号，以及对应的使用说明。在绘制元件原理图时，首先确定对应封装形式下的引脚编号，进行绘制。对于 89C52 系列单片机，常见的封装形式有 LQFP44（方形扁平封装 44 引脚）、PQFP44（塑料方形扁平封装 44 引脚）、PDIP40（双列直插式封装 40 引脚）、PLCC44（无引脚方形 44 引脚）。现以 LQFP44 封装形式为例，对 89C52 系列单片机的元件原理图以及元件 PCB 的绘制进行介绍。

首先是元件原理图的绘制，由于采用 LQFP44 封装形式，因此需要在原理图上将对应的 44 个引脚分别绘制出来。与绘制电阻类似，第一步依然是放置一个大小合适的矩形。在上文绘制电阻原理图时已经说明，元件原理图不需要绘制成实际的尺寸大小，只需将引脚编号绘制正确即可。为了便于引脚的放置，一般习惯将 89C52 单片机元件原理图绘制成长方形，并在左右对应的两个长边上各放置 22 个引脚，如图 7.1.25 所示。

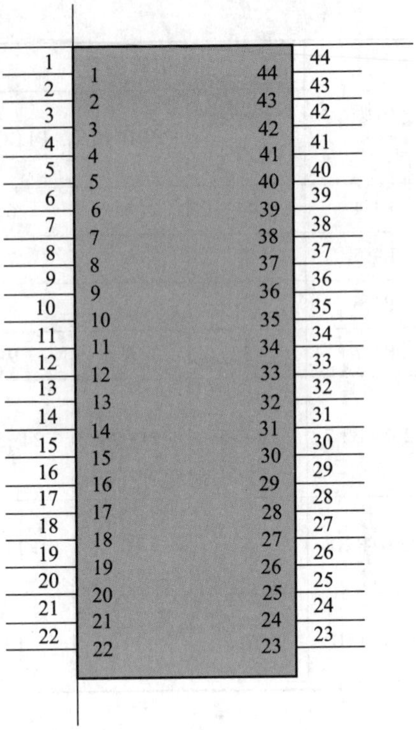

图 7.1.25　在元件两侧放置引脚

在放置引脚时，一定要注意将"热点"端朝向外侧放置，这样才可以与其他元件进行电气连接。在放置好引脚之后，要将每个引脚依次选中并双击，会弹出该引脚的"Pin 特性"对话框，根据数据手册中的引脚说明，把每个引脚的显示名字改成产品数据手册上对应的引脚名称。以引脚 1 为例，"Pin 特性"对话框的修改情况如图 7.1.26 所示。

按照此方法，参照数据手册上的引脚说明，将 44 个引脚分别进行引脚特性修改。主要的更改内容是名称和引脚号，也可以设定每个引脚的电气类型。更改结束后的 89C52 系列单片机原理图如图 7.1.27 所示。

当 44 个引脚均修改完成后，点击【工具】→【器件属性】菜单命令，进入元器件属性界面，设置元件原理图名称和元件标号，元件的原理图名称改为"89C52"，元件标号改为"U?"。这样，在进行电路图绘制时，直接将"?"改为对应的单片机序号即可。保存后，就可以在对话框右边的"库"列表中查看到绘制好的 89C52 元件原理图了，如图 7.1.28 所示。

在绘制好 89C52 系列单片机元件原理图后，就可以绘制 89C52 的元件 PCB 了。首先切换到 PCB 元件编辑状态。

当然，对于 89C52 系列单片机这类的元件 PCB 绘制，也可以按照绘制电阻元件 PCB 时实际测量出元件各部分的大小进行绘制。但是由于 89C52 系列单片机元件的引脚过多，而且 LQFP44 封装形式中各个引脚间距很小，若直接对每一个引脚进行绘制，不仅难度很大，而且容易出错。针对该情况，Altium Desinger 提供了 IPC 封装向导功能，使用该功能，可以方便而且准确地绘制出 IC 芯片的元件 PCB。点击【工具】→【IPC 封装向导】菜单命令，会弹出向导对话框，如图 7.1.29 所示。

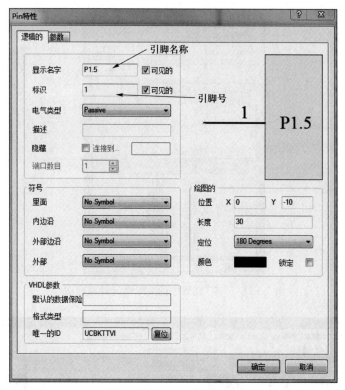

图 7.1.26　以引脚 1 为例,"Pin 特性"对话框的修改情况

1	P1.5	P1.4	44
2	P1.6	P1.3	43
3	P1.7	P1.2	42
4	RST	P1.1	41
5	P3.0	P1.0	40
6	P4.3	P4.2	39
7	P3.1	VCC	38
8	P3.2	P0.0	37
9	P3.3	P0.1	36
10	P3.4	P0.2	35
11	P3.5	P0.3	34
12	P3.6	P0.4	33
13	P3.7	P0.5	32
14	XTAL2	P0.6	31
15	XTAL1	P0.7	30
16	GND	P4.6	29
17	P4.0	P4.1	28
18	P2.0	P4.5	27
19	P2.1	P4.4	26
20	P2.2	P2.7	25
21	P2.3	P2.6	24
22	P2.4	P2.5	23

图 7.1.27　更改结束后的 89C52 系列单片机原理图

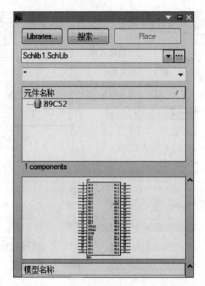

图 7.1.28　"库"列表中的 89C52 元件原理图

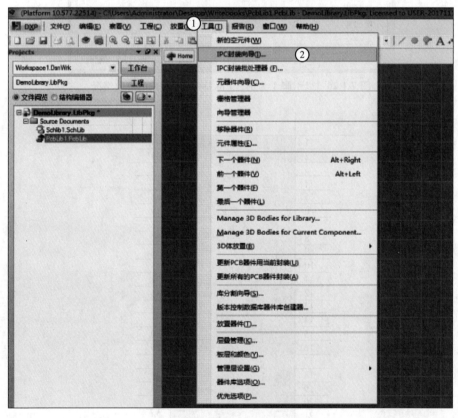

图 7.1.29　打开 IPC 封装向导

点击【下一步】按钮,在"元件类型"列表中选择"LQFP"。注意,有的 Altium Designer 版本中没有"LQFP"这种封装类型,此时应选择与其相近的封装类型,在此选择"CQFP"代替

"LQFP",如图 7.1.30 所示。选择完成后,点击【下一步】按钮。

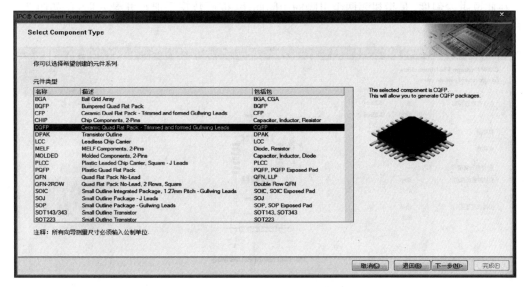

图 7.1.30 选择 CQFP 封装

在弹出的对话框中需要输入 89C52 元件的各个属性,如体积大小,引脚个数等参量,这些参量在数据手册的封装尺寸图可以找到,按照官方提供的数据进行数据的录入即可。

以 89C52 系列单片机 LQFP44 封装尺寸为例,需要将"体范围"选项的"最大"和"最小"都修改为"10 mm","最大高度"选项,也就是元件厚度改为"1.6 mm","最小远离高度"改为"0.05 mm"即可。在录入数据时,应先查看数据手册上的封装尺寸,以找到对应的数据,并要注意看对应的标号,如 A、A1、D1 等要与中间示意图上的位置对应起来,如图 7.1.31 所示。

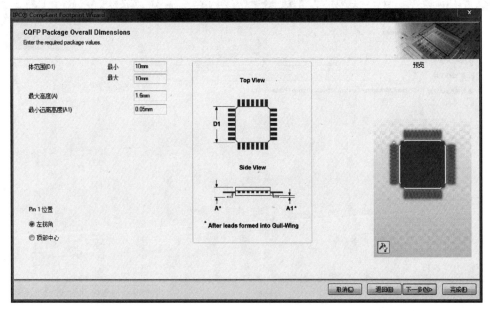

图 7.1.31 录入数据对话框 1

录入完成后,点击【下一步】按钮。在此对话框中,需要录入引脚宽度、斜度、引脚个数等信息,在此说明,"斜度"是指相邻两个引脚的中间间距,按照数据手册尺寸录入即可,如图 7.1.32 所示。

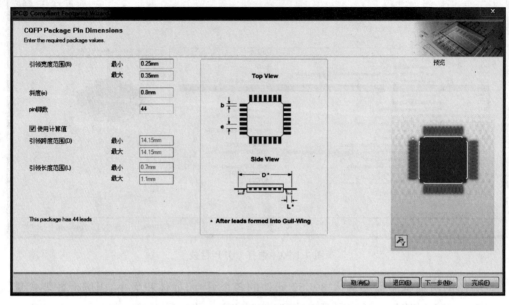

图 7.1.32   录入数据对话框 2

录入数据完成后,点击【下一步】按钮,后面出现的对话框信息可以根据具体需要进行更改,如果没有特殊要求,保持默认数据即可。最后出现提示保存文件的对话框,点击【完成】按钮,即可完成 89C52 系列单片机元件 PCB 的绘制,如图 7.1.33 所示。

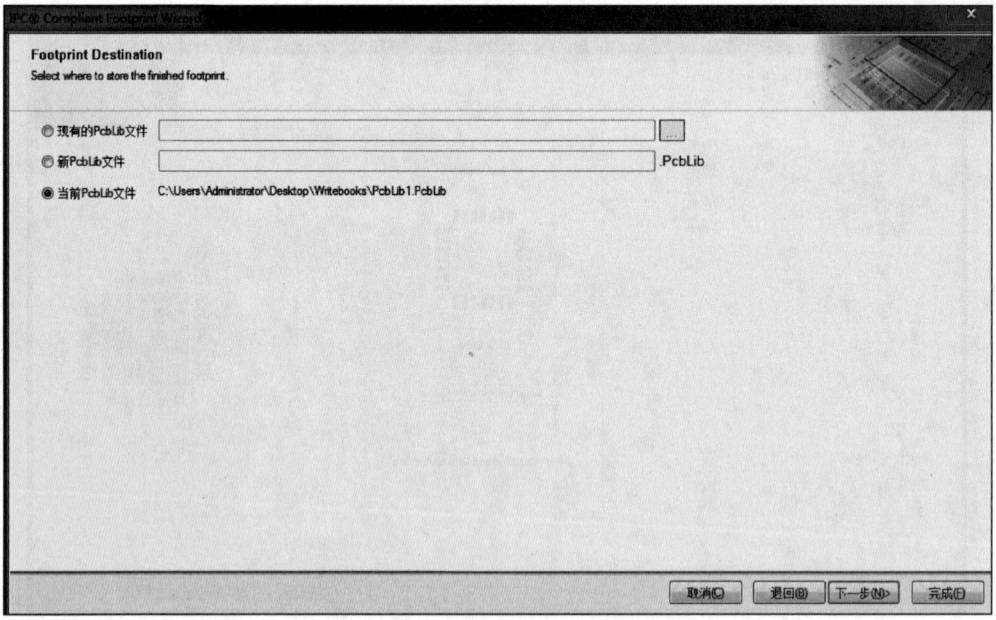

图 7.1.33   保存 89C52 系列单片机元件 PCB

　　保存后,可以在当前界面看到绘制好的元件 PCB。因为该元件严格按照元件官方数据手册要求进行绘制,所以绘制后的封装可以直接应用,如图 7.1.34 所示。

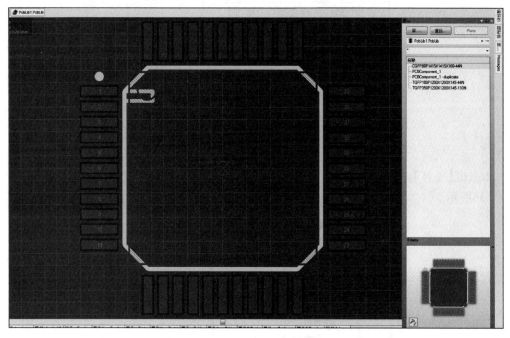

图 7.1.34　保存元件 PCB

　　点击【工具】→【元件属性】菜单命令,修改 PCB 库元件的"名称"为"89C52",单击"确定"按钮保存,如图 7.1.35 所示。至此,一个 89C52 系列单片机的元件 PCB 绘制完成,其他元件的绘制原理与之类似,在此不再介绍。

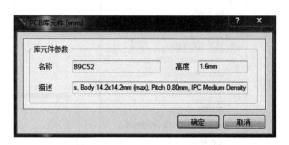

图 7.1.35　修改元件 PCB 名称

7.1.3　生成元件集成库

　　元件集成库是将多个元件的原理图和元件 PCB 一一对应,生成的集成库。在绘制 PCB时,只需要将该集成库导入,在选择到对应的元件时,不仅可以看到该元件的原理图,还可以看到对应的元件 PCB 封装图,更便于电路图的绘制。

　　以下是生成集成库的步骤:

　　1. 点击对话框左侧边栏中的"Schlib1.Schlib"选项,页面切换到绘制元件原理图的界面,如图 7.1.36 所示。

图 7.1.36 切换到绘制元件原理图的界面

2. 点击【工具】→【模式管理】菜单命令,进入"模式管理器"对话框,如图 7.1.37 和图 7.1.38所示。

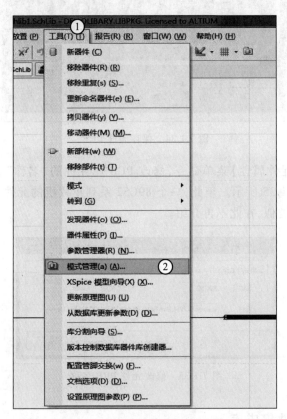

图 7.1.37 【模式管理】菜单命令

在该对话框中可以看到,"RES"和"80C52"是上文生成的元件原理图,另外的"CAP""XTAL"和"KEY"是按照上文的步骤绘制的电容、晶振和按键原理图。

点击对话框左侧"RES"选项,点击"Add Footprint"按钮,在弹出的"PCB 模型"对话框中"名称"栏填写"RES",可以看到下面的界面自动显示出对应的元件 PCB 封装图,该封装图

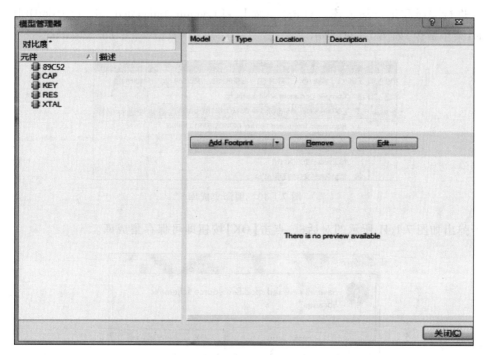

图 7.1.38 查看对应模型

即是先前绘制的元件 PCB,如图 7.1.39 所示。其余的元件依次按该步骤添加封装,添加完毕后即可关闭"模型管理器"对话框。

图 7.1.39 填写 PCB 模型

3. 进行编译和生产集成库。点击【工程】→【Compile Integrated Library DEMOLIBARY. LIBPK】菜单命令,如图 7.1.40 所示。

图 7.1.40 编译集成库

若弹出如图 7.1.41 所示的对话框,点击【OK】按钮即可保存集成库。

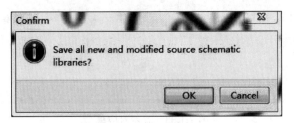

图 7.1.41 保存集成库

此时,可以在对话框右侧"库"列表中看到之前所做的集成库;也可以在保存工程路径中找到"Project Outputs for DEMOLIBARY"文件夹,该文件夹中保存了之前生成的集成库文件,可以拿来复制到其他地方使用,如图 7.1.42 所示。

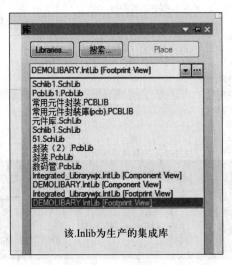

图 7.1.42 查看集成库

在"库"列表下的第一个选项中,选择".Inlib【Component View】"可以在查看元件原理图的同时,查看元件 PCB。而选择".Inlib【Footprint View】",仅仅可以查看到元件 PCB,如

图 7.1.43 所示。

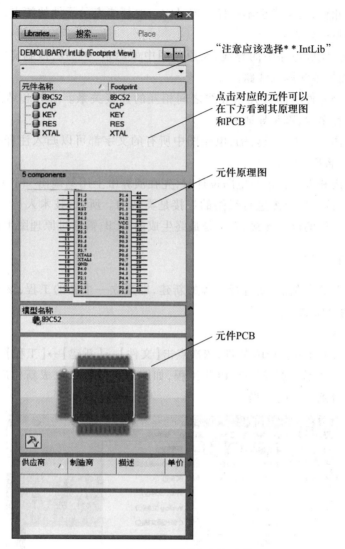

"注意应该选择＊＊.IntLib"

点击对应的元件可以
在下方看到其原理图
和PCB

元件原理图

元件PCB

图 7.1.43 查看集成库中的元件

使用上述方法,在进行电路图的绘制时,就可以直接使用该集成库了。

7.2 原理图的绘制

在做好元件集成库后,就可以进行原理图的绘制了。当然,也可以直接使用软件自带的标准库或者从网上下载的集成库进行原理图的绘制。所谓原理图,是指能够表示元件的电气连接的工程图样。它直接体现了电子电路的结构和工作原理,因此一般用于设计和分析电路。分析电路时,通过识别图纸上所画的各种电路元件符号以及它们之间的连接方式,就可以了解电路实际工作时的原理,所以原理图就是用来体现电子电路的工作原理的一种工具。原理图主要由元件符号、连线、结点、注释等几部分组成。

元件符号表示实际电路中的元件,即类似之前做的原理图库中的元件。它的形状与实际的元件不一定相似,甚至完全不一样。但是它一般都能表示元件的特点,而且引脚的数目和实际元件应保持一致。

连线表示的是实际电路中的导线,在原理图中虽然是一根线,但到实际 PCB 图中就会转换成飞线,从而形成实际的线路。

结点表示几个元件引脚或几条导线之间相互的连接关系。所有和结点相连的元件引脚、导线,不论数目多少,都是导通的。

注释在电路图中是十分重要的,电路图中所有的文字都可以归入注释类。它们被用来说明元件的型号、名称等。

原理图的作用和人们在进行电路设计时,先在演算纸上用笔画出一个大概的电路图,然后在焊接电路时,按照这个图进行线路的焊接是类似的。所以,技术人员一定要注意,原理图只是为了表示元件的电气连接,而不是最终生成的 PCB,需通过原理图生成 PCB。

7.2.1　新建工程

在进行原理图的绘制前,要进行工程的新建,即建立一个新的工程,该工程下一般包括原理图和 PCB 两个绘制文件。

1. 新建工程步骤

(1) 打开 Altium Designer10 软件,依次点击【文件】→【新建】→【工程】→【PCB 工程】菜单命令,如图 7.2.1 所示。新建一个 PCB 工程,如图 7.2.2 所示,完成新建后,可在对话框左侧工程浏览栏中看到新建的工程。

图 7.2.1　新建 PCB 工程

图 7.2.2 选择 PCB 工程

可以将该工程自定义地保存在相应文件夹中，右键单击该工程，在弹出的菜单中选择【保存工程为】，如图 7.2.3 所示。在"文件名"栏中修改工程的名称，这里将其名称改为"newpro"，并将其保存到桌面上新建的文件夹"demo_pcb"中，如图 7.2.4 所示。

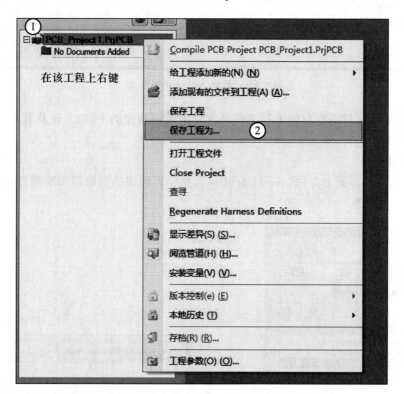

图 7.2.3 将 PCB 工程自定义地保存在相应文件夹中

（2）新建原理图并保存，依次点击【文件】→【新建】→【原理图】菜单命令，自定义文件名和存储路径，并保存。其方法与上面新建工程类似。

（3）新建 PCB 并保存，依次点击【文件】→【新建】→【PCB】菜单命令，自定义文件名和存储路径，并保存。其方法与上面新建工程类似。

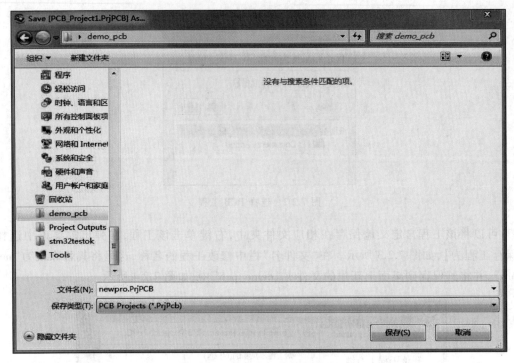

图 7.2.4   自定义保存 PCB 工程

这样,就可以在对话框左侧工程文件浏览栏中看到新建的 PCB 工程及其原理图文件和 PCB 文件了,如图 7.2.5 所示。

2. 原理图绘制

(1)点击操作界面上方的"sheet1.SchDoc",操作界面切换到原理图绘制界面,如图 7.2.6 所示。

图 7.2.5   查看 PCB 工程中文件

图 7.2.6   原理图绘制界面切换

(2)在右侧"库"列表中,找到之前绘制的集成库,如图 7.2.7 所示。注意,应选择对应的 "【Component View】"后缀文件,这样可以在看到元件原理图的同时看到元件 PCB。

(3)选择元件"89C52"并双击,即可以在原理图绘制界面拖动它,将 89C52 单片机元件原理图拖动到合适位置后,点击鼠标左键就可以完成放置,如图 7.2.8 所示。

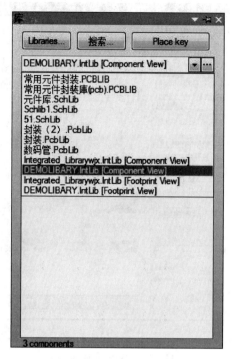

图 7.2.7　选择元件集成库

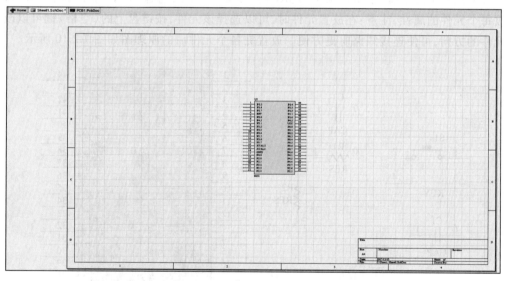

图 7.2.8　拖动单片机元件原理图

（4）双击该元件，就会弹出组件道具对话框，在这里可以更改元件属性，也可查看封装和决定是否显示名称和标号等。这里将"Designator"改为"U1"，表示该元件为集成元件 1，如图 7.2.9 所示。也可以先不更改，等原理图绘制完成后统一对所有元件按规则进行编号。

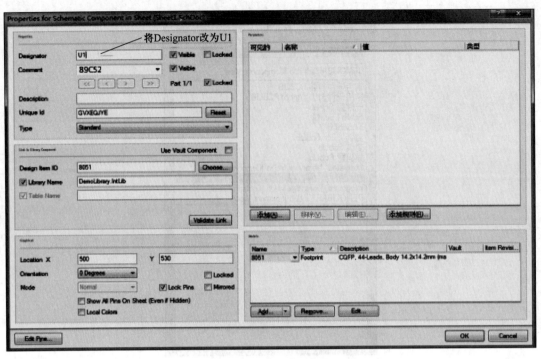

图 7.2.9　编辑元件属性

（5）按照上述步骤,依次添加按键（KEY）、电阻（RES）、电容（CAP）和晶振（XTAL）,并修改每个元件的属性,注意:在放置元件时,可以选择该元件,按键盘上的〈空格〉键可以改变该元件的方向,可使连接线路时更方便。放置完各个元件后的原理图如图 7.2.10 所示。

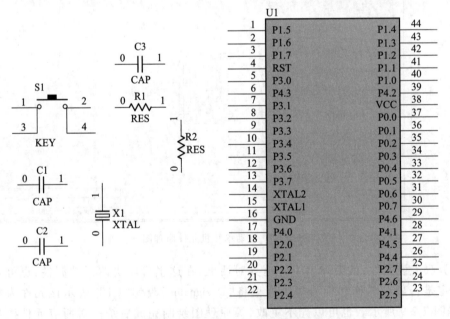

图 7.2.10　放置完各个元件后的原理图

（6）进行电气连接。点击【放置】→【线】菜单命令,鼠标变成十字形,然后即可按照电路要求将对应的引脚用导线连接起来。连接完成后,如图7.2.11所示。

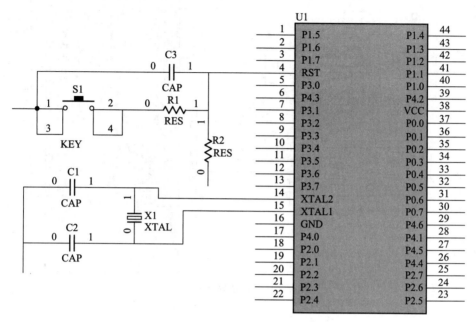

图7.2.11 连接走线

由于本电路的连线比较简单,直接采用引线进行连接即可。如果线路比较复杂,可以采用网络标号的方法进行电路的连接,网络标号相同即视为电气连接。

注意:引脚连接时,对应的引脚在被引线连接成功后会出现一个小"×",表示连接成功。在放置走线时,如果觉得电路图可视区域范围不合适,可以在按下〈Ctrl〉键的同时滚动鼠标中间的滚轮进行放大或缩小。

（7）放置电源端口"VCC"和"GND",通过点击【放置】→【电源端口】菜单命令,或通过快捷菜单栏直接放置。在放置过程中,可以通过〈Tab〉键更改属性,或通过〈空格〉键更改放置方向。放置好"VCC"和"GND"后,要用引线进行连接,连接好的原理图如图7.2.12所示。

到此,一个简单的原理图就绘制完成了,点击"保存"按钮即可。需要说明的是,这只是一个简单的原理图的绘制过程,在实际工程中,可能需要绘制更复杂的原理图,但是原理都是相同的。

7.2.2 错误检查及生成PCB

原理图绘制完成后,点击【工程】→【Compile Document * .SCHDOC】菜单命令(其中" * "为原理图的文件名)进行编译查错。当电路图有错误时,系统会自动弹出"messages"信息框,发布错误和警告的信息提示,双击提示,系统自动将视图定位到原理图上的错误之处,方便用户改正。如果检查没有错误,就可以由原理图生成PCB了。点击【设计】→【Update PCB Document * .PcbDoc】,如图7.2.13所示,弹出工程更改的清单,如图7.2.14所示。

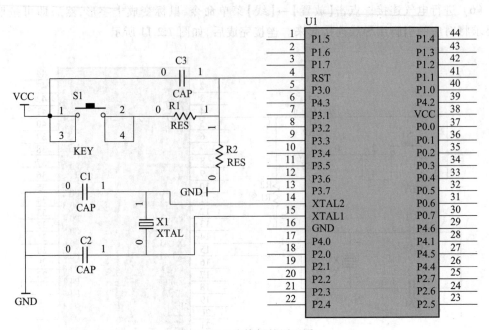

图 7.2.12　连接好的原理图

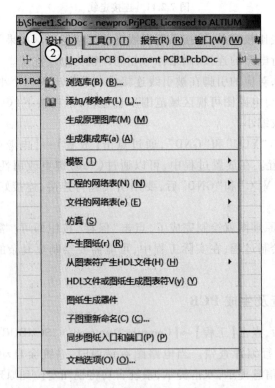

图 7.2.13　原理图生成 PCB

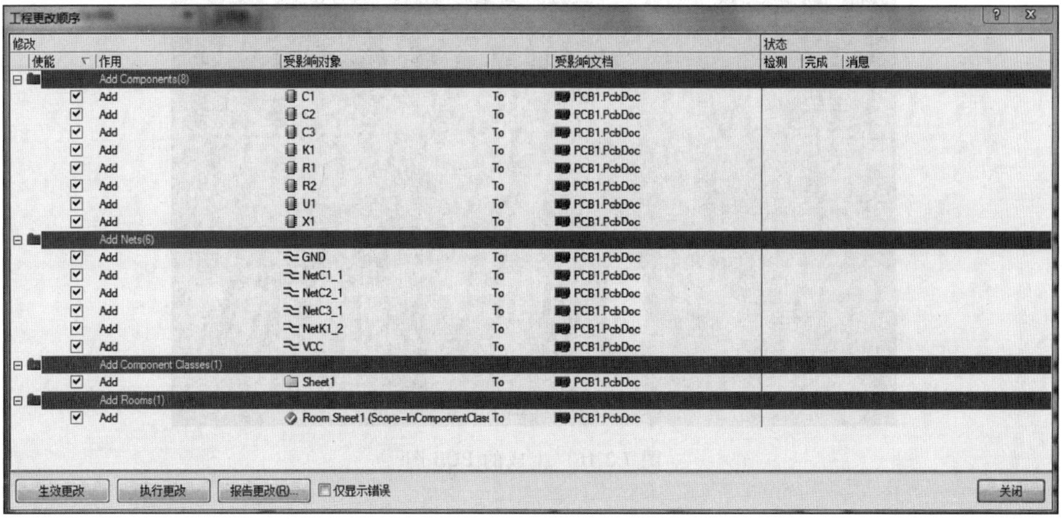

图 7.2.14　工程变更的清单

在对话框中点击"执行更改"按钮,执行更改的过程就是错误检查的过程,可以看到"状况"一列中都是对号,表示无错误,如图 7.2.15 所示。有红叉显示的地方,表示有错误,此时通过查看对应的"受影响对象",例如元件缺少封装,元件没有正确编号等。这些问题只需要到原理图编辑器中进行相应更改。在确保没有错误的情况下,依次点击"使更改生效"和"关闭"按钮。

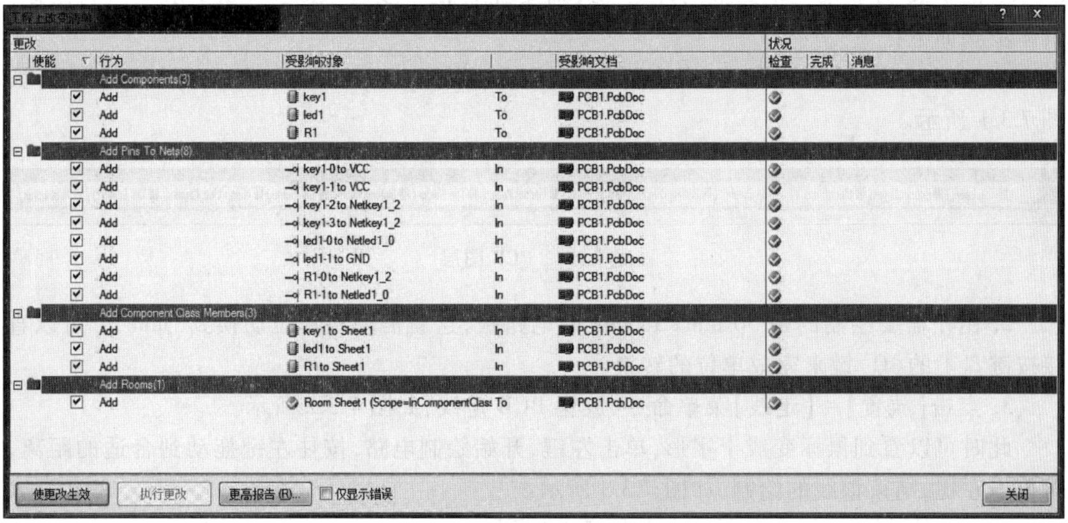

图 7.2.15　使更改生效

此时,原理图编辑界面已经自动转换为 PCB 编辑界面,生成的 PCB 图如图 7.2.16 所示。

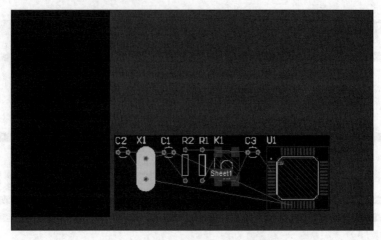

图 7.2.16　生成的 PCB 图

7.3　PCB 图绘制

7.3.1　绘制 PCB 外轮廓

在生成 PCB 图后,首先对元件进行放置。放置元件时要先确定 PCB 的板子尺寸,然后进行布局。比如,实际生产的 PCB 尺寸是 50 mm×50 mm。这时需要先绘制出一个 50 mm×50 mm 的 PCB 外轮廓。电路板的外轮廓线需要在禁止布线层"Keep-Out Layer"进行绘制。具体步骤如下:

1. 在 PCB 绘制操作界面,点击界面下方的层按钮,切换到"Keep-Out Layer"层,如图 7.3.1 所示。

图 7.3.1　PCB 图层

2. 由于需要绘制的是 50 mm×50 mm 的电路板,这就需要将单位切换到"mm"。可以直接按键盘上的〈Q〉键来完成单位的转换。

3. 点击【放置】→【走线】菜单命令,放置 PCB 走线,如图 7.3.2 所示。

此时可以看到鼠标变成十字形,单击左键,开始绘制电路,按住左键拖动到合适的距离,再单击左键,结束该线的绘制,如图 7.3.3 所示。

双击此线,弹出"轨迹"对话框,如图 7.3.4 所示。

在该对话框中可以修改走线的起始和终点坐标、线宽、走线所在的层及走线要连接到的网络。可以设置成起始坐标"X:10mm,Y:10mm",终点坐标"X:60 mm(= 10 mm+50 mm),Y:10 mm",宽度"1 mm"保持不变即可。这样就可以得到一条起点坐标为(10,10),长度为 50 mm 的线了。通过相同的方法,设置走线的起点坐标和终点坐标,即可以绘制出一个 50 mm×50 mm 的正方形 PCB 轮廓了,如图 7.3.5 所示。

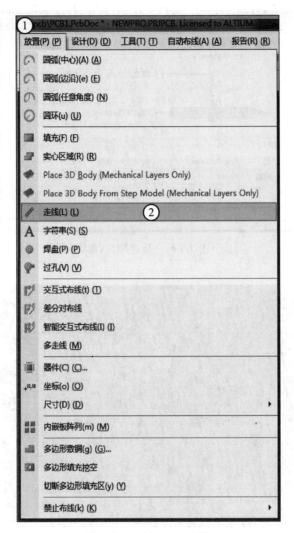

图 7.3.2 放置 PCB 走线

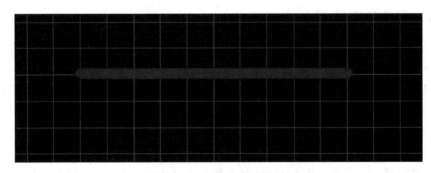

图 7.3.3 PCB 走线的绘制

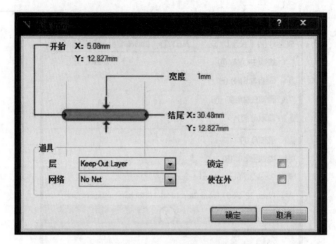

图 7.3.4　"轨迹"对话框

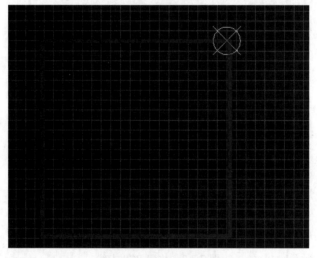

图 7.3.5　绘制 PCB 轮廓

7.3.2　元件的布局

拖动元件到 PCB 外轮廓区域内,进行摆放和布局。对于初始由原理图导入到 PCB 的元件,会有一个红色的背景,即设定的 room,选中该背景即可将所有元件进行拖动。拖动完成后,按〈Delete〉键,将其删除即可。根据实际需要,将元件摆放整齐。这里可以选择自动布局或者手动布局。但限于软件的智能化水平,由软件自动布局的效果一般都很差,所以元件布局一般采用手动方式。选中对应的元件,进行拖动即可摆放。而且,选中某个元件时,可以按〈空格〉键对该元件进行旋转,按〈X〉和〈Y〉键进行左右和上下的互换。拖动到合适位置后,松开左键即可完成放置。拖动时,可以看到一条条的线连接着元件的引脚,该线即为飞线,它表示设计的线路连接方式。因为在进行元件的布局时,看清飞线走向可以合理地选择元件放置位置,防止出现线路过长、过多的线路交叉等情况。为之后的布线打好基础。布局完成的 PCB 图如图 7.3.6 所示。

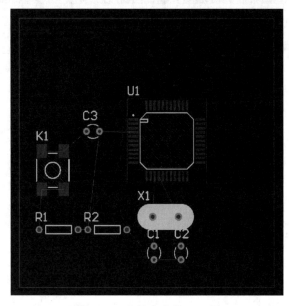

图 7.3.6　布局完成的 PCB 图

7.3.3　设置布线规则

在进行布线前,要先设置布线规则。一般需要设置的布线规则有线与过孔的最小间隔、线宽、拐角度数、过孔大小等。设置了布线规则后,若采用自动布线,系统会自行遵守规则进行布线,而当采用手动布线时,如果设计人员没有按照规则要求进行绘图,软件会进行提示,以提醒设计人员作出修改。现对这四类常用的布线规则作简要说明:

1. 线与过孔的最小间隔

线与过孔的最小间隔是指过孔距离走线的距离设置。它一般受限于加工工艺和 PCB 抗高频干扰的要求。具体间隔大小需要设计人员在设计时做好计算。

点击【设计】→【规则】菜单命令,如图 7.3.7 所示,会弹出"PCB 规则及约束编辑器"对话框,在对话框左侧菜单依次展开"Design Rules""Electrial""Clearance"列表,选择"Clearance"选项,可以看到在对话框的右侧显示出"约束"项及"最小间隔"选项,修改其中的数值即可设置线与过孔的最小间隔,修改时一定要注意单位,如图 7.3.8 所示。

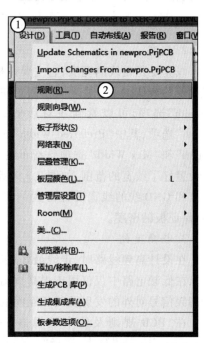

图 7.3.7　设计器件规则

图 7.3.8　修改焊盘导线间距

2. 线宽

线宽是指走线的宽度,它主要是根据是否有大电流通过等条件来进行设置的。在"PCB规则及约束编辑器"对话框左侧菜单依次展开"Design Rules""Routing""Width"列表选择"Width"选项,可以看到在对话框的右侧显示出"Preferred Width""Min Width"和"Max Width"选项,其中"Preferred Width"选项表示优先布线宽度的选择,也就是默认的线宽,"Min Width"和"Max Width"选项是指布线时的最小宽度和最大宽度,设置好这两个选项也就相当于设置好了线宽的范围,如图7.3.9所示。用户可以根据需要,修改对应的数值。一般将电源线和GND线的线宽设置得大一些,用于防止电流过大等情况。信号线宽度设置得小一些,保证板的密度。

3. 拐角度数

在设计高频线路时,走线最好采用全直线,需要转折,可用45°折线或者圆弧转折。这种要求在低频电路中仅仅用于提高铜箔的固着强度,而在高频电路中,满足这一要求则可以减少高频信号对外的发射及其相互间的耦合。

在"PCB规则及约束编辑器"对话框左侧菜单依次展开"Design Rules""Routing""Routing Conners"列表,选择"Routing Conners"选项,可以在对话框右侧看到"约束"区域下的"45 Degrees",在此可以根据设计要求修改折线角度,如图7.3.10所示。

图 7.3.9 修改线宽约束

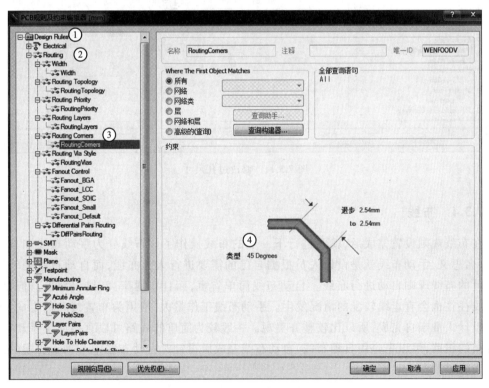

图 7.3.10 修改拐角度数

4. 过孔大小

过孔的作用主要是使双层板两面线路能够通过过孔实现电气连接。如果过孔太小，对于一些由工艺技术较低的生产厂家生产的 PCB，打孔过程中会出现较大的误差，同时给过孔的镀铜带来一定难度。但过孔过大也会使 PCB 面积增大，不利于小型化。一般在设计 PCB 电路时，将最小的过孔直径设计成 0.3 mm，最大为 0.7 mm。这样的过孔大小对于一般的工厂而言都可以进行加工生产。修改过孔尺寸如图 7.3.11 所示。

图 7.3.11 修改过孔尺寸

7.3.4 布线

在布线规则设置完成后，就要进行下一步的布线操作了。布线分为手动布线和自动布线，顾名思义，手动布线就是设计人员根据自己的需要进行人为布线，而自动布线是软件根据设计的布线规则自动进行布线。自动布线简单省事，而且布通率高、错误率低。但是，自动布线往往也会有走线较乱的情况发生。手动布线工作量大，但因为布置线路的走向、角度等由设计人员亲自完成，所以比较整齐美观。一般较为简单的线路可以直接应用手动布线。而复杂的线路，可以先应用自动布线，自动布线完成后再针对自动布线中个别不美观的线路进行人工修改。

1. 自动布线

在 PCB 操作界面,点击【布线】→【全部】菜单命令,如图 7.3.12 所示,会弹出"Situs 布线策略"对话框。

当然也可以不选择"全部",只针对某一网络、网络类、区域等进行自动布线。这样的话只有被选择的项目或内容才会布线,没有被选择到的仍旧是以飞线形式连接,需要继续自动布线或手工布线。在"Situs 布线策略"对话框中,可以修改和编辑走线规则,当然,之前已经设置好了布线的规则,在这里就无需修改,直接采用默认设置就可以了,如图 7.3.13 所示。

图 7.3.12 全部自动布线

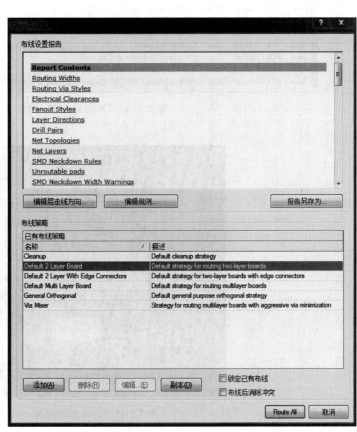

图 7.3.13 "Situs 布线策略"对话框

点击"Route All"按钮,开始自动布线,可以看到在弹出的"Messages"消息框中,有每一步布线的信息。当最后一句消息显示为"Routing finshed with 0 Contentions(s).Failed to complete 0 connection⋯",表面自动布线成功,如图 7.3.14 所示。至此,所有线路完全连接完毕。

图 7.3.15 即为自动布线的结果,扫描二维码看彩色图可以看到布线的颜色有蓝有红,红色表示布线位于顶层,蓝色表示布线位于底层,因为在布线策略里默认的布线规则是双层板。但对于这种较为简单的电路来说,只需要在一面布线即可,最终可以做成单面板。

Class	Document	Source	Message	Time	Date	No.
Situs...	PCB1.PcbDoc	Situs	Routing Started	16:46:57	2017/11...	1
Routi...	PCB1.PcbDoc	Situs	Creating topology map	16:46:57	2017/11...	2
Situs...	PCB1.PcbDoc	Situs	Starting Fan out to Plane	16:46:57	2017/11...	3
Situs...	PCB1.PcbDoc	Situs	Completed Fan out to Plane in 0 Seconds	16:46:57	2017/11...	4
Situs...	PCB1.PcbDoc	Situs	Starting Memory	16:46:57	2017/11...	5
Situs...	PCB1.PcbDoc	Situs	Completed Memory in 0 Seconds	16:46:57	2017/11...	6
Situs...	PCB1.PcbDoc	Situs	Starting Layer Patterns	16:46:57	2017/11...	7
Situs...	PCB1.PcbDoc	Situs	Completed Layer Patterns in 0 Seconds	16:46:57	2017/11...	8
Situs...	PCB1.PcbDoc	Situs	Starting Main	16:46:57	2017/11...	9
Routi...	PCB1.PcbDoc	Situs	Calculating Board Density	16:46:57	2017/11...	10
Situs...	PCB1.PcbDoc	Situs	Completed Main in 0 Seconds	16:46:57	2017/11...	11
Situs...	PCB1.PcbDoc	Situs	Starting Completion	16:46:57	2017/11...	12
Situs...	PCB1.PcbDoc	Situs	Completed Completion in 0 Seconds	16:46:57	2017/11...	13
Situs...	PCB1.PcbDoc	Situs	Starting Straighten	16:46:57	2017/11...	14
Situs...	PCB1.PcbDoc	Situs	Completed Straighten in 0 Seconds	16:46:57	2017/11...	15
Routi...	PCB1.PcbDoc	Situs	4 of 4 connections routed (100.00%) in 0 Seconds	16:46:57	2017/11...	16
Situs...	PCB1.PcbDoc	Situs	Routing finished with 0 contentions(s). Failed to complete 0 connection...	16:46:57	2017/11...	17

图 7.3.14　"Messages"消息框

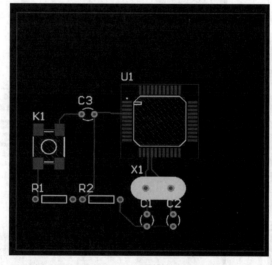

图 7.3.15　自动布线结果

2. 手动布线

手动布线较为自由,设计人员可以根据自己的经验进行布线。当然,对于初学者来说,需注意在 PCB 同一层,走线的方向应尽量一致。对于这个 89C51 系列单片机最小系统来说,布线相当简单,不需要进行双面布线,所以在此不作双面布线的介绍。但是,双面布线和单面布线的原理是一样的,在布线时需要先选择到对应的层进行布线,并且为避免线路相交,要在合适的地方添加过孔连接上下层线路即可。本例将在 PCB 顶层进行布线,也就是"Top Layer"层。所以,在布线时,需要通过绘图面板下方选项进行层的切换,选择"Top Layer",如图 7.3.16 所示。如果要在 PCB 下层进行布线,选择"Bottom Layer"即可。可以看到"Top Layer"层的色块是红色的,所以在该层布线时线路的颜色也是红色,而"Bottom Layer"

层是蓝色的,所以在底层布线时线路的颜色是蓝色的。而上文提到的板的外形轮廓的绘制是在"Keep-out Layer"层,该层的颜色是粉红色,所以绘制出来的板的轮廓颜色也是粉红色。对于不同的线路层,软件都设置了不同的颜色。

◀ | LS | ■ Top Layer | ■ Bottom Layer | ■ Mechanical 1 | □ Top Overlay | ■ Bottom Overlay | ■ Top Paste | ■ Bottom Paste | ▶

图 7.3.16 切换到"Top Layer"层

点击【放置】→【走线】菜单命令,此时可以看到鼠标变成了十字形,点击焊盘(也就是各个元件的引脚),拖动鼠标到下一个焊盘就可以完成线路的连接。当然,拖动鼠标也可以使线路向不同的方向弯折以改变方向。可以看到,连接上的线路都变成了红色。在绘制时,可以滚动鼠标中键,同时按下〈Ctrl〉键进行区域的放大和缩小,方便布线。连接线路时,要按照PCB 上的引线(灰色的细线)进行连接。该引线是根据原理图的电气连接规则生成的,该线用于辅助设计人员连接线路。按照此步骤依次连接各个元件引脚。

在布线时,如果碰到线路变成绿色的情况,则表明该线路与设置的规则不相符合,或是焊盘的电气网络连接不对,这就需要修改对应的规则或者修改走线方式。在修改完成后,即可看到绿色线路变成对应层的实际颜色。手动布线后的效果如图 7.3.17 所示。

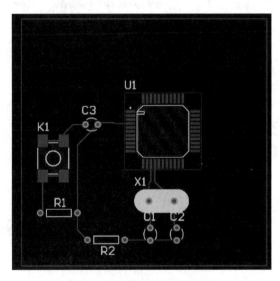

图 7.3.17 手动布线后的效果

在布线完成后,有时还需要留出两个焊盘,作为插针孔,以连接电源 VCC 和 GND。这里要说明放置焊盘与放置过孔的区别:焊盘一般是作为焊锡的着落点,方便元件的焊接。而过孔是在上下层布线时,通过放置过孔以连接上下层线路,不涉及焊盘及焊锡着落。所以,放置插针的孔就不能用过孔而要放置焊盘。

点击【放置】→【焊盘】菜单命令,此时按〈Tab〉键即可弹出"焊盘[mm]"对话框,可以在该对话框中对焊盘形状、大小、位置等进行设置,如图 7.3.18 所示。

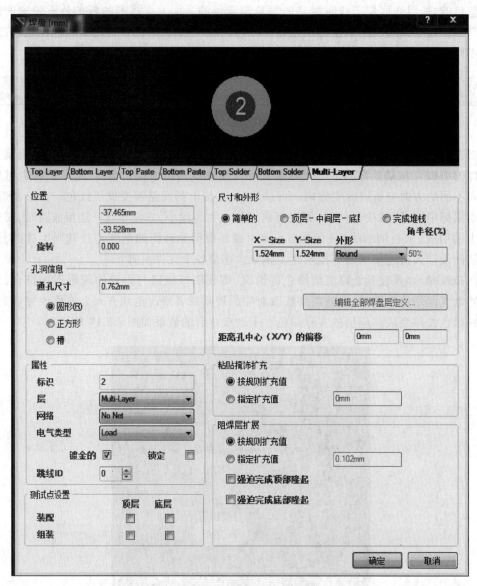

图 7.3.18 编辑焊盘属性

设置好焊盘属性后,拖动焊盘,并放置到合适的位置,再用引线将焊盘连接到回路中,就完成了整个 PCB 的布线。手动布线结果如图 7.3.19 所示。

7.3.5 布线结果检查

布线完成后,需要进行 DRC 检查,生成 DRC 检查报告以查看是否符合设计规则。点击【工具】→【设计规则检查】菜单命令,会弹出"设计规则检测[mm]"对话框,如图 7.3.20所示。

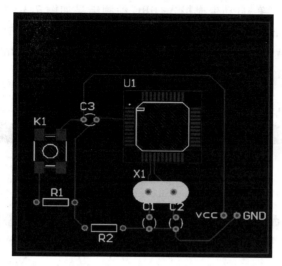

图 7.3.19 手动布线结果

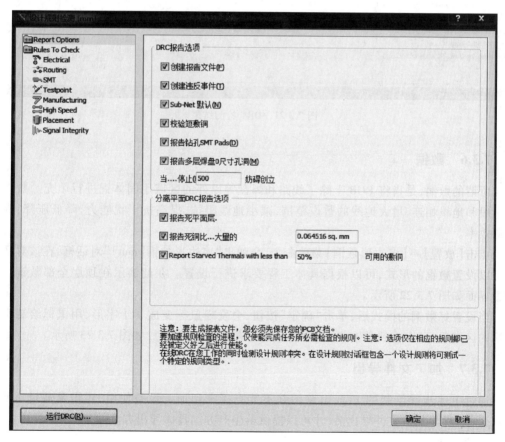

图 7.3.20 运行 DRC 检测

点击"运行 DRC"按钮,自动生成报告,DRC 检测结果如图 7.3.21 所示。在报告的右上角可以看到"Rule Violations"的数目为"6",表示有 6 处布线违反了布线规则,此时需要根据报告提示的错误信息逐一进行修改,直到重新进行 DRC 检查,并且 Rule Violations＝0。

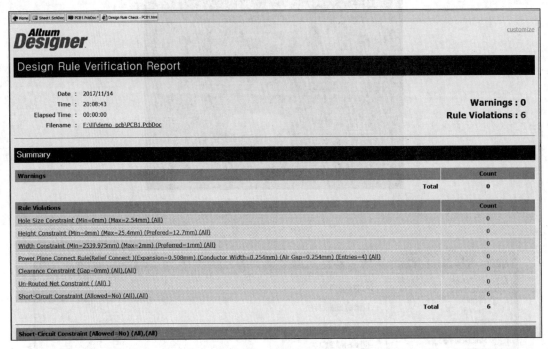

图 7.3.21　DRC 检测结果

7.3.6　敷铜

所谓的敷铜,是指将 PCB 上除了线路和焊盘等以外的区域用固体铜进行填充。敷铜区域一般和地线相连,增大地线的敷设范围,减小地线阻抗,提高抗干扰能力,降低压降,提高电源效率。

点击【放置】→【多边形敷铜】菜单命令,会弹出"多边形敷铜[mm]"对话框,在该对话框中可以设置敷铜的形式,可以根据具体工程要求进行设置。在此演示在顶层全部敷铜。其设置界面如图 7.3.22 所示。

当设置好敷铜的模式后,单击"确定"按钮,会发现鼠标变成了十字形,用鼠标绘制出要敷铜的区域后,可以看到敷铜成功,敷铜区域变成了对应层颜色,如图 7.3.23 所示。

7.3.7　加工文件导出

通过上述步骤绘制的 PCB 电路图并不能直接拿到加工设备使用,还需要通过 Altium Designer 软件将加工文件导出后,才可以提供给生产方。具体导出方法如下。

1. 设置原点

设置原点主要为了在整个电路板上设置一个参考点,一般设置为 PCB 左下角。在 Altium Designer 界面中依次点击【Edit】→【Origin】→【Set】菜单命令,并选中 PCB 的左下角。

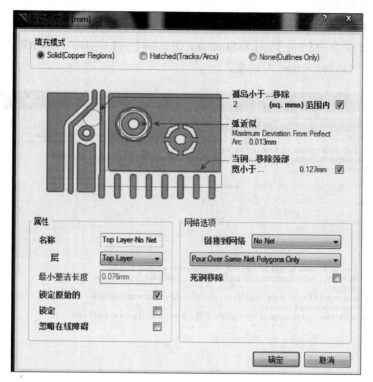

图 7.3.22 多边形敷铜模式设置

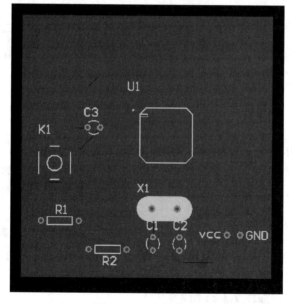

图 7.3.23 敷铜结果

2. Gerber 文件导出

Gerber 文件主要包括各个层的线路,其设置方法较为复杂,具体如下:

在软件中依次点击【File】→【Fabrication Outputs】→【Gerber Files】菜单命令,弹出如图 7.3.24 所示的"Gerber Setup"对话框。

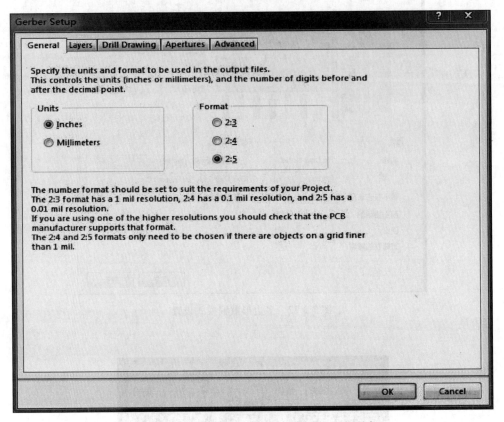

图 7.3.24　"Gerber Setup"对话框"General"选项卡

在"General"选项卡下,选择"Units"(单位)选项为"Inches",选择"Format"(格式)选项为"2 : 5";

在"Layers"选项卡下,选择需要的线路,一般双面板包括:GTO、GTS、GTL、GBL、GBS、GBO、GKO7 个线路。勾选时注意,只需要在"Plot"列勾选即可,右边那列的选项不要勾选。同时,要在下方的"Mirror Layers"(镜像层)选项中选择"All off"。其他选项保持默认设置,如图 7.3.25 所示。

在"Drill Drawing"和"Apertures"选项卡中不需要进行设置,保持默认设置即可。对于"Advanced"选项卡,在"Leading/Trailing Zeroes"选项中选择"Suppress leading zeroes","Postion on Film"选项选择"Reference to relative origin","Poltter Type"选项选择"Unsorted",其他选项保持默认即可,如图 7.3.26 所示。

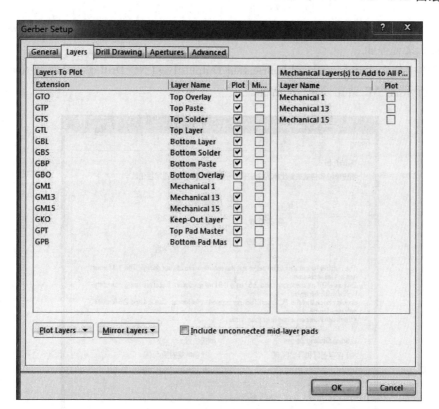

图 7.3.25 "Layers"选项卡设置

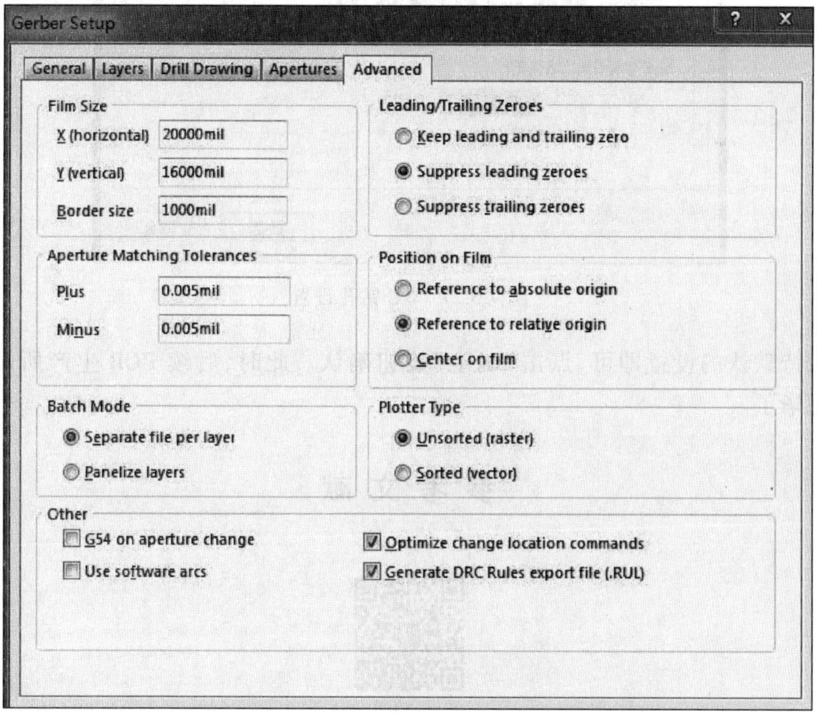

图 7.3.26 "Advanced"选项卡设置

点击"OK"按钮后,Gerber 文件会自动保存在 PCB 工程文件夹中的输出文件夹中。

3. 钻孔文件导出

在软件中依次点击【File】→【Fabrication Outputs】→【NC Drill Files】菜单命令,弹出如图 7.3.27 所示的"NC 钻孔设定"对话框。

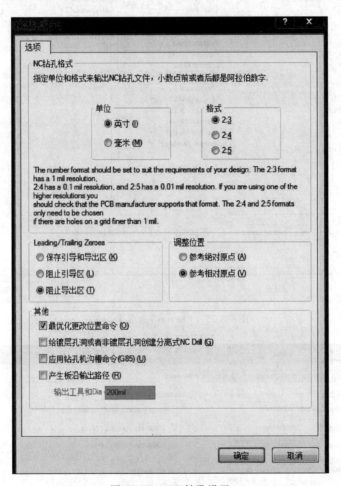

图 7.3.27　NC 钻孔设置

一般保持默认的设置即可,点击"确定"按钮确认。此时,后续 PCB 生产所需要的各文件就生成完毕了。

参 考 文 献

第八章 印制电路板的加工

人们通常所说的"PCB"是"Printed Circuit Board"的缩写,中文名称为印制电路板。它是重要的电子部件,是电子元器件的支撑体,也是电子元器件电气连接的载体。由于它是采用电子印刷术制做而成的,故也被称为"印刷"电路板。

8.1 印制电路板简介

8.1.1 印制电路板产业简史

印制电路板的发明者是奥地利人保罗·爱斯勒(Paul Eisler),1936年,他首先在收音机里采用了印制电路板。1943年,美国人将该技术运用于军用收音机,1948年,美国正式认可此发明并将其应用于商业活动中。自20世纪50年代中期起,印制电路板才开始在世界范围内广泛运用。在印制电路板出现之前,电子元器件之间的互连都是依托导线直接连接完成的。而如今,导线直接连接仅用在实验室试验新型电气连接等少数场合,印制电路板在电子工业中已占据了绝对优势的地位。印制电路板的出现减少了人工焊接的差错,并可作为电子元器件的载体,实现电子元器件的放置与贴装,保证电子设备能够稳定工作的同时,大大提高了生产率,减少了电路设计带来的高昂的成本。

印制电路板是承载电子元器件并连接电路的桥梁,作为"电子产品之母",广泛应用于通信电子、消费电子、计算机、汽车电子、工业控制、医疗器械、国防及航空航天等领域,是现代电子信息产品中不可或缺的电子元器件。某咨询有限公司发布的《2020—2026年中国印制电路板行业发展现状调研及市场盈利预测报告》显示:到2019年,全球印制电路板产值增加到658亿美元,同比增长3.5%;预计到2020年,全球印制电路板产值将达到718亿美元,2024年将超越750亿美元。电子信息产业是我国重点发展的战略性、基础性和先导性支柱产业,而印制电路板是现代电子设备中必不可少的基础组件,在电子信息产业链中起着承上启下的关键作用。因此我国政府和行业主管部门推出了一系列产业政策对印制电路板行业进行扶持和鼓励,引导印制电路板产业步入健康发展轨道。中国是全球最大的印制电路板生产基地,市场占比为全球总体印制电路板产业产值的50%以上。国内印制电路板产品增速明显高于全球市场增速,尤其是多层板等高端板的产值增长。2020年中国印制电路板产业产值约为2 750亿元。未来,随着5G、大数据、云计算、人工智能、物联网等行业快速发展,以及产业配套、成本等优势,中国印制电路板行业市场规模将不断扩大。市场占比仍将进一步提升。

8.1.2 印制电路板的分类

目前,印制电路板的分类主要有两种方式:其一是依照其软硬度来分类,其二是依照层数来分类。印制电路板根据软硬度可分为普通电路板和柔性电路板,分别应用于不同的工作环境。通常情况下,人们根据电路板层数的不同,将印制电路板分为单面板、双面板和多层板。市面上常见的多层板一般为4层板或6层板,当然也包括复杂的多层板,有的多层板甚至可达几十层。

单面板(Single-Sided Boards)是最基本的印制电路板,插针式电子元器件集中在其中一面,而导线则集中在另一面上。当有贴片元件时,元器件和导线会在同一面,只有插针元件需在另外一面进行导线连接。因为导线只出现在板的一面,所以这种印制电路板被称为单面板。因为只有一面,单面板的导线互相之间不能交叉从而必须绕开走独自的路径,所以单面板在设计线路时有许多严格的限制,只有早期或非常简单的电路设计才使用单面板。

双面板(Double-Sided Boards),即电路板的两面都有布线。但在双面板上想要实现正反面上都有电气连接,则必须在两面间有适当的电路连接才行。这种电路间的"桥梁"称为过孔(via)。过孔是在印制电路板上,充满或涂上金属的小洞,它可以与正反两面的导线相连接。因为双面板的可布线面积比相同尺寸的单面板大了一倍,所以双面板很好地解决了单面板布线交错的设计难点,双面板可以通过过孔连接到另外一面,所以它更适合用在比单面板更复杂的电路设计中。现在普通电路板设计基本都采用双面板,如图8.1.1所示。

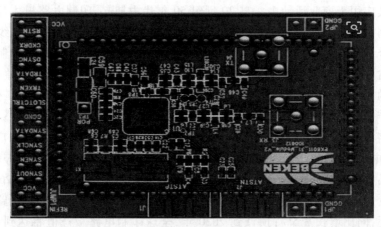

图 8.1.1 双面板

但是,有很多复杂的电路设计会有很多严格的设计需要,比如信号完整性、不同的接地类型等,可能就需要使用多层板(Multi-Layer Boards)了。为了增加布线区的面积,多层板用了更多单面或双面的布线板。用一块双面板作为内层、两块单面板作外层或两块双面板作内层、两块单面板作外层的印制电路板,通过定位系统及绝缘粘结材料交替结合在一起且导电图形按设计要求进行相互关连的印制电路板就成为四层、六层印制电路板了,也称为多层印制电路板。板的层数并不代表有几层独立的布线层,在特殊情况下会加入空层来控制板厚,通常布线层的层数都是偶数,并且包含最外侧的两层。电子设备中大部分的主机板都是4到8层的结构。不过从技术上理论上讲,人们可以做出近100层的印制电路板。大型的超级计算机大多使用相当多的层板作为主机板,但这类计算机已经可以用许多普通计算机的集群代替,超多层板已经渐渐不被使用了。

8.2 印制电路板加工流程

加工一块完整的印制电路板需要经过电路图绘制、电路图胶片制作、印制电路板打孔、过孔镀铜、贴干膜、紫外线曝光、线路显影、印制电路板腐蚀、去干膜、刷印阻焊层、印字符、飞针测试等步骤。下面将详细介绍这些流程。

8.2.1 电路图绘制

电路图绘制是用户根据自己的设计需要,使用 Altium Designer 等计算机软件画出原理图及用于生产的印制电路板图。这是整个印制电路板制作的数据总来源和设计总图纸。比如在制作电路图胶片过程中,需要用到印制电路板图,还有在印制电路板打孔过程中雕刻机需要各种坐标数据等。这部分内容已经在上一章详细介绍过,这里就不再重复了。

8.2.2 电路图胶片制作

制作电路图胶片是使用光绘软件对印制电路板图进行数据处理,将处理过的数据传送到光绘机中进行胶片的打印,最后经冲片机冲洗出所需的光绘胶片,该胶片主要用于遮挡紫外线曝光和印刷阻焊层以及印刷字符。电路图胶片的制作需要用到光绘机和冲片机,下面以 DX6800 光绘机(图 8.2.1)和冲片机(图 8.2.2)为例,介绍光绘和冲片的流程。

图 8.2.1 光绘机

图 8.2.2 冲片机

一、光绘的流程

光绘机在使用前需要先开机预热 40 min。为了防止胶片曝光,光绘机的操作要求在暗室下进行。具体操作步骤如下:

1. 在 Altium Designer 软件生产的工程文件中找到加工所需要的 Gerber 文件,包括 GTL、GTO、GTS、GBL 和 GBS。把这五个文件复制到控制计算机的光绘机。

2. 打开 GR2008 软件,其图标如图 8.2.3 所示。

GR2008 光绘系统软件界面如图 8.2.4 所示。

图 8.2.3 GR2008 软件图标

图 8.2.4 GR2008 光绘系统软件界面选项

3. 点击【F 文件】→【D 拼板打开】菜单命令，找到导入的 Gerber 文件，注意，文件应一个一个地导入，记住哪个文件位于哪一层，下一步骤中需要对每一层进行操作。五个文件都导入后，会在界面中形成有五个层的图像。这时，一定要记住每次导入的文件对应的是哪一层，并按照胶片大小，把每一层的图片进行适当摆放。

4. 点击对应的各个层，进行镜像和负片，操作方法是选中该层，依次点击【s 选择】→【F 镜像】→【水平】菜单命令，可以完成镜像；选中该层，点击【s 选择】→【N 负片】菜单命令，可以完成负片。一般双面板加工过程中，需要对各个层进行如下操作：

（1）GBS 层：不镜像，不负片。

（2）GBL 层：不镜像，负片。

（3）GTS 层：镜像，不负片。

（4）GTO 层：镜像，负片。

（5）GTL 层：镜像，负片。

对各层进行相应的镜像或负片操作后，可以在界面上直观地观察各层图片的状态及位置，如图 8.2.5 所示。

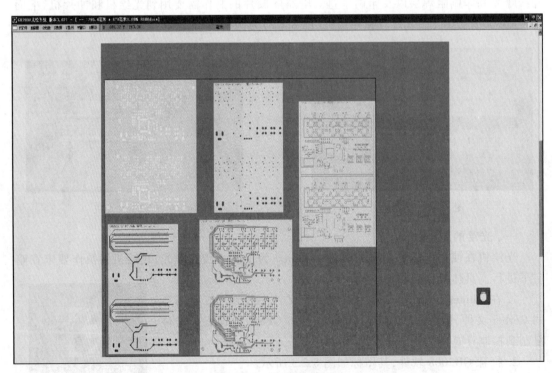

图 8.2.5 胶片摆放展示

5. 使用快捷键〈F5〉键,点击"确定"按钮,进行输出,打开光绘机,关闭室内灯光和计算机显示屏。

6. 在暗室中取出胶片,区分正反面。正面是含有药物面的,在暗室中会显得暗一些,反面是光滑面,在暗室中会显得亮一点。

7. 上片。先打开真空气泵,再推开机盖,用手摸滚轴,将胶片正面朝上放到光绘机中的内部滚轴上,将胶片对齐滚轴后,用手轻轻转动滚轴,胶片会由于真空而吸附到滚轴上,之后盖上机盖。

8. 按光绘机上的"复位"按钮,再按"启动"按钮,机器联机。

9. 光绘机提醒打印完成后,取下胶片。

二、冲片流程

光绘结束后需要进行冲片。冲片是通过冲片机进行的。具体操作步骤如下:

1. 打开冲片机,需要预热 40 分钟。

2. 将胶片正面朝上,放在送片架上,尽量靠近中间的感应器,这样,胶片会自动吸进去。

3. 胶片冲洗完成后,会从冲片机后面自动地出来。

至此,电路图的胶片打印完成,将 5 个图从胶片上剪下,注意要留下一定的边距。

8.2.3 雕刻机操作

雕刻机主要完成电路板上的打孔和轮廓的切割工作,将 Altium Designer 软件绘制的印制电路板图以及相关数据导入到雕刻机中,进行电路板打孔。打孔一般包含直插元件放置和焊接的管脚孔和用于电路板不同层进行电气连接的过孔两类。下面以某雕刻机为例,介绍一下雕刻机的操作流程,雕刻机实物如图 8.2.6 所示。

该雕刻机可以进行打孔、线路雕刻、外形切割等操作。如果印制电路板不需要批量生产,完全可以通过一台雕刻机采用机械剥铜的方式刻出印制电路板。但这种生产方式精度较低且对刀具损耗较大。所以一般印制电路板生产还是采用化学腐蚀的方式。在应用化学腐蚀方法制作印制电路板的工作流程中,雕刻机用来进行打孔(过孔等)和外形切割。下面主要对双面板的一般加工流程进行介绍。

图 8.2.6 LPKF 雕刻机实物

在使用雕刻机之前,要先进行机器的启动,打开雕刻机盖,在右下方有"开机"按钮,并启动计算机。然后打开计算机上的雕刻机软件。

之后,会弹出机器和计算机通信自动连接的对话框,如图 8.2.7 所示。等待机器自动连接完毕,点击"确定"按钮。

连接步骤完成后,会出现图 8.2.8 所示的"新建文档"对话框,选择对应要加工的印制电路板类型。

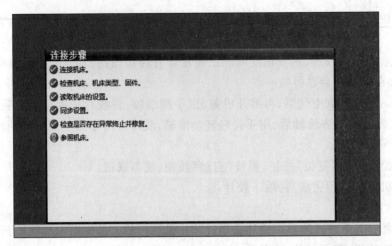

图 8.2.7   连机步骤

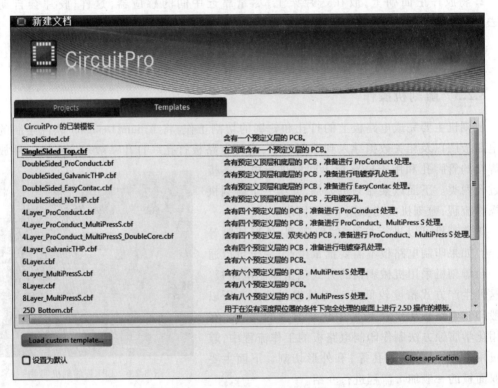

图 8.2.8   "新建"文档对话框

这里应选择"Templates",选择含有预定义顶层和底层的印制电路板,主板进行电镀穿孔处理。

取出一个新的双面板后,要先进行销钉孔的制作,为了便于将印制电路板固定在雕刻机上,使其在加工过程中不会产生受力移位的情形,保证雕刻的精度。

一、印制电路板销钉孔制作步骤

1. 点击【编辑】→【材料设置】菜单命令,设置好电路板的厚度,以及下方垫板的厚度等参量后,关闭材料设置对话框。

2. 点击【编辑】→【刀具匣】菜单命令,点击刀架上 3.0 mm 钻头,抓取 3.0 mm 钻头。点击圆形图标就会选择该刀,然后,圆形图标会变成十字形图标,表明该刀具已被选中。点击确定。其选择刀具如图 8.2.9 所示。

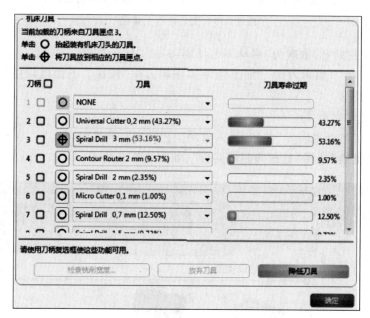

图 8.2.9　选择刀具

3. 点击 Home 点按钮，将钻头移动到 HOME 点,将雕刻机盖打开,将印制电路板顶住两个销钉,并用胶带固定后,关闭机盖。

4. 将"处理"区域中的"X/Y-定位"处设定的数字改为"115 mm",点击向下按钮,表示向下移动 115 mm,设置下刀定位,如图 8.2.10 所示。

5. 点击预热按钮对钻头进行预热,预热完成后,点击钻孔按钮进行钻孔。

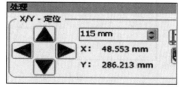

图 8.2.10　下刀定位

6. 将"X/Y-定位"处设定的数值改为"295 mm",点击向右按钮,表示向右移动 295 mm,点击钻孔按钮进行钻孔。

7. 将"X/Y-定位"处的值改为"1 mm",点击向左按钮,进行打孔。

8. 将"X/Y-定位"处的值改为"2 mm",点击向右按钮,进行打孔。这两步的主要作用是将右侧的销钉孔扩大一点,方便覆铜板的取放。

9. 点击停止按钮，停止钻头运动,点击 HOME 按钮。

10. 打开机盖,取出印制电路板。

至此,印制电路板销钉孔制作完成。

二、工艺流程

工艺流程可按照软件提示进行加工。其工艺流程工具栏如图 8.2.11 所示。

图 8.2.11　工艺流程工具栏

该工具栏从左到右,依次为"启动工艺计划向导""导入数据""剥铜区域设定""靶标设定""计算刀具路径""编辑刀架""加工向导""编辑刀库"按钮。下面以双层板制作为例,简要介绍其工艺流程。

1. 启动工艺计划向导

点击"启动工艺计划向导"按钮,进入启动工艺计划向导界面。

(1)"处理类型"选择"处理印制电路板",如图 8.2.12 所示。

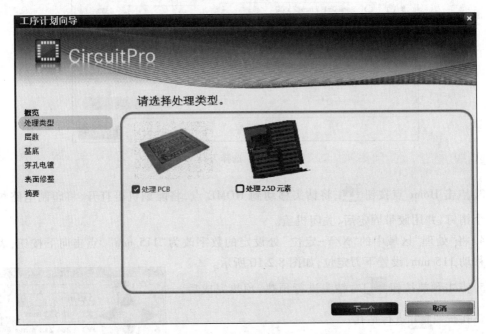

图 8.2.12　选择"处理印制电路板"

(2)电路板层数选择"双面",如图 8.2.13 所示。

(3)基底材料,一般选择"FR4/FR5",如图 8.2.14 所示。

2. 导入数据

点击"导入数据"按钮,会出现如图 8.2.15 所示界面,选择"添加文件"按钮,添加工程文件。

导入加工所需要的 Gerber 文件。一般需要导入的文件见表 8-2-1,并将对应的文件图层改为雕刻机对应的图层。图层的修改在层/模板列表下进行。

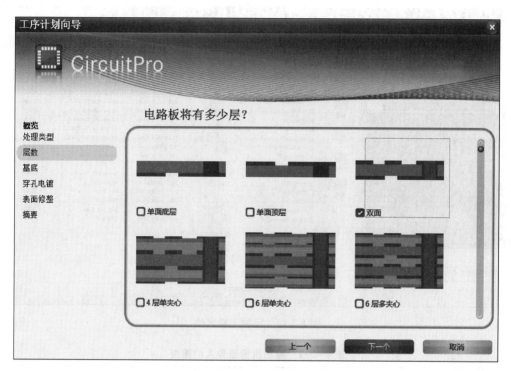

图 8.2.13 选择电路板层数为"双面"

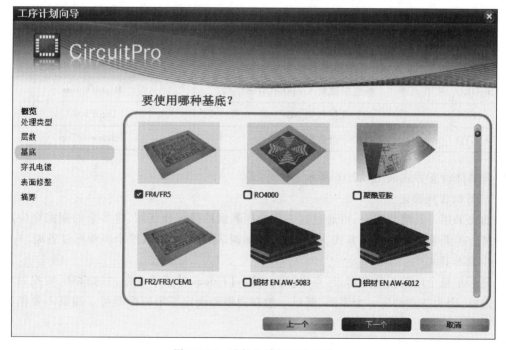

图 8.2.14 选择电路板基底材料

图 8.2.15　添加工程文件

表 8-2-1　雕刻机需要导入的图层

扩展名	DXP/Protel 对应图层	CircuitPro 对应图层
*.GTL	顶层数据 TopLayer	TopLayer
*.GTS	顶层阻焊数据 TopSolderMask	SolderMaskTop
*.GBL	底层数据 BottomLayer	BottomLayer
*.GBS	底层阻焊数据 BottomSolderMask	SolderMaskBottom
*.GKO	外框层数据 KeepOutLayer	BoardOutline
*.TXT	钻孔层数据 NC Drill	DrillPlated
*.GTO	顶层字符数据 TopOverlay	SilkscreenTop

其具体设置方式如图 8.2.16 所示。

3. 剥铜区域设定

如果采用刀具雕刻线路,可通过这一步选择剥铜的模式和区域,将多余的铜完全应用刀具剥掉。但若采用化学腐蚀方式,一般不需要剥铜区域设定,所以这个步骤可以省略。

4. 靶标设定

靶标是整个电路板的参考点,点击【Insert】→【Fiducial】菜单命令,在操作区域找到电路板的边框,因为三点确定一个平面,所以一般在边框外面定三个靶标即可。注意不要把靶标设在同一条直线上。最后点击"应用"按钮。

5. 计算刀具路径

这一步是让软件根据电路图进行计算,得到雕刻和打孔的最优路线。一般在工艺对话框中选择合适的绝缘方式及轮廓外形进行切割就可以点击"开始"按钮,如图 8.2.17 所示。

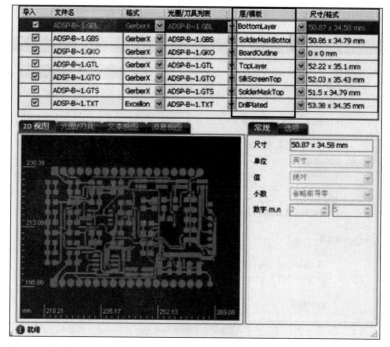

图 8.2.16 选择对应层

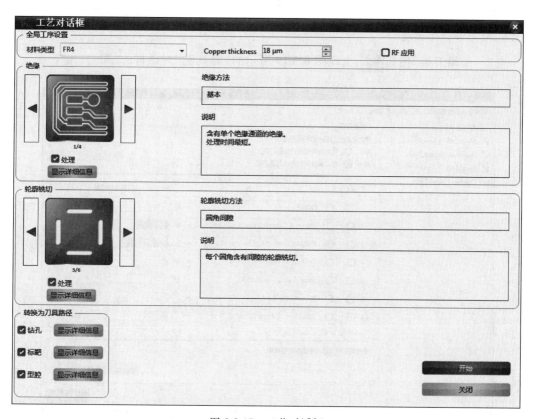

图 8.2.17 工艺对话框

计算结束后会出现如图 8.2.18 所示的计算结果,到此数据处理完毕。

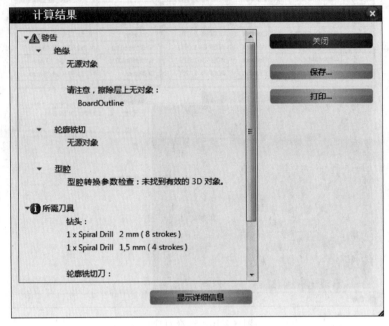

图 8.2.18 计算结果

6. 配刀和调刀设置

点击"编辑刀架"按钮 ,出现图 8.2.19 所示的"刀具匣"对话框。

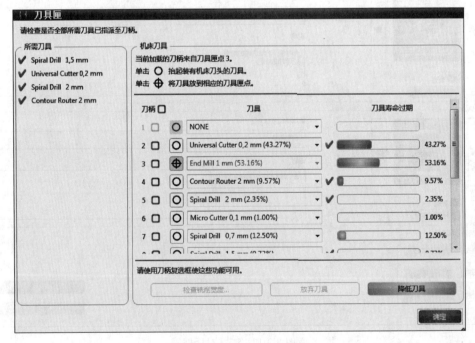

图 8.2.19 "刀具匣"对话框

对话框左侧列出的所需刀具是软件计算后得出的完成雕刻打孔所需要的刀具型号,对话框右侧机床刀具是现在雕刻机刀具台上已经放置好的刀具,如果左侧所需刀具全部显示为绿色的对号,则表明现有刀具能够满足要求,如果有红色的标记,则说明刀具架上缺少这种刀具,需要看对应的所需刀具尺寸,在刀具架上进行安装,具体安装步骤可参考雕刻机配套说明书。安装完刀具后,要将右边的刀柄序号和刀具类型一一对应选上。之后,点击"加工向导"按钮 ,进入"电路板生产向导"界面,如图 8.2.20 所示。

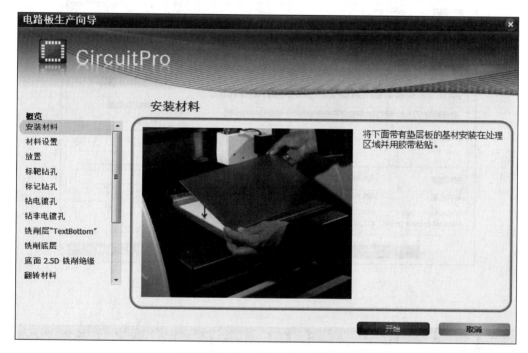

图 8.2.20 "电路板生产向导"界面

在生产向导中一般需要进行材料设置和位置放置,材料设置需要根据实际的覆铜板去设定属性及外形长宽。其设置对话框如图 8.2.21 所示。

7. 电路板的放置

一般而言设计好的电路板不会将整张覆铜板都用掉,这就需要确定雕刻的电路在覆铜板上的具体位置。在界面中输入相应的数据,或者直接在右边操作框中拖拽印制电路板并将其放置在合适的位置即可。印制电路板的"放置"对话框如图 8.2.22 所示。

放置完成后,系统会提示是否保存文件,如果确认无误,点击"保存"按钮即可。其他步骤按照安装向导一步步进行即可,直到电路板生产完成。该过程中可能需要取出电路板,进行电镀、蚀刻等步骤。在生产过程中,一定要按照向导,分清正反面进行操作。

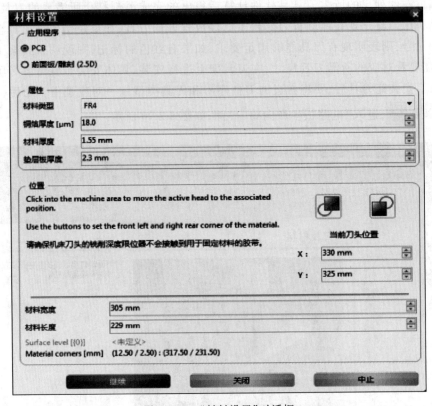

图 8.2.21 "材料设置"对话框

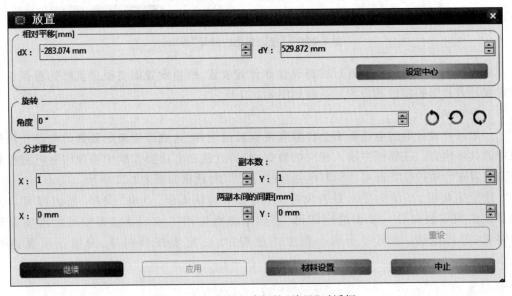

图 8.2.22 印制电路板的"放置"对话框

8.2.4　刷板机的使用及过孔镀铜

一、刷板机的使用

刷板机主要用于对小型印制电路板进行刷磨、清洗、吸干、热风吹干等表面处理,清除电路板表面污渍和电路板所打的孔内的杂质碎屑。电路板镀铜是通过电镀铜的方式在上一步打出来的孔的内壁上镀上铜单质,以实现电路板多层电气连接。下面以 BR300B 电路板刷板机为例,介绍制板机的应用。在使用该设备时,打开两个开关,从左侧入口处水平放入电路板,在另一侧回收。回收完毕后,注意关闭两个电源开关。BR300B 电路板刷板机的入口和出口如图 8.2.23 和图 8.2.24 所示。

电路板从这口水平放入

图 8.2.23　BR300B 电路板刷板机入口

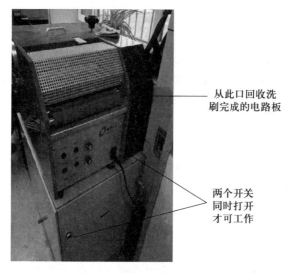

从此口回收洗刷完成的电路板

两个开关同时打开才可工作

图 8.2.24　BR300B 电路板刷板机出口

当然,在使用时还可以根据具体使用情况,通过调节旋钮对机器进板速度和摆动速度进行适当调整,也可以根据清洗程度进行刷板压力的调整等。

二、过孔镀铜

过孔镀铜的作用就是将钻孔内镀上铜,形成通路,从而使线路能够从印制电路板的一面导向另一面,避免线路交叉。TP300 镀铜机及其镀铜水槽如图 8.2.25 和图 8.2.26 所示。

图 8.2.25 TP300 镀铜机

1—除油槽；2—水洗槽；3—黑孔槽；4—孔化槽

图 8.2.26 镀铜水槽

在镀铜时,先将电路板水平夹在板夹上,将板夹按顺序放入各个槽中,分步进行。各槽的作用简介如下。

① 除油槽。将夹着电路板的架子固定到除油槽,在操作屏幕上选择"除油"项,按"ENTER"键进行操作。这一步大概需 10 分钟,主要是为了去除板表面污渍和油渍。

② 水洗槽。除油完成后,将架子固定到水洗槽,在操作屏幕上选择"水洗"项,按"ENTER"键进行水洗。本过程也可直接用自来水进行冲洗。水洗后的电路板要用吹风机吹干,保证孔内无水。

③ 黑孔槽。黑孔是将碳附着在孔内壁,易于镀铜。将干燥的电路板固定到黑孔槽,在操作屏幕上选择"黑孔"项,按"ENTER"键进行操作。大约 10 分钟后,取出板,检查孔内是否全为黑色。取出印制电路板后,用冷风将印制电路板吹干,最好水平吹风,避免孔内的碳被吹掉。吹干后,用无纺布沾去离子水将印制电路板表面的碳擦洗干净。用吹风机再次吹干,检查孔内碳的附着情况后进行电镀。

④ 孔化槽。先将电镀电源插到架子上的孔内,在操作屏幕上选择"镀铜"项,按"ENTER"键即可进行电镀。孔化过程需要 40~50 min。电镀完成后,取下电源放回原处,将电路板用清水冲洗后再吹干。然后仔细检查各个过孔内部是否均匀地镀上了铜。如果没问题,即可完成该流程。

8.2.5 覆铜板贴干膜

干膜是一种高分子的化合物,在经过紫外线的照射后能够发生一种聚合反应,由单体合成聚合物,形成一种稳定的物质附着于印制电路板表面,从而实现阻挡电镀和蚀刻的作用。

贴干膜是利用干膜在紫外曝光下易固化的性质。通过干膜机,将电路板的两面贴上干膜,再将制作的胶片贴到对应的位置上,这样在曝光时就可以将线路部分处的干膜固化,非线路部分处的干膜由于胶片的遮挡而没有固化。这样没有固化的部分就会经后续的线路显影,去干膜和电路板腐蚀等步骤,将电路部分留下,非电路部分则被腐蚀掉。

干膜一般分为三层,最顶层是一层常见的 PE 保护膜,中间是干膜层(就是人们常说的感光物质),最底层是 PET 保护层。PE 保护膜和 PET 保护层都只是起保护作用的,在压膜前和显影前都是必须要去掉的。真正起作用的是中间的感光物质,它具有一定的黏性和良好的感光性。这里需要注意的是,干膜的储藏环境较为苛刻,在实验室中使用的干膜,储藏温度约为 25 ℃,相对湿度为 50%。最重要的一点是,干膜具有很好的感光性能,所以一旦暴露在紫外线的环境下,甚至自然光照环境下,就会迅速固化,从而导致干膜失效。所以一般情况下贴干膜的实验室营造的是黄光条件(黄光为干膜安全光),并且在不使用干膜时用挡光绒布对其进行遮盖,避免曝光。

市面上常见的干膜有杜邦干膜、旭化成干膜、日立干膜、长兴干膜、任知干膜、长春干膜、科隆干膜、瑞斯宝干膜等,其中杜邦干膜的质量和品质较好,具有很高的耐温性和感光性,在实验室中可以加温到 110 ℃ 而不失效。对印制电路板覆铜板进行干膜的黏贴时,需要用到干膜覆膜机,如图 8.2.27 所示。

图 8.2.27　干膜覆膜机

两卷干膜分别放置于上下两个滚轮上,然后将最外层的保护膜剥离,卷在钢柱上,并将上下两卷干膜搭接在一起。将覆铜板前部顶住干膜的搭接处,水平送入到高温的压辊中。压辊处传感器检测到板在送入时,压辊会自动转动,带动覆铜板移动。这样,剥去保护层的干膜就贴附在覆铜板的两面了。这一步一定要保证干膜贴附平整牢靠,为下一步对胶片及曝光做好准备。

8.2.6　对板及曝光

对于贴好干膜的印制电路板,需要在黄光室内晾至室温后,再对板进行贴胶片的操作。由于现在覆铜板上有直插元件的焊盘孔和过孔,因此对板就需要通过孔重合的方式将顶层和底层线路胶片和板对正。可以将印制电路板放置于台面之上,首先需要将胶片大致放在相应的位置上,然后将一个角对好,这里可以找特征孔,对好的标准就是过孔处于胶片焊环的最中心位置,贴好胶带固定;然后依次将其他三个角对好,用胶带固定胶片,反面亦然。

接下来,贴好胶片的印制电路板要进行曝光。曝光的原理是通过紫外线照射贴有干膜和胶片的覆铜板,胶片上需要保留的线路部分为透明白色,其余部分为黑色。透明的部分可以透过紫外线,干膜受到紫外线的照射就会固化到板上,而黑色的部分不能透过紫外线,因此下面的干膜不会产生固化反应,在下一步显影时就会被腐蚀掉,使得没有受干膜固化保护的部分暴露出来。EX300 型紫外线曝光机如图 8.2.28 所示。

该曝光机使用过程较为简单。曝光时,需要将电源打开,将曝光机中间的抽屉打开,并将要曝光的印制电路板放置到抽屉的夹层中,并扣紧夹层。该夹层会被机器抽成真空,这样可以保证胶片完全吸附在印制电路板上,以保证曝光效果。放置好印制电路板后,要先按"AIR"键启动真空泵。再按"ENTER"键设置机器为单面曝光或双面曝光,是使紫外线照射上面还是上下两面都进行照射,这个根据具体情况进行设置即可。同时,还要设置好曝光时间(一般 30 s 即可),等机器曝光完成后,即可取出印制电路板。紫外线曝光机控制界面如图 8.2.29 所示。

图 8.2.28　EX300 型紫外线曝光机

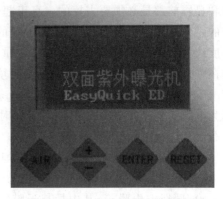

图 8.2.29　紫外线曝光机控制界面

8.2.7　线路显影

经过紫外线曝光的电路板表面,一部分是已经固化的干膜,一部分是没有固化的干膜。固化的干膜下大多是保护的线路,而没有被固化的干膜下都是需要去除的铜板,所以显影这一步就是为了将没有固化的干膜用弱碱性溶液冲刷去除掉,使得需要去除的铜板完全暴露,这样才可以在下一个步骤中用酸腐蚀掉要去除的铜板区域。需要注意,该步骤中使用的是弱碱性溶液,该溶液只会将没有固化的干膜去除,而不会和铜板以及固化的干膜反应。在显影前,一定要记得先将干膜的最后一层 PE 膜(支撑膜)揭掉,然后再用显影机显影,否则没有显影作用。垂直显影设备 DU400 如图 8.2.30 所示。

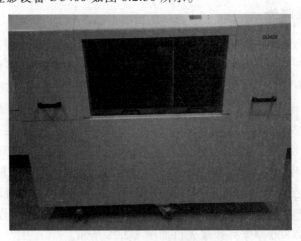

图 8.2.30　垂直显影设备 DU400

该设备在使用时需要配置显影液,即浓度为 1%~2% 的 Na_2CO_3 溶液,先启动机器,预热到 35 ℃左右,然后将曝光后的板安装到夹具上,从设备左侧入料口放入,启动机器传送,则传送装置会自动地将印制电路板送到中间区域进行液体喷刷,待喷刷完成后,弱碱性溶液会将没有固化的干膜完全冲洗掉,使需要被蚀刻掉的铜板完全暴露出来。当板被运送到右边出料口时,直接将其取出即可。垂直显影设备 DU400 入料口和出料口如图 8.2.31 所示。

(a) 入料口　　　　　　　　　(b) 出料口

图 8.2.31　垂直显影设备 DU400 入料口和出料口

8.2.8　蚀刻去铜

电路板腐蚀主要是利用强酸和铜单质反应的性质,腐蚀掉电路板除线路区域以外的铜。经过显影后的覆铜板,电子线路上会有固化的干膜作为保护,其余地方裸露着单质铜。此时需要将多余的铜去除掉,具体方法是通过蚀刻液将铜单质变成铜离子,溶解在蚀刻液里。蚀刻过程中需用到蚀刻机。EU400 蚀刻机如图 8.2.32 所示。

图 8.2.32　EU400 蚀刻机

其中,设备中使用的蚀刻液是三氯化铁溶液,发生的反应过程有如下三步:

$$FeCl_3+Cu \rightarrow FeCl_2+CuCl$$

$$FeCl_3+CuCl \rightarrow FeCl_2+CuCl_2$$

$$CuCl_2+Cu \rightarrow Cu_2Cl_2$$

通过上述化学反应,多余的铜板就被腐蚀掉了。

该设备在使用前需要进行预热,预热温度约为 50 ℃,与显影设备类似,也是需要从左边入料口放入印制电路板,启动传送装置,传送装置带动覆铜板走过喷淋区域时被蚀刻液不断地冲刷,冲刷结束后再用清水冲洗一遍,印制电路板被自动传送到右边出料口。这时敷铜板上无用的铜就完全被腐蚀掉了,只留下有固化干膜保护的铜条线路作为电路板的连接导线。

8.2.9　去除干膜

之前介绍过,干膜能被碱性物质去除,所以在显影过程中,显影设备使用弱碱性溶液去除表面带有活性的干膜物质。但是曝光后,经过蚀刻仍有固化的干膜留在覆铜板表面,这些固化干膜就需要用强碱性溶液喷淋去除掉。去除干膜的过程与前面显影蚀刻方法相同,只不过是使用强碱溶液进行喷刷。垂直去膜设备如图 8.2.33 所示。

图 8.2.33　SU400I 垂直去膜设备

该去膜设备中使用的溶液是浓度为 2%~3% 的 NaOH 溶液,该强碱溶液可以将固化的干膜去除,而且不与印制电路板上的线路反应。本设备在使用前也需要进行预热,预热温度约40 ℃,其余操作步骤和显影类似。

8.2.10　印刷阻焊层

该步骤就是在电路板上印刷阻焊油,这样在焊接线路时,焊锡只会着落在焊盘上,而焊盘以外的都已经被印刷上的阻焊油保护。平常看到的电路板大多呈现绿色或暗红色,这层绿色或暗红色的油漆就是阻焊油。在电路板上刷阻焊油一般有两种方式,一种是采用丝网漏印,另一种是应用辊轮进行涂覆。丝网漏印的印刷精度较高,油漆分布均匀,但操作较为麻烦且清洗不便。辊轮涂覆方式操作简单,所以一般实验室经常应用这种方式印刷阻焊油。图 8.2.34 所示的是辊轮涂覆阻焊套装,里面的一套溶液可以完成印刷阻焊,而且在套装里附有阻焊套装的使用说明,按照套装上的说明即可完成印刷阻焊。

印刷阻焊油需要进行如下几个步骤：

（1）调配油墨，按照比例将主剂和固化剂搅拌调配。

（2）用海绵辊轴黏上油墨，在印制电路板上进行滚涂。

（3）进行高温烘烤并在室温下冷却。

（4）把打印好的阻焊层胶片进行对版，并用紫外线曝光机曝光。

（5）配置显影溶液，并刷洗板面。

（6）再次烘烤后清洗，完成印刷阻焊。

图 8.2.34　辊轮涂覆阻焊套装 SM300

8.2.11　印刷字符

字符是平时看到的电路板上白色的字体或者框图标识，主要在元器件焊接和电路板检修时进行参考。其操作方式与印刷阻焊层类似，图 8.2.35 所示为辊轮涂覆字符套装 SL300。

字符印刷套装只需按照以下步骤进行操作即可。

（1）调配油墨，包括主剂和固化剂。

（2）用辊轴在印制电路板上进行涂抹。

（3）高温烘烤，并冷却至室温。

（4）将打印好的字符层胶片进行对版并用紫外线曝光机曝光。

（5）调配显影液并刷洗印制电路板，直到字符显影。

图 8.2.35　辊轮涂覆字符套装 SL300

（6）再次烘烤并冷却。

8.2.12　外形铣切

在电路板的字符印刷完毕后，需要将整张电路板进行外形切割，这主要是为了将小板从大板上分离开来。该步骤可以按照 LPKF 雕刻机的操作向导步骤进行，也就是说，在印制电路板生产完毕之前，不要将雕刻机关闭，否则还需要进行寻找坐标等不必要的操作。具体步骤这里不再说明。

8.2.13　印制电路板表面处理

这个步骤一般是在印制电路板生产完成后，在焊接元件前所要进行的操作。其目的主要是对焊盘进行化学处理，暴露在空气中的焊盘在回流焊时由于高温被氧化，容易造成电路的损坏。即使在常温状态下，如果储存印制电路板的环境较为潮湿，也会使得其焊盘被氧化，使得印制电路板出现接触不良等情况。

为了避免上述情况的发生，工业上常常采用印制电路板表面沉金处理、印制电路板表面 OSP 处理、印制电路板表面喷锡处理等手段来进行印制电路板表面处理。

对于大型的印制电路板加工工厂，常常会采用喷锡的工艺进行印制电路板表面处理，因为大多数客户会要求采用这种工艺。经过该工艺处理之后的印制电路板,其焊盘处闪亮,焊盘上有一层薄薄的锡,在进行焊接时,无论是用 SMT 贴片机进行焊接或是手工进行焊接,都非常容易。但是由于该流程需要较大的设备,而一般实验室不会配备该设备,因此这里使用印制电路板表面 OSP 处理。经过喷锡工艺处理的印制电路板如图 8.2.36 所示。

OSP(organic solderability preservatives),中文名称为有机可焊性保护膜,又叫耐热预焊剂。该化学物质具有很高的耐热性,可以附着在铜焊盘的表面,使得印制电路板在高温焊接时,不会由于高温而使得其焊盘表面被氧化。实验室一般使用的是 OSP 防氧化机。小型 OSP 防氧化机 OSP300 如图 8.2.37 所示,该 OSP 氧化机可以对最大尺寸为 320 mm×200 mm 的双面板进行加工。该设备由除油、微蚀、成膜、水洗四个工艺槽体组成。操作时,可通过控制人机交互的液晶屏进行设置,即可实现全自动 OSP 防氧化处理。

图 8.2.36　经过喷锡工艺处理的印制电路板

图 8.2.37　小型 OSP 防氧化机 OSP300

经过 OSP 防氧化处理后的印制电路板焊盘处并不像镀锡工艺那样看起来闪亮。OSP 防氧化处理后的印制电路板的焊盘在处理后常常呈黄色,该颜色并不是原来铜的颜色,而是经过微蚀、成膜后的防氧化剂膜的颜色,如图 8.2.38 所示。

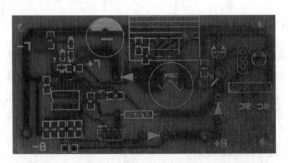

图 8.2.38　经过 OSP 防氧化工艺处理的印制电路板

8.3　飞针检测与缺陷补救

印制电路板生产完成后,不可以直接包装出货,而是需要经过最后一个步骤——性能检测,以保证成品的质量。不同的线路板生产厂家的检测方法可能并不相同。常见的测试方法有飞针测试、测试架在线测试、针床测试等,还有的厂家会通电在线测试。无论采用哪种检测方法,都是为了检测出线路板是否有短路、断路等情况,最终都是为了保证产品质量。飞针测试是目前电气测试中较为常用的测试办法。它用探针来取代针床,使用多个由动力源驱动的、能够快速移动的电气探针与器件的引脚进行接触并进行电气测量。现在,最通用的飞针测试方式是应用飞针检测仪。

8.3.1　飞针检测原理简介

飞针检测是一种开路测试电路板的方法。线路板的故障主要为开路故障和短路故障两种。飞针检测时,需要制定好检测程序,而该程序是通过绘制好的印制电路板电路图转换而来的,该程序包含了飞针检测的最佳路径,通过步进电动机带动并控制飞针移动到电路板不同的焊点上。此时的飞针就相当于万用表的两个表笔,测试焊点所连接的线路间的通断情况,并将结果反馈到计算机上,软件会自动地将各焊点的通断情况和存储的电路图进行比对,从而找出错误点并进行标记。飞针测试工作示意图如图 8.3.1 所示。

图 8.3.1　飞针测试工作示意图

下面以 DCT8800 飞针测试机为例,简要介绍一下飞针检测的流程。该测试机利用特制的探针,通过软件控制步进电动机,使得探针高速运动,以对印制电路板上的各个点进行测试。该测试机如图 8.3.2 所示。

图 8.3.2　DCT8800 飞针测试机

8.3.2　飞针检测流程介绍

飞针检测的大致流程如下：

1. 工程文件的制作

该步骤主要通过 CAM350 软件将印制电路板设计软件生成的 Gerber 文件转化为飞针检测时需要用到的工程文件。

2. 工程文件的复制与粘贴

将转化好的飞针检测工程文件复制到控制飞针测试机的计算机上，并用 EDITOR 软件打开。

3. 设置测试板的基准点

在检测时，由于步进电动机是通过坐标进行移动，从而带动飞针运动的，所以在检测前，要设置测试板的基准点，也就是原点。这样，才可以将测试板上的焊点与工程电路图上的焊点一一对应起来。

4. 进入测试程序并上板

测试程序需要在 MS-DOS 模式下完成，所以在利用 EDITOR 桌面软件设置好基准点并保存后，将计算机切换到 MS-DOS 模式，输入"FPH"命令进入测试程序，将需要测试的电路板上机后，就可以准备测试了。

5. 对准基准点并测试

上板后，第一件要做的事就是让机器识别印制电路板并检查出该测试板的基准点，这样才能进行下一步的测试。一旦机器对准基准点，就会产生相应的测试路径，机器就能按照测试路径进行测试了。

6. 查看测试报告

机器测试完成后，会生成测试报告。这个测试报告会显示该测试板的测试结果，如果测试结果没有错误，就表示测试成功，电路板正常。如果测试结果有误，测试员可以根据测试结果，分析是哪个焊点或元件出现故障，补救缺陷后再次测试即可，直到测试无误。

7. 电路板包装、出货

测试完毕，没有错误，印制电路板即可包装、出货。

8.3.3　飞针检测文件制作

飞针测试文件的制作可以通过 CAM350 软件或者华笙软件来完成。下文以华笙软件为例，介绍文件的制作流程。

1. 导入 Gerber 文件。打开 Ezfix（华笙软件）后，点击【档案】→【输入】→【档案】菜单命令，在弹出的"档案形态分析"对话框中点击"打开文件"按钮，选择对应的 Gerber 文件路径，并打开。

然后点击"Import"按钮，导入新的文件。

2. 保留有用层。在编辑状态下，保留外层线路、内层线路、阻焊层、钻孔层以及盲孔层，其他层删除。

点击"层叠及层的定义"按钮，在弹出的对话框中选择有用的层并保存。

3. 各层的对齐。一般选择钻孔层为不动层,将其余的层与钻孔层对齐。可通过鼠标点击选择钻孔层的某一点作为基准点,然后通过在其他层上找到和钻孔层基准点所对应点的方式将其余层和钻孔层对齐。

4. 定义各层类型并排序,而且要设置对应层的焊盘(PAD)以及线的颜色。对应关系如下:

GTL(上层线路)对应零件面。

GTS(上层阻焊层)对应防焊 C。

GBL(下层线路)对应焊锡面。

GBS(下层阻焊层)对应防焊 S。

DRL(孔层)对应镀通孔。

G1 对应铜(负片:底片)。

G2 对应铜(负片:底片)。

HDI 对应盲埋孔。

5. 将上下层线路的焊盘转换成 PAD 的属性,为了在下面生成测试点,该步骤可以自动转换也可以手动进行转换。

6. 定义 NPTH 孔。所谓的 NPTH 孔就是 PCB 上的定位孔或者螺孔。定义这个孔主要是为了对比定位。

7. 设置软件分析网络,并生成测试点。

8. 检测测试点,根据需要对漏点强迫性地加上测试点。

9. 如果上下层的测试点在同一个中心位置,就需要将一个层的测试点进行错位,两个点形成交叉测试点后,在测试时把这两个测试点分开测试,而不是默认当成一个测试点测试。

10. 保存测试点,重新分析网络,以保证准确无误。

11. 建立零点坐标。

12. 生产飞针测试文件。

以上是通过华笙软件生成测试资料的步骤流程。在实际工程中,要根据工程的需要,灵活运用这些步骤。

8.3.4 飞针检测上机测试

将飞针测试文件复制到控制飞针测试机的计算机上,就可以设置控制软件进行上机测试了。

1. 打开 EDITOR 软件,将测试文件导入。

点击【File】菜单,通过【Load all Layers】选择测试文件即可导入并打开。然后设置基准点,点击十字形图标,在上层设置基准点时,选择"FRO",打开顶层线路,关闭 REA 底层线路;在下层设置基准点时,选择"REA",打开底层线路,关闭 FEO 顶层线路。基准点一般设置在方形的焊盘或是方形的孔上。设置好基准点后,将电路图上的基准点和板进行对应。

2. 进行飞针测试时,需要将计算机切换到桌面 MS-DOS 模式下,先进入要测试的文件目录,再输入"FPH"命令进入测试程序。具体操作指令如下。

　　--C：

　　--CD\JOBS\＊＊＊＊（文件名）

　　--CD\＊＊＊＊（文件名）

　　--CD　进入测试程序。

　　3. 上板，就是把测试板按照电路图中的放置方向安装到飞针测试机的支架上，用顶针固定好后，夹紧印制电路板。

　　4. 对位基准点。用"Point to FIDUCIALS"命令进行对位基准点操作，可用"JOB Options"命令下的"CAD Data X orig"和"CAD Data Y orig"命令进行坐标调整。

　　5. 选择测试报告文件。在"View Text files"命令下选择"Report.lst"命令，生成测试报告文件，报告文件内容有检测测试点数、方法以及时间等。

　　6. 测试参量的设置。执行"Job Options"命令中查看测试参量，并自行修改。

　　7. 飞针测试，执行"TSST Boards"命令，在命令行中选择"Board Test（CONTI+ISOL）"命令，开始测试板。

　　8. 没有开路提示，表示板的情况良好，如果有开路存在，可尝试用"Test Reaired boards"命令返测。

8.3.5　常用的缺陷以及改善措施

　　飞针测试完成后，如果没有开路提示，就可以对印制电路板包装出货。但是，如果多次测试后，依然有开路提示，这就表示印制电路板有缺陷，需要进行缺陷补救后再次测试，通过测试后再包装出货。

　　造成印制电路板缺陷的原因是多方面的，常见的问题有阻焊偏位、阻焊脱落、阻焊入孔、板面划伤、多孔、少孔、过孔不通、焊盘缺陷等。对于不同的缺陷，要查明最终的原因，及时改善生产措施，才能避免更大的损失。

　　比如阻焊入孔的元件，常常是因为印刷阻焊层后进行高温烘板时，时间过长，造成孔内阻焊剂固化过度。这样的问题出现后，就要对烘箱时间进行修改，以保证烘板质量。

　　过孔不通常常是由于孔铜不足引起的，这就要检查电镀时的电流是否过小，或者孔内径是否过小，能否达到生产的标准。

　　线路开路可能是在蚀刻铜的过程中，由于干膜没有完全固化，造成线路被腐蚀的情况，此时要检查紫外线曝光时间是否过短，或是干膜是否过期。

第九章　表面贴装技术

表面贴装技术（Surface Mount Technology）的英文缩写为 SMT。作为新一代电子组装技术，表面贴装技术是目前电子组装行业里最流行的一种技术和工艺。该技术通过贴片机，将贴片元器件安装在印制电路板的表面或其他基板的表面上，通过回流焊或浸焊等方法加以焊接组装实现电路连接。由于贴片元件的体积和重量只有传统插装元件的 1/10 左右，一般采用表面贴装技术之后，电子产品体积会缩小 40%~60%，重量会减轻 60%~80%，且具有可靠性高、抗震能力强，焊点缺陷率低，高频特性好，电磁和射频干扰影响小。易于实现自动化，提高生产效率等优点。与其他传统工艺相比，表面贴装技术具有高精度、高密度、高可靠性、小型化、自动化等特点。随着印制电路板朝着小体积、高集成度的方向发展，利用表面贴装技术进行电路组装加工已经成了电子工业产品设计的主要选择。

目前，常见的表面贴装技术生产线设备有上料机、下料机、锡膏印刷机、贴片机、回流焊、分板台、测试台等，这些设备构成了表面贴装技术贴片加工的生产线。

9.1　表面贴装技术生产流程

表面贴装技术生产流程可分为锡膏印刷、上板、元件贴装、回流焊接、收板五步。

9.1.1　锡膏印刷

锡膏印刷是把一定量的锡膏通过钢网板印刷到印制电路板上焊盘位置的过程。该过程主要通过锡膏印刷机实现，该步骤的质量决定着产品的整体质量。

锡膏印刷机的工作原理就是将要印刷锡膏的印制电路板固定在定位台上，然后由印刷机的左右刮刀把锡膏通过钢网（钢网是根据印制电路板版图而制作的）漏印到对应的焊盘。当印制电路板焊盘均匀涂覆上锡膏后，就可以送至贴片机进行自动贴片。

下面以某半自动锡膏印刷机（图 9.1.1）为例，简要介绍锡膏印刷的流程。

锡膏印刷前需要制作钢网，钢网的主要功能是帮助锡膏沉积，将准确数量的锡膏转移到印制电路板焊盘的准确位置。激光钢网模板是目前表面贴装技术钢网行业中最常用的模板，其特点是：直接采用

图 9.1.1　锡膏印刷机

数据文件制作,减少了制作误差;表面贴装技术模板开口位置精度极高:全程误差≤±4 μm;表面贴装技术模板的开口具有几何图形,有利于锡膏的印刷成型。如果没有制做钢网的设备,可以直接将印制电路板文件发到钢网制作的厂家。对于锡膏,平时应将其冷藏存放,应用时提前两个小时放置在室温中,并进行锡膏搅拌,使其内部均匀,呈黏稠状液态。表面贴装技术工艺对锡膏质量要求较高,品质不良的锡膏很容易造成器件损坏和焊接不良。

　　将需要印刷锡膏的印制电路板放到钢网下,对齐焊盘孔,固定位置。在钢网上方放上锡膏后,控制锡膏印刷机左右刮刀进行刮锡膏,一般情况下只刮一遍即可。这样锡膏会通过钢网孔均匀地漏印到焊盘上。使用前要注意调节好刮刀的高度和左右的位移量。刮刀的高度以下刀后能抵触到钢网并稍有压力为最佳,如果刮刀位置偏上,则锡膏不能完全漏印下来,印刷效果不好,如果偏下,则容易损坏刮刀和钢网。刮刀的左右位移量以刮刀行程能够覆盖钢网上全部网孔且行程最短为标准。要保证刮刀能够缩短行程且焊盘无遗漏。印刷结束后就可以取下印制电路板,观察板上锡膏的印刷质量,锡膏应该均匀地涂覆在焊盘上,且厚度适中。焊盘上着好锡膏以后,印制电路板就可以通过上板机进入贴片机进行元件贴装了。

9.1.2　上板

　　上板主要是将已经印刷好锡膏的印制电路板加载到自动生产流水线上的一个过程。这个过程需要用到上板机,一般上板机由 PLC 控制,如图 9.1.2 所示。

图 9.1.2　上板机

　　在使用时,需要将已经印刷过锡膏的印制电路板一层层摆放在板框里,再将板框放到上板机上,操控上板机,实现自动送板,这样印制电路板就可以按照生产周期要求定时向贴片机送板,实现自动化生产。

9.1.3　元件贴装

　　该过程主要应用贴片机将贴片元件贴装到印制电路板上。全自动贴片机是用来实现高速、高精度、全自动地贴放元器件的设备,是整个表面贴装技术生产中最关键、最复杂的设备。该设备就是通过移动贴装头把表面贴装元件准确地放置在印制电路板焊盘上。贴装前需要根据印制电路板上元件的布局进行编程,编程主要是确定元件的抓取方式、具体放置位置、吸嘴抓取元件的优化路径等。由于锡膏具有黏性,当贴片机的吸嘴按照编程设计,将元件吸取并放到印制电路板上相应位置时,元件需焊接的引脚就会浸入锡膏中,不会移位或掉下。经过下一步的回流焊后,印制电路板元件就贴装完毕了。

9.1.4　回流焊接

为了适应电子产品和印制电路板不断小型化的需要,表面贴装元件应用越来越多,这使得传统的手工焊接方法已经不能满足需要,表面贴装元件焊接普遍应用回流焊接工艺。之所以叫回流焊接,是因为气体在机器内流动,这种设备的内部有一个加热电路,将空气或氮气加热到足够高的温度后吹向已经贴好元件的印制电路板,让焊盘上的锡膏融化后将元件与焊盘黏结在一起,从而达到焊接的目的。这种工艺的优势是温度易于控制,可以很方便地调整各温区的设定温度,获得最佳的可焊性,同时焊接过程中还能避免氧化。回流焊接内部

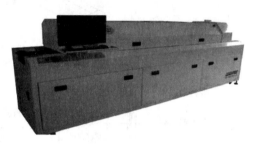

主要分为升温区、保温区、快速升温区、焊接区和冷却区。各温区温度需要根据具体的锡膏型号,元器件允许用户对温度等参量进行设定,防止温度过低锡膏不能完全融化造成焊接不牢或者温度过高损坏元件等情况发生。在生产时,只需要操控上位机把各个分区的温度按实际要求设定好即可。

图 9.1.3　回流焊机

常用的回流焊机如图 9.1.3 所示。

9.1.5　收板

收板与上板相对应,当印制电路板从回流焊接设备导出后,整块板已经贴装完毕,就可以将贴装好的印制电路板收集装入板框。本步骤需要用到的是收板机,它也是由印制电路板控制的自动传送装置,通过光电感应开关控制电动机转动,带动皮带完成印制电路板的传送。收板机可以放置在回流焊接后,也可以放置在检测单元以后,即贴装好的印制电路板通过检测装置确保贴装质量无缺陷后,再回收装入板框。收板机如图 9.1.4 所示。

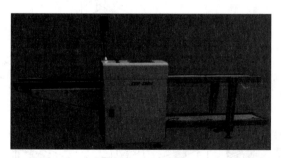

图 9.1.4　收板机

9.2　三星 SM482 多功能贴片机介绍

贴片机又称贴装机或表面贴装系统(Surface Mount System)。在生产线中,贴片机一般放置在点胶机或锡膏印刷机之后。贴片机是通过程序控制移动贴装头(吸嘴器)把表面贴装

元器件准确地放置于印制电路板焊盘上的一种设备。分为手动和全自动两种。

这里以 SM482 高速贴片机为例介绍贴片机的基本结构。该设备可以实现 28000 片/h 高速贴装,配备有 6 个轴杆的新型飞行头部结构,具有高速、高精度的电动供料器,其吸料位置可以实现自动整列,新型的真空系统使得吸料和贴装模式可以达到最大限度的优化。

设备前面示意图如图 9.2.1 所示。

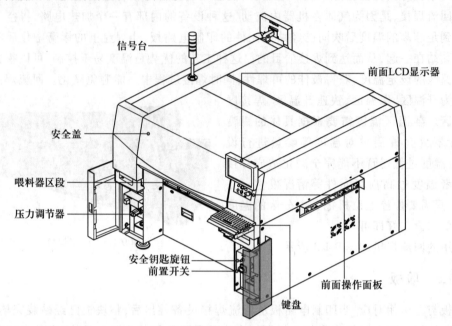

图 9.2.1　表面贴装技术贴片机前面示意图

设备后面示意图如图 9.2.2 所示。

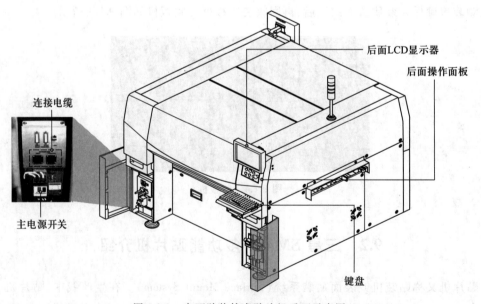

图 9.2.2　表面贴装技术贴片机后面示意图

操作遥控板示意图如图 9.2.3 所示。

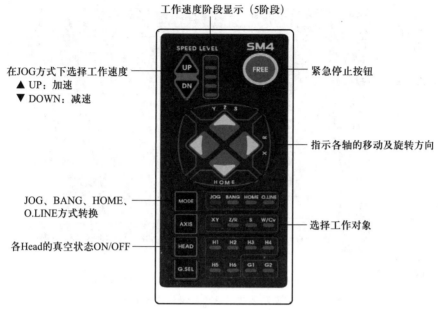

图 9.2.3 表面贴装技术贴片机遥控操作板示意图

贴片机开关如图 9.2.4 所示,贴片机功能选择按钮如图 9.2.5 所示。

图 9.2.4 表面贴装技术贴片机开关

图 9.2.5 表面贴装技术贴片机功能选择按钮

主菜单工具栏

显示当前状态下设备的状态
- IDLE
- RUN
- FREEZE
- WAIT
- PAUSE
- EMER

显示正在生产中的印制电路板文件名

子菜单工具栏

快捷工具栏

图标
- 新建
- 打开
- 保存/另存为
- 合并
- 退出
- 错误信息栏
- Windows 工具栏

表示吸嘴状态

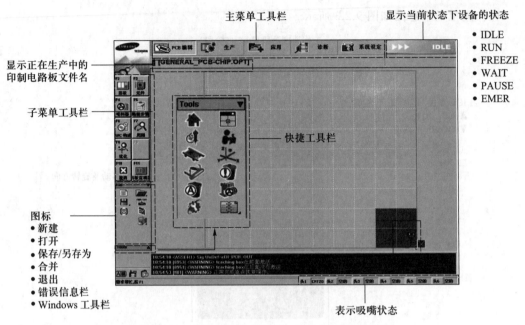

图 9.2.6　表面贴装技术贴片机操作主界面示意图

表示作业进行情况

输入生产量

印制电路板实际生产数值初始化(O)

单位变更

生产关联 Tab Dialog Box

表示印制电路板基板关联 Data

"生产"菜单的子菜单

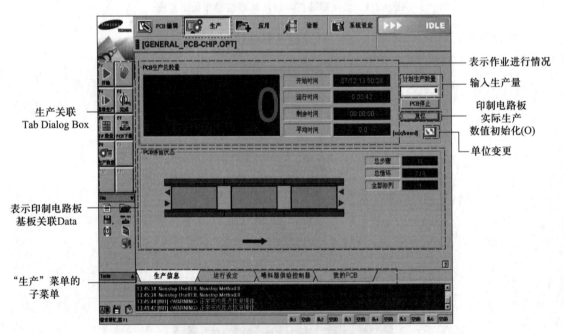

图 9.2.7　表面贴装技术贴片机生产界面示意图

9.3　SM482 贴片机作业流程

贴片机主要是将表面贴装元器件准确地放置到印制电路板焊盘上。完成贴装生产作业需要经过以下六个步骤：

1. 设备检验及启动。

2. 设备初始化及预热。

3. 程序编程及下载印制电路板文件。

4. 布置顶针。

5. 贴片生产。

6. 结束生产及设备的关闭。

下面分别介绍各个步骤的具体操作方式。

9.3.1 设备检验及启动

该步骤主要是指在设备正常工作前所做的相关检测。由于该设备是通过真空吸附原理抓取和放置元件的,因此在正常工作前要进行压力罐的开启以及压力值的检测,保证设备可以正常运行。另外,还需要检查设备内部的状态,比如丝杠是否平滑,内部是否有污渍,吸嘴的弹簧是否弹性良好,是否被锡膏等杂质堵塞,以及检查各喂料器和设备是否通信良好。全部检查完毕后可盖上安全盖准备启动设备。

设备的启动需要顺时针方向旋动设备前面的主开关。其电源开关位置如图 9.3.1 所示。

设备供电后,控制用计算机的电源被打开,人-机交互界面(Man-Machine interface, MMI)将自动启动,对程序进行初始化,并检查设备的各个模块状态。

－电源Off状态   －电源On状态

图 9.3.1 表面贴装技术贴片机电源开与关

9.3.2 设备初始化及预热

为提高设备的实际贴装精密度,实际贴装前要进行设备的初始化和执行预机。具体操作过程如下。

1. 按"READY"按钮,进行表面贴装技术贴片机模式切换如图 9.3.2 所示。

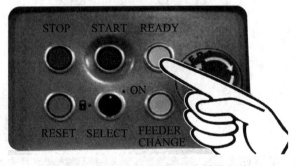

图 9.3.2 表面贴装技术贴片机模式切换

按下"READY"按钮后,要确认设备处于准备状态。

2. 按下遥控器上的"HOME"按钮,如图 9.3.3 所示。

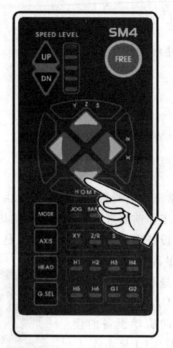

图 9.3.3 按下遥控器上的"HOME"按钮

3. 机器自动归零完成初始化。机器归零等待界面如图 9.3.4 所示。

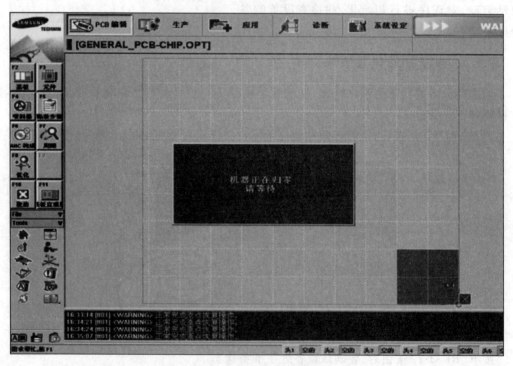

图 9.3.4 机器归零等待界面

4. 选择"应用"菜单,选择暖机子菜单,进入暖机界面,如图 9.3.5 所示。

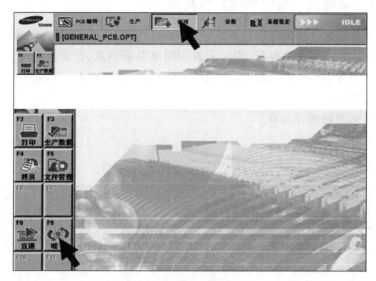

图 9.3.5 进入暖机界面

5. 点击"开始"按钮,10 分钟后点击"停止"按钮,如图 9.3.6 和图 9.3.7 所示。

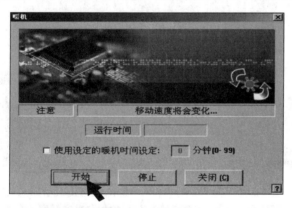

图 9.3.6 开始暖机

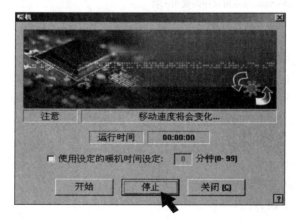

图 9.3.7 停止暖机

9.3.3 程序编辑及下载印制电路板文件

贴片机编程是指通过按规定的格式或语法编写一系列的工作指令,让贴片机按预定的工作方式进行贴片工作。在编程前,需要了解印制电路板信息,比如印制电路板的体积,相关 MARK 点坐标参量,还有贴片的坐标信息等。下面主要通过对一般贴片元件进行程序编辑这个步骤进行介绍。

1. 一般贴片元件的程序编辑

(1)程序界面

程序设置主界面如图 9.3.8 所示。

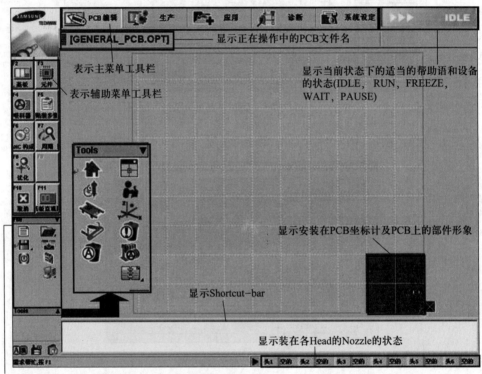

菜单栏的使用,跟一般的windows应用程序的使用一样

图 9.3.8 程序设置主界面

主界面中常用功能键介绍如下。

① "F2 基板"按钮:用于定义印制电路板的长宽和 MARK 点信息。

② "F3 元件"按钮:用于定义印制电路板上需要用到的元件的种类和封装形式等。

③ "F4 喂料器"按钮:用于设定供料盘的相关参量。

④ "F5 贴装步骤"按钮:用于定义贴片贴装顺序。

⑤ 界面右上角的长条表示机器当前的模式,在对应的模式下才可以进行指定的操作。因而了解以下模式的意义是必要的。

a. FREEZE:发生错误,可以修改。

b. RUN:实际的元件布局正在进行。

c. WAIT：人工操作中。

d. IDLE：可以手动操作。

e. PAUSE：机器暂时停止。

（2）程序的编写

① 新建程序。点击"新建"按钮,进入"新建PCB文件"界面,如图9.3.9所示。点击"建立"按钮进入"PCB Edit"界面。当从已有的程序文件复制数据建立新程序的时候,需要勾选"从原有PCB文件拷贝数据"选项,如图9.3.10所示。

图 9.3.9　新建程序

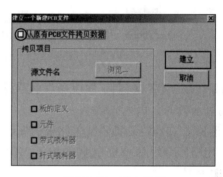
图 9.3.10　导入数据

② 基本设置。点击"F2基板"按钮会出现如图9.3.11所示的"板的定义"对话框。对话框的组成介绍如下。

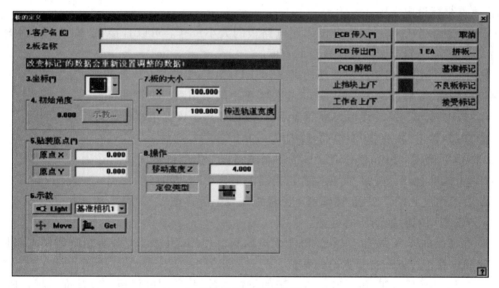
图 9.3.11　板的定义

a. "客户名"栏:用于自定义输入客户名称。

b. "板名称"栏:用于自定义输入印制电路板名称。

c. "坐标"选项:用于选择坐标系,坐标选择如图9.3.12所示。

- 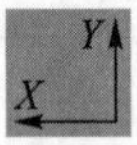 左上：它是以设备的前面为准时，X轴向左的方向增大，Y轴向上的方向增大的坐标系。

- 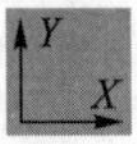 右上：它是以设备的前面为准时，X轴向右的方向增大，Y轴向上的方向增大的坐标系。

- 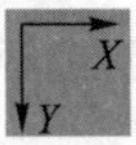 右下：它是以设备的前面为准时，X轴向右的方向增大，Y轴向下的方向增大的坐标系。

- 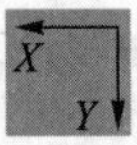 左下：它是以设备的前面为准时，X轴向左的方向增大，Y轴向下的方向增大的坐标系。

图 9.3.12　坐标对应图

　　d. "初始角度"设置项：用于修改印制电路板的初始角度，调整板的歪斜程度。默认 0°。该项可以通过示教的方式进行修改。

　　e. "贴装原点"区域：设置印制电路板的安装原点。一般将印制电路板的右下角设定为原点。需要用到【示教】区域控制基准相机 MOVE 来进行设定。具体原点设定方法见"示教"栏的相关说明。

　　f. "示教"区域：用于回传摄像头当前坐标。点击印制电路板缩略图上想设为原点的部分，点击"MOVE"按钮，基准相机移动到指定位置。然后点击设定"贴装原点"栏下面的 X, Y 坐标，点击"Get"按钮，就可以将当前坐标数据准确地回传到贴装原点的 X, Y 坐标数据栏中。此时，原点坐标设定完毕。

　　g. "板的大小"区域：用于设定印制电路板的大小尺寸。可以直接在"X""Y"栏中输入板的大小，设备会自动调节传送轨道的宽度。

　　h. "操作"区域：用于设定移动的高度，即印制电路板与下方顶针的高度，为了避免印制电路板被划伤，一般设定为 4.00 mm。定位类型一般采用默认设置即可。

　　i. "PCB 传入"按钮：设置好板的大小后，就可以点击该选项将板传入。

　　j. "PCB 传出"按钮：印制电路板传出。

　　k. "PCB 解锁"按钮：使作业区域的印制电路板工作台解锁。

　　l. "止挡块上/下"按钮：贴装位置阻挡器上下移动的功能。

　　m. "工作台上/下"按钮：使印制电路板工作台上下移动。

　　n. "取消"按钮：取消所有标记。

　　o. "1 EA 拼板…"按钮：只在矩阵印制电路板时使用，用于设置各个矩阵印制电路板内的小印制电路板原点和主原点的偏移值。

　　p. "基准标记"按钮：设定基准点标记的位置和数据，印制电路板上有基准点标记时，设定基准点标记的位置和标记的数据。

　　q. "不良板标记"按钮：用来区分安装的印制电路板的合格与否，其标记为"坏板标记"。对标记为不合格的印制电路板将不进行后续作业。按下此按钮，显示编辑"坏板标记"数据的对话框。

r."接受标记"按钮:用来区分印制电路板是否标记为"坏板标记"。接受标记后对不合格产品不作标记,同时设备只对有接受标记的印制电路板进行后续作业。

综上所述,在进行印制电路板贴片加工基本设置的顺序为设定"客户名"栏→设定"板名称"栏→设定"板的大小"区域→传送轨道宽度→"定位类型"选为"Edge Fixer"→设置"移动高度"栏→按"PCB 传入"按钮→设置"贴装原点"区域和"示教"区域。之后,进行下一步基准标记。

③ 基准点位置设置,点击"基准标记"按钮后,会出现如图 9.3.13 所示的"基准点位置"对话框。

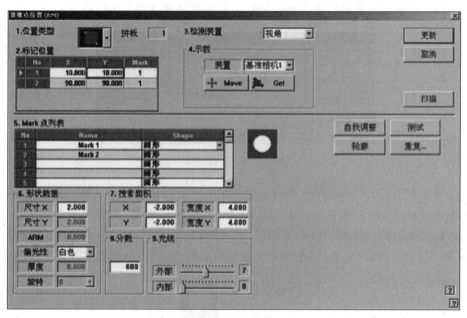

图 9.3.13 "基准点位置"对话框

a."1. 位置类型"选项:基准点的类型选取,一般选 2~4 个。该选项的说明如图 9.3.14 所示。

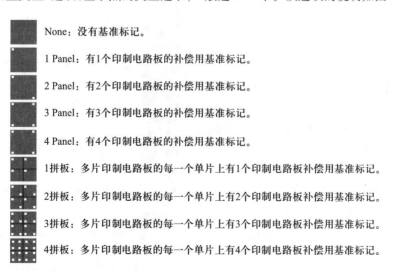

图 9.3.14 "位置类型"选项说明

b. "2. 标记位置"列表,具体说明如下。

No:标记的序列号。

Mark:基准标记的 ID,一般小于 5。

该列表中的"X""Y"列数据通过"示教"区域操作更新得到。

c. "3. 检测装置"选项:一般设定为"基准相机"。

d. "4. 示教"区域与"板的定义"对话框中的示教功能相似,用于更新当前坐标。

其中的【扫描】功能用于进行对已设定的基准标记的扫描测试。扫描测试利用已设定的基准标记的位置和标记数据检查实际的标记。其示教结果如图 9.3.15 所示。

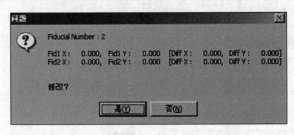

图 9.3.15 示教结果

上述界面表示示教(Scan Test)执行后得到的基准点标记(Fiducial Mark)坐标数据,并给出实际识别的基准点标记坐标与设定的基准点标记坐标的差值。如果需要根据测试结果更新基准点标记坐标,点击"是"按钮,否则点击"否"按钮。

e. "5. Mark 点列表"列表:用于记录标记形状数据的清单,在这里可以选择标记的形状。

No:标记的序列号。

Name:标记名称。

Shape:标记形状,可供选择的形状如图 9.3.16 所示。

f. "6. 形状数据"区域:设定标记形状的数据;

"尺寸 X"栏:设定 X 轴方向的尺寸。

"尺寸 Y"栏:设定 Y 轴方向的尺寸。

"ARM"栏:设定十字形基准标记的横竖条的宽度。

"偏光性"选项:选择标记的颜色,有白色和黑色可供选择。

"厚度"栏:设定基准点标记的厚度。当厚度为 0 时,基准点标记为饱满状态。当厚度大于 0 时会有外轮廓线宽。

"旋转"选项:设定标记的旋转角度,有 0°、90°、180°、270°可选。

g. "7. 搜索面积"区域:用于设定需要检测

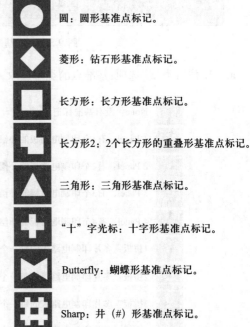

图 9.3.16 可供选择的标记形状

标记的区域。

"X"栏：设定在 X 轴方向检测标记的开始位置。一般设为负值。

"Y"栏：设定在 Y 轴方向检测标记的开始位置。一般设为负值。

"宽度 X"栏：设定在 X 轴方向的检测范围。一般设为 X 绝对值的 2 倍。

"宽度 Y"栏：设定在 Y 轴方向的检测范围。一般设为 Y 绝对值的 2 倍。

h. "8. 分数"栏：用于设定检测标记点的识别程度，一般设定值大于 600。

i. "9. 光线"区域：设定检测标记时的照明度，一般将"外部"项设为"7"即可。

j. "10. 自我调整"区域：利用设定的标记数据求出实际要识别的标记的大小。算出实际标记的尺寸后系统将显示如图 9.3.17 所示的尺寸信息框。

尺寸需要变更为新找的数据时，按下"确定"按钮，不需要更新数据时按下"取消"按钮。按下"取消"按钮，系统将再次测定误差，因此这种操作一般在为更准确地进行标记补正时使用。

k. "轮廓"按钮：根据设定的标记数据在【SMVision】窗口（摄像头显示）上显示轮廓，用于与设计进行对比。

"测试"按钮：用于确认标记的设定值是否正确。检测完后按"确认"按钮表示储存坏标记，按"取消"按钮意味着不储存。

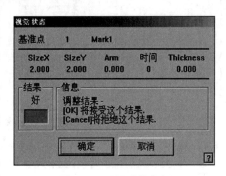

图 9.3.17　尺寸信息框

综上所述，基准标记设定的步骤为：点击"基准标记"按钮→选择"位置类型"选项→更新"标记位置"列表（通过示教进行数据更新）→更新"Mark 点"列表（一般设为圆形）→设定"形状数据"区域（该步骤中将"尺寸 X"栏正确设定即可，同时点击"轮廓"键进行检测，选择厚度为"0"）→设定"搜索面积"区域→设定"分数"栏→设定"光线"区域→按"自我调整"按钮，进行视觉状态的检测，如果结果为绿色，即可以通过，否则进行标记数据的修改→点击"测试"按钮→点击"扫描"按钮→点击"是"按钮即可。

基准标记设定完成后，就要进行工作元件的登记了。

④ 元器件编辑。

点击主界面上的"F3 元件"按钮会进入如图 9.3.18 所示的"元器件"对话框。

"1. PCB 元件清单"区域显示的是已经登记的元件清单。在"2. 元件库"区域中，显示的是本设备中已存储的元件类型。在"元件组/元件清单"栏下方的下拉菜单中可以选择需要的元件及对应的封装形式，如图 9.3.19 所示。

元件库的使用方法如下：先在"元件组/元件清单"下拉菜单中选择需要的元件类型和封装形式，选择好以后可以点击"向左"键 ⬅，将元件移动到左边的【元件清单】中。这样，就可以在元件清单下对元件进行登记了。

一般新元件的建立步骤如下：

点击"元器件"对话框左下角的【新建元件】，页面跳转为如图 9.3.20 所示的"建立新建元件/编辑所选元件"对话框。

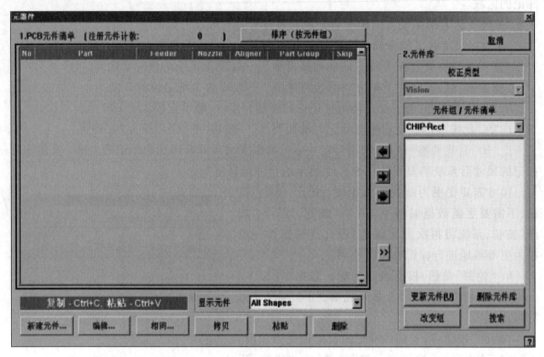

图 9.3.18 "元器件"对话框

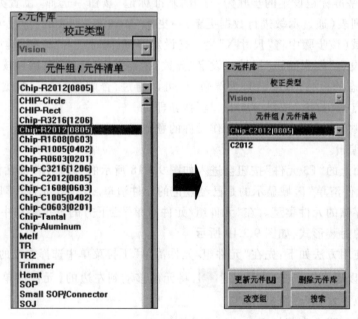

图 9.3.19 从元件库中选取元件

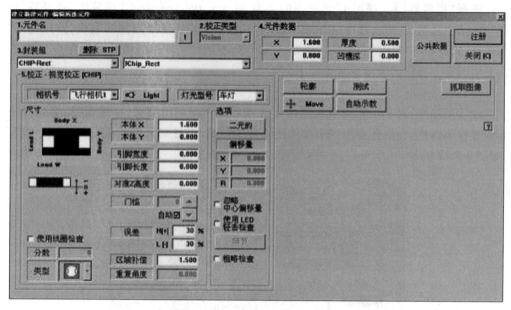

图 9.3.20 "建立新建元件/编辑所选元件"对话框

a. 在"1. 元件名"栏处输入元件的规格名称。

b. 在"3. 封装组"区域处选择合适的类型及封装。

c. 在"4.元件数据"区域处进行元件厚度的测量与数据录入；

d. 点击"公共数据"按钮，切换到通信数据界面，如图 9.3.21 所示。

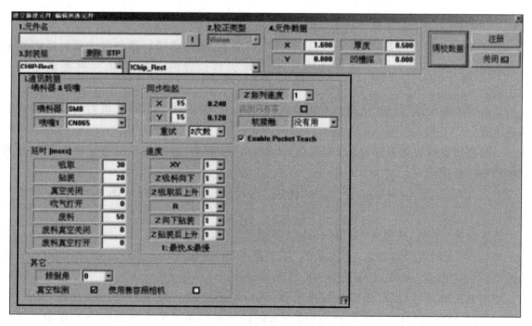

图 9.3.21 通信数据界面

　　e.选择"喂料器"和"喷嘴1"选项中的类型,如果是0805普通贴片贴装则"喂料器"选项选择"SM8","吸嘴1"选项选择"CN040",对于不同的元件要选择不同的吸嘴,常用的封装,像SOT23,就需要将"吸嘴1"选项选择为"CN065",不同的贴片机的吸嘴类型有所不同,在使用前要阅读官方提供的吸嘴标准说明书。

　　f.点击对话框右上角的"注册"按钮。

　　在此需要注意,对于不同类型的元件要选择不同的封装组类型,在编辑时,会出现不同的元件数据编辑栏,比如还会出现引脚间距等数据的填写,按照元件的数据如实逐个填写即可,如图9.3.22所示。

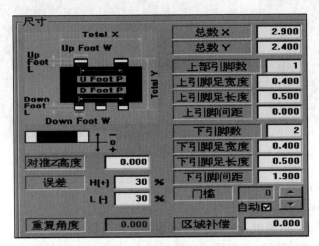

图9.3.22　修改元件数据

这样,一个元件就在"PCB元件清单"上登记完成了。

　　⑤喂料器编辑。喂料器菜单中可以设置喂料器基座,杆式喂料器和盘式喂料器的相关数据,包括进行指定装在各个喂料器的元件,吸取元件位置的示教,吸取元件测试等相关操作。

　　点击"F4喂料器"按钮,会出现如图9.3.23所示的"喂料器"对话框,该对话框是带式喂料器界面。

　　一般喂料器的设置是通过【自动优化】步骤自动分配的,在此只要对带式喂料器以外的喂料器进行登记即可。

　　首先是杆式,点击对话框下方的"杆式"选项卡,即可切换到如图9.3.24所示设置界面。

　　首先选择"类型"选项为"Multi Stick"(多棒)。

　　然后在"安装到喂料器基座"区域的"喂料器基座"栏输入"1",在"站号"栏中输入放置的站号,点击"改变"按钮,出现如图9.3.25所示界面。

　　按图9.3.25所示,填写元件的规格名称;然后按遥控器上的"MODE"键,使得"JOG"灯点亮;再按"AXIS"键,使"XY"灯点亮;按下方向键使得显示屏的十字架的交点指示在元件的中心位置。上述操作如图9.3.26和图9.3.27所示。

图 9.3.23 "喂料器"对话框

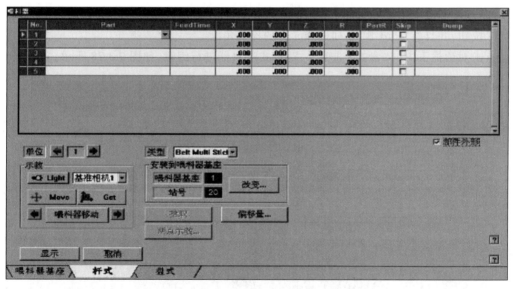

图 9.3.24 杆式喂料器设置界面

No.	Part	FeedTime	X	Y	Z	R	PartR	Skip	Dump
1	SOP14Pin	1000	.000	.000	1.280	.000	0	☐	1系统废料盒
2	无		.000	.000	.000	.000		☐	
3	SOP14Pin		.000	.000	.000	.000		☐	
4			.000	.000	.000	.000		☐	
5			.000	.000	.000	.000		☐	

图 9.3.25 喂料器 Part 选择

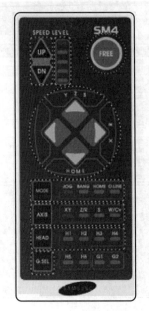

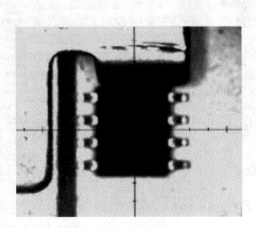

图 9.3.26 遥控器 　　　　图 9.3.27 定位元件的中心位置

在"喂料器"对话框下"示教"区域处选择"基准相机 1",用鼠标选择元件的名称,点击"GET"按钮,并且在"Part R"一列选择元件的检测角度。

点击对话框下方的"盘式"选项卡,对盘式喂料器进行编辑,如图 9.3.28 所示。

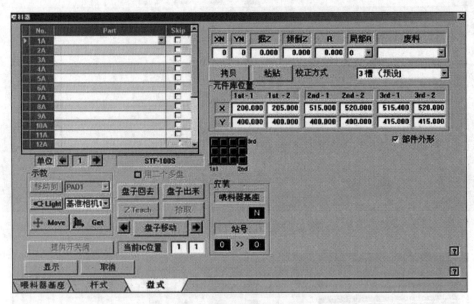

图 9.3.28 盘式喂料器设置界面

在"Part"列里选择元件的规格类型;在右边的"XN""YN"栏分别输入 X 方向的元件数量和 Y 方向的元件数量;将遥控器选择到"JOG"模式和"XY"选项;操作方向键,使得显示屏上十字架的交点指示在"1st-1"的位置,如图 9.3.29 所示。

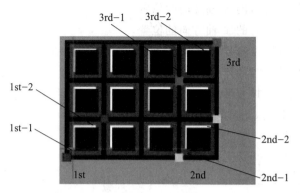

图 9.3.29　盘式元件摆放

在"示教"区域选择"基准相机 1",鼠标点击中间"1st-1"的"X"或"Y",点击"GET"按钮得到 1st-1 的坐标。按实际情况输入"PartR"列的检测角度,并重复上述步骤,将 1st-2, 2nd-1,2nd-2,3rd-1,3rd-2 和对应的"PartR"列的数据录入即可。

⑥ 元件贴装信息登记。

点击"F5 贴装步骤"按钮,出现如图 9.3.30 所示的贴装步骤界面。

No	Reference	X	Y	Z	R	Part	FDR	NZ	HD	CS	CY	SK	AR	FID	PL
1	R2	14.000	10.000	-.500	.000	R2012	F45 R2012	1-26 CN0	2	☑	1	☐	1	N	☐
2	TR2	16.000	25.000	-.500	.000	TR23	F43 TR23	1-22 CN0	1	☐	1	☐	1	N	☐
3	T1	10.000	50.000	-.500	.000	Tnac_3012T160	F47 Tnac_3012T16(	1-30 CN0	3	☐	1	☐	1	N	☐
4	A1	10.000	35.000	-.500	.000	AlumC 5753T540	F49 AlumC 5753T5	1-33 CN2	4	☐	1	☐	1	N	☐
5	R3	10.000	15.000	-.500	.000	Chip-R1608T0.45	F51 Chip-R1608T0.	1-34 CN0	5	☐	1	☐	1	N	☐
6	A2	20.000	35.000	-.500	.000	AlumC 5753T540	F49 AlumC 5753T5	1-32 CN0	6	☐	1	☐	1	N	☐
7	R4	14.000	15.000	-.500	.000	Chip-R1608T0.45	F51 Chip-R1608T0.	1-34 CN0	5	☑	2	☐	1	N	☐
8	T1	20.000	50.000	-.500	.000	Tnac_3012T160	F47 Tnac_3012T16(	1-30 CN0	3	☐	2	☐	1	N	☐
9	R1	10.000	10.000	-.500	.000	R2012	F45 R2012	1-26 CN0	2	☐	2	☐	1	N	☐
10	TR1	10.000	25.000	-.500	.000	TR23	F43 TR23	1-22 CN0	1	☐	2	☐	1	N	☐
11	M1	10.000	20.000	-.500	.000	Melf 34D12	F41 Melf 34D12	1-30 CN0	3	☑	3	☐	1	N	☐

1.贴装数据　(总贴装点数:　　12　　已跳掉点数:　　0)　　导入...　　导出...　　取消

示教　　拼板
Light 基准相机1　1 ▼ □拼板扩充
Move　Get

剪切 - Ctrl+X, 复制 - Ctrl+C, 粘贴 - Ctrl+V, 插入 - Ctrl+Z

Head ▼
拼板 All ▼ 过滤

移动
轮廓 ☑
自动 ☑

插入一行 (I)　偏移量...　Place Parts
删除　调整...　□ Parts Placed
清除循环

查找
拼板 All ▼

两点示教...　刷新喂料器数据
基准点...　刷新吸嘴数据

图 9.3.30　贴装步骤界面

在贴装步骤界面下可以对印制电路板贴装的位置、喂料器的供应及吸嘴数据进行设置。下面先对该界面进行介绍:

a."1. 贴装数据"列表:这里主要用于设定贴片的名称、位置等信息。

"No"列:表示元件贴装的先后顺序。

"Reference"列:表示贴装元件的参考名称,用于区别不同元件。

"X"列:设置元件贴装时的 X 轴方向的位置。

"Y"列:设置元件贴装时的 Y 轴方向的位置。

"Z"列:设置元件贴装时的 Z 轴方向的位置。

"R"列:设置元件贴装时的角度。

"Part"列:设置元件的封装形式。

"FDR"列:用于选择可以提供该元件的喂料器。

"NZ"列:选择吸嘴。

"HD"列:选择吸头。

"CS"列:是否需要在进行新的工作周期时进行检测。

"CY"列:工作周期编号。

"SK"列:勾选时系统可以跳过该元件的贴装。

"AR"列:在拼板时选择印制电路板的编号,单板时为"1"。

"FID"列:当基准点已经设定后,显示为"Y",否则为"N"。

"PL"列:贴装标记,避免重复贴装。

b. "2. 示教"区域:通过该区域的设置可以获取当前元件的坐标。一般选择基准相机 1进行示教。

c. "3. 拼板"选项:该选项只需要在多片 PCB 贴装时使用。

d. "4. 移动"选项:通过该选项,可以使贴装头移动到"1. 贴装数据"列表的当前行对应的贴装点上。

e. "5. 两点示教"按钮:在元件的边角选择两个点来计算出元件的中心点。

f. "6. 导入"按钮:将外部软件(如 Altium Desinger 等)编辑的 ASCII 数据转换成贴片机设备的执行数据,在下文将会专门介绍这种方法。

贴装信息登记的具体步骤如下:

a. "先在 Reference"列下输入元件贴装时的参考名称,如"R1""R2"等。

b. "Part"列选择对应的元件规格。

c. 将遥控器选择到"JOG"模式和"XY 选项"下操作方向键,使得显示屏上十字架的交点指示在要贴装的元件的焊盘的中心位置,如图 9.3.31 所示。

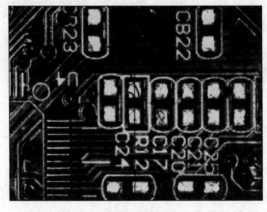

图 9.3.31　对应焊盘的中心位置

在"示教"区域下选择"基准相机1",并在表格中选择对应的元件位置,点击"GET"按钮;根据贴装要求设置元件的贴装角度R,重复上述操作,将贴片的坐标信息录入。

d. "Z"列全部输入为"-0.5 mm"。

⑦ 程序优化

该步骤是为了计算贴装元件的位置和吸嘴工作的路线,常常需要通过计算等得到最优工作路径,以提高生产的效率。在主界面下点击"F8 优化"按钮,切换到如图9.3.32所示"优化设置"对话框。

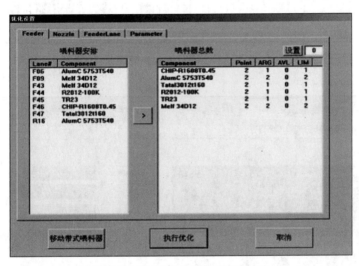

图9.3.32　"优化设置"对话框

点击"执行优化"按钮,可以得到如图9.3.33所示优化结果。

对优化的结果满意的话,点击"Accept"按钮,优化成功。系统会自动生产一个后缀为".OPT"的文件。

在优化完成后,还需要根据供应装置配置图把喂料器安装到对应的喂料器底座上,在喂料器界面点击"显示"按钮,可以查看喂料器的配置状态,如图9.3.34所示。

⑧ 生产

上述步骤完成后,印制电路板的编辑也就完成了。此时,在主界面中点击"生产"按钮,进入如图9.3.35所示的表面贴装技术生产界面。

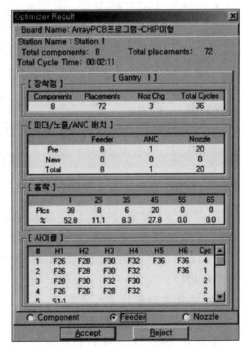

图9.3.33　优化结果

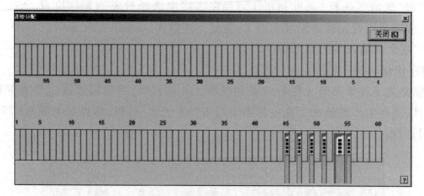

图 9.3.34 喂料器的配置状态

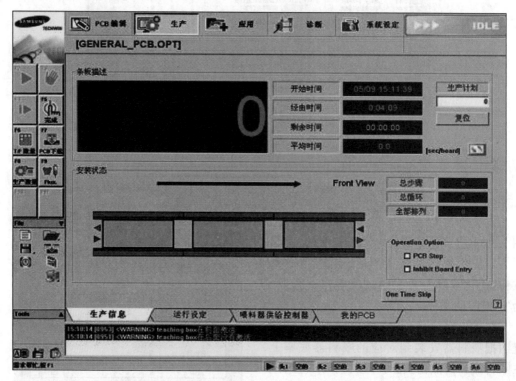

图 9.3.35 表面贴装技术生产界面

首先点击"F5 完成"按钮,以完成印制电路板的编辑。然后点击"F7 PCB 下载"按钮,文件将自动下载到设备,完成后,界面下方生产信息栏中会显示"Download OK",在"计划生产数量"处设置好生产印制电路板的数量,点击"F2 开始"按钮,按控制面板上的"START"按钮,生产开始。

2. BOM 清单和坐标导入法编程

在实际工程的生产过程中,一般客户方会提供相应的 BOM 清单和坐标。程序员仅需要将该资料转化为贴片机的执行程序即可,即少去了上文提到的程序编辑过程中的很多操作步骤,比如坐标的识别与采取等。导入该文件后,仅仅需要对坐标信息进行核对,就可以完成编程。

但如果客户仅仅提供的是印制电路板文件,这就需要用 Protel 或 Altium Desinger 等软件来导出坐标和 BOM 清单了。下文以 Altium Desinger 为例,对导出 SMT 坐标文件和 BOM 清单的步骤进行讲解:

(1) 打开 PCB,设置原点。一般以 PCB 左下角为原点。其步骤是依次点击【编辑】→【原点】→【设置】→【点击 PCB 板左下角】按钮。

(2) 利用向导导出坐标文件。其步骤是依次点击【文件】→【装配输出】→【generates pick and place file】→【单位设置】按钮。

(3) 在原 PCB 目录下查看".TXT"文件。

将不需要贴片的器件删除,保存并复制到 U 盘。有了坐标和 BOM 清单,就可以上机进行编程了。在完成设备检验及启动和设备初始化及预热这两个步骤后,就可以开始作业操作了,其步骤如下:

① 创建新文件,注意要勾选"从原有 PCB 文件拷贝数据"选项。

② 定义板的信息和标记点,与上述定义类似。

③ 点击"F5 贴装步骤"按钮,在该页面下点击"导入"按钮,如图 9.3.36 所示。

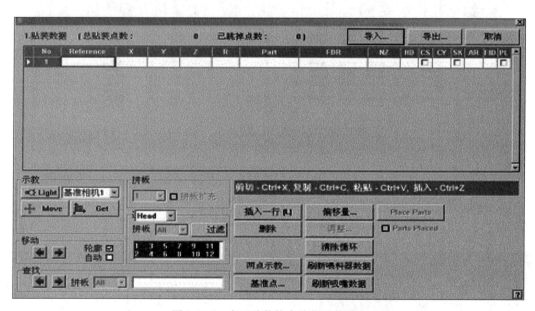

图 9.3.36 表面贴装技术贴装元件导入

④ 将文件类型改为"ALL",查找刚才复制过来的 TXT 文件,选择贴装坐标文件,如图 9.3.37 所示。

⑤ 在"机器"选项中选择需要操作的设备,并选择元件角度,如图 9.3.38 和图 9.3.39 所示。

观察每一列的名称是否正确,如果显示【Comment】,则用鼠标右键进行修改。

图 9.3.37　选择贴装坐标文件

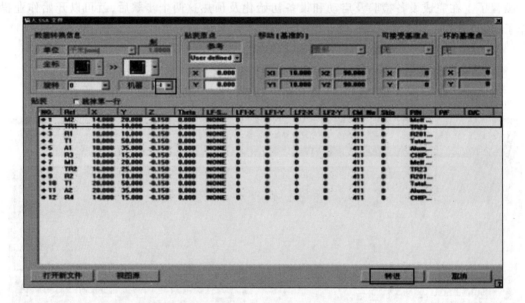

图 9.3.38　导入文件选择元件

NO.	Com...	X	Commen	Comments	Comments	Comments	Comments	Com...	Com...	Com...	Com...	Com...
◆ 1	#ASCII	TYPE	IMPORT	Reference No,								
◆ 2	U1;	55.14	112.5	X	0	0	0	0	1			
◆ 3	U2;	165.02	112.96	Y	0	0	0	0	1			
◆ 4	U3;	165.36	95.56	Z	0	0	0	0	1			
◆ 5	U4;	145.02	112.88	Theta	0	0	0	0	1			
◆ 6	U5;	17.36	112.22	Part Name	0	0	0	0	1			
◆ 7	U6;	36.2	112.86	Machine No,	0	0	0	0	1			
◆ 8	U7;	185.84	113.22		0	0	0	0	1			
◆ 9	U8;	203.48	113.16	Fiducial Shape	0	0	0	0	1			
◆ 10	U9;	-2.08	112.72	Fiducial1-X	0	0	0	0	1			
◆ 11	U10;	283.76	95.78	Fiducial1-Y	0	0	0	0	1			
◆ 12	U11;	73.88	112.58	Fiducial2-X	0	0	0	0	1			
◆ 13	U12;	145.08	95.36	Fiducial2-Y	0	0	0	0	1			
◆ 14	U13;	68.18	61.14		0	0	0	0	1			
◆ 15	U14;	68.26	41.02	Comments	0	0	0	0	1			

图 9.3.39　选择元件角度

⑥ 导入完成后,会弹出"未注册元件"信息框,如图9.3.40所示。

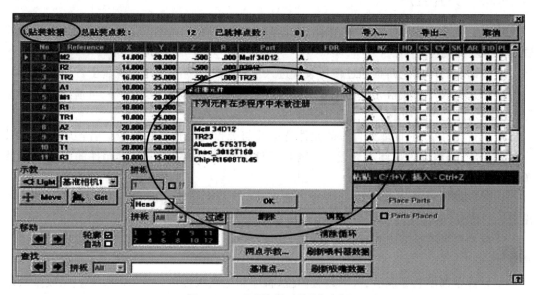

图9.3.40 "未注册元件"信息框

⑦ 在主界面中点击【F3 元件】按钮,把没有登记的元件进行登记,登记方法与上述注册方法一致。

⑧ 对程序进行优化。

⑨ 下载印制电路板。

⑩ 进行加工。

以上是一般的印制电路板编辑步骤,对于不同的设备及工程要求,其操作并不需要严格按照步骤一条一条地去做,操作者可以灵活操作各个流程,只要达到设备生产目的即可。

9.3.4 安装喂料器及布置顶针

贴片机的喂料器就是装贴片元件用的。喂料器的安装个数是根据机器的站位数量决定。喂料器一般分为带式喂料器、杆式喂料器、盘式喂料器等。将贴片元件安装到喂料器上后,再按照程序中设定的站位装入,保证贴片头吸嘴能够吸取到元件。在贴装印制电路板时,为了保证印制电路板的平整性,常常要在轨道上方布置顶针来支撑印制电路板,保证当往板上放置元件时,板子不会因受压产生轻微变形,影响贴装精度。一般宽度为200 mm的印制电路板需要放置6个顶针。具体步骤为:

1. 打开设备的安全门。

2. 按控制面板上的"STOP"按钮和"RESET"按钮。

3. 布置顶针。

4. 关闭安全门。

5. 按控制面板上的"READY"按钮。

9.3.5　贴片生产

贴片生产过程是全自动过程,主要进行印制电路板固定、元件吸取、位移、定位、元件放置等操作。其流程如下:

1. 待贴装的印制电路板通过传送装置进入工作区并固定在预定的位置上。

2. 贴片头移动到吸拾元件的位置,打开真空设备,吸嘴下降,吸取元件,再通过真空传感器来检测元件是否被吸取。

3. 进行元件识别,读取元件库的元件特征并与吸拾的元件进行比较。若比较评测结果为"不符合",则将元件抛到废料盒中。若比较评测结果为"符合",则对元件的中心位置及角度进行计算。

4. 根据程序的设定,经过贴片头的 Z 轴来调整元件的旋转角度,通过贴片头移动到程序设定好的位置,使得元件中心与印制电路板贴装位置点重合。

5. 贴片机吸嘴会下降到程序设定好的高度,关闭真空设备,元件落下,完成一次元件贴装操作。

6. 元件全部贴装完成后,吸嘴放置归位,将印制电路板传送到设定的位置。完成整次印制电路板的贴装操作。

9.3.6　结束生产及设备的关闭

完成生产后,点击"PCB 停止"按钮,停止生产。点击"RESET"按钮,设备切换到"IDLE"状态,点击界面上的"退出"按钮,等设备完成关机后关闭主开关,如图 9.3.41 所示。

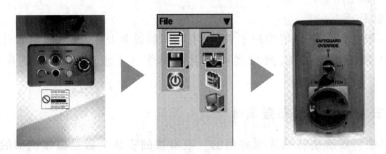

－ 按"RESET"按钮　　　－ 点击界面上的"退出"按钮　　　－ 关闭主开关

图 9.3.41　关闭表面贴装技术机器流程

9.4　贴片质量的检测与缺陷补救

9.4.1　常见贴片质量缺陷

随着电子信息产业的迅速发展,表面贴装技术已经成为电子组装技术中不可或缺的一部分。贴装设备的工艺对整个表面贴装技术的生产质量起着至关重要的作用。在生产过程中,虽然可以通过对贴装设备、贴装前准备、贴装过程的操作进行优化来达到提高质量和生产效率的要求,然而在表面贴装技术生产过程中往往会遇到一些不可预见的问题,导致贴片质量有缺陷。如果不能及时检测出缺陷并进行有效的修正,则可能导致重大损失。影响贴片质量的原因是多方面的,常见的质量问题有缺件、偏位、翻件、侧件、元件损坏等。下面分别对这几种常见的质量问题进行具体分析。

1. 缺件

贴片机是通过吸嘴吸取元件,然后放置到指定位置的。如果电路板上缺少元件,即元件在贴片位置上丢失,则可能是以下原因造成的。

(1) 吸嘴的气路堵塞或是损坏,使贴片头无法成功地吸取元件。

(2) 贴片机程序设定时的吸嘴高度不正确。当元器件被吸取后送到对应位置上方,没有到焊盘锡膏上时就放下,会造成飞件。

(3) 供料器送料不到位,供料器无元件或步进值设置错误都会导致吸嘴无法吸取元件。

(4) 除了贴片机方面的问题,缺件还有可能是焊盘上的锡膏过少造成的,这就需要去检测刮锡膏机是否正常运作。

2. 元件移位

元件偏位、翻件、侧件的情况都属于元件移位。造成这种缺陷的原因主要有以下几种:

(1) 供料器的送料异常会造成元件的翻件情况发生。如果元件的编带的装料孔尺寸过大,会在装件的过程中因为振动等外界因素使元件翻转。

(2) 在贴片机进行编程时,其元件的 X-Y 坐标不正确,即程序参量设置错误,也会使元件移位。

(3) 印制电路板下面没有放置顶针或者顶针放置不均衡,放置元件时有可能使印制电路板下沉,导致元件释放不准确。

3. 元件损坏

造成元件损坏情况发生的原因主要是印制电路板下的定位顶针过高,这样在贴装元件时,印制电路板位置较高,使得元件在贴装时被挤压。或者是在贴片机编程时,元器件的 Z 轴(高度)坐标设置不正确。另外,如果吸嘴发生故障,也会在抓取元件时损坏元件。

9.4.2　贴片质量检测系统

贴片工序的工艺质量需要达到贴得准、贴得对、牢固不掉片。只有元器件引脚与焊盘对准,元件的极性和位置正确,贴上去的原件不会因为震动等外界因素而掉落,才可以使印制电路板正常工作,这就需要有一套贴片质量检查系统来对贴片质量进行检验。常见的检测系统如下:

1. 人工检测

该方法最原始,效率也最低。随着高密度电路和高产量的要求,人工检测的方式远远达不到电路板的可靠性要求。人工检测的结果会受到工人的工作质量的影响,其结果的稳定性和精确度不能够达到高集成电路的要求。随着表面贴装技术向微型化、密集化方向进一步发展,人工检测的方法将会被淘汰。

2. ICT(In—Circuit—Tester)测试

ICT 测试即自动在线测试仪测试。主要是依靠测试探针接触 PCB 线路出来的测试点来检测印制电路板的线路开路、短路,以及所有零件的焊接情况,可分为开路测试、短路测试、电阻测试、电容测试、二极管测试、晶体管测试、场效应管测试、IC 管脚测试等其他通用和特殊元器件的漏装、错装、参量值偏差、焊点连焊、线路板开短路等故障,并将故障信息准确地告诉用户,对组件的焊接测试有较高的识别能力,具有较强的故障检测能力和较快的测试速度等优点。该技术只适用于批量大,产品定型的生产厂家。但是,用此方法检测不同的印制电路板需要更换不同的针床,而且现在线路板越来越复杂,这种电路接触式测试方式开始呈现测试的局限性,很多电路板的缺陷很难通过 ICT 测试诊断出来。电路板越是高度集成化,需要的测试针就越多,这样在测试时的精确度和效率就会降低。

3. AOI(Automatic Optic Inspection)测试

该测试方法不需要使用针床,在计算机程序控制下,摄像头将会自动扫描印制电路板,收集元件的图像,将图像与标准的合格图像进行高精度对比,就可以测试出印制电路板上的缺陷。这样就可以在极短的时间内得到结果。这是目前印制电路板加工流水线上最常用、效率最高的贴片质量检测系统。

9.4.3   自动光学检测仪

AOI(Automatic Optic Inspection)中文名为自动光学检测仪,它是一种新型的测试技术,这几年来发展非常迅速。AOI 由工作台、CCD 摄像系统、机电控制系统及系统软件 4 大部分构成,在进行检测时,首先将需要检测的印制电路板置于 AOI 的工作台上,经过定位调出需要检测产品的检测程序,工作台将根据程序将印制电路板送到镜头下面,在特殊的光源的协助下,镜头会捕捉 AOI 系统所需要的图像并进行分析处理,然后处理器会将工作台移至下一位置对下一副图像进行采集再进行分析处理,通过对图像进行连续的分析处理来获得较高的检测速度。AOI 图像处理的过程实质上就是将所摄的图像进行数字化处理,然后与预存的标准图像进行比较,经过分析判断,发现缺陷并进行位置提示,同时生成图像文字,待操作者进一步确认或送检修台检修。

AOI 设备经常置于生产线上的三个位置:

1. 锡膏印刷之后。将检测设备放置于锡膏印刷机之后,这是个典型的放置位置,因为很多缺陷是由于锡膏印刷不良所造成的,如锡膏量不足可能会导致元件丢失或线路开路。

2. 回流焊接前。将检测设备放置于贴片后,回流焊接前,用于检测由贴片不良所导致的缺陷。

3. 回流焊接后。将检测设备置于回流焊接后,这是国内最常见的 AOI 的放置位置,可以检测前面所有工序中的不良品,以保证最终的缺陷板不流入客户手中。

AOI 光学检测原理:

AOI 设备主要是通过光学反射成像对电路板进行抓拍,经软件对图像进行对比和统计分析,对元件上的字符等文字进行识别,通过二值化分析原理来执行检测的。

简单来讲,AOI 就是一个有高清拍照功能的机器,并且可以实现图片对比功能,其核心是 CCD 高清摄像头,该高清摄像头通过运动控制系统,先对标准印制电路板上的各个区域进行抓拍,将该模拟图形信号转化为数字信号后送至计算机存储,并设定误差允许范围。当需要检测时,将待检测板送入,得到高清图像,用其和标准板的图像数据通过软件进行处理和分析,如果图像数据在设定的误差允许范围内,则认为是合格品,否则机器就会在错误点上提示,说明该电路板上的贴片与标准的贴片有偏差。这种错误通常可能是元器件没有贴装到指定位置,元器件极性贴装错误,元器件焊点出现虚焊和漏焊等。经过软件对比后,就可以筛选出不合格的产品。对于有缺陷的印制电路板,就需要通过人工进行缺陷的补救,其检测方式如图 9.4.1 所示。

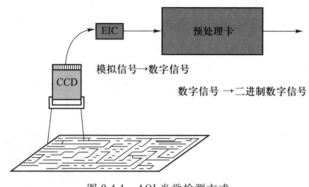

图 9.4.1　AOI 光学检测方式

AOI 检测原理主要包含以下几个方面:

1. 光学原理

人眼识别物体是通过光线反射回来的量进行判断的,反射量多为亮,反射量少为暗。AOI 与人眼判断原理相同,AOI 将 LED 作为光源,利用色彩的三原色原理来组合成不同的色彩,通过镜面反射、漫反射、斜面反射等原理,将印制电路板上的贴片元件的焊接状况成像显示出来。

对于一个焊接良好的元器件,其焊点处呈现光滑斜面,红光和绿光照射在焊点的斜面时会被反射出去,而蓝光经反射后正好进入摄像头,所以图形上焊点呈蓝色。然而对于元件本体来说,由于其材质比较粗糙,三色照射上面产生漫反射,红绿蓝三色组合成白光,即相当于白光照射在元件本体上,元件本体呈其本色。

2. 图像统计分析及对比原理

图像统计分析是 AOI 设备软件部分的核心。该软件可以将拍到的图片进行栅格化,自动分析各个像素颜色分布的位置坐标、成像栅格之间过渡关系等成像细节,列出若干个函数式,再通过对相同面积大小的若干幅相似图片进行数据提取,经软件分析计算得出结果,按软件设定的权值关系,对原来的图像像素色彩、坐标进行还原,构成一个虚拟数字图像。标准图像的数字信息包含了图像的图形轮廓、色彩的分布、允许变化的范围等。

AOI 设备通过 CCD 摄像系统抓拍线路板上的图像,经过数字化处理后将信号发送至计算机,与标准图像进行对比,分析元件的大小、角度、颜色位置等数据,然后将比对结果中超过额定的误差阈值的图像数据统计出来,以达到缺陷识别的目的。

3. IC 桥接分析原理

所谓的 IC 桥接分析是指对器件的引脚进行分析,判断是否有短路等情况。二值化处理系统将引脚金属作为白色处理,相应的脚与脚之间的空隙为黑色,通过分析引脚之间的距离和是否有白色连接即可判断是否短路。

4. 文字识别(OCR)原理

许多元器件表面印有字符,在设备在录入标准图像时,先将元器件上的字符数据进行录入,并将该字符与标准字库中大字符进行比较,就可以实现对器件类型的区分与识别。

9.4.4 AOI 光学检测仪的操作与使用

下面以某品牌的 AOI 为例,简要介绍 AOI 的操作过程。该设备可以检查 SMT 生产线中 PCB 上贴装元件的贴片质量和焊接质量,并通过显示终端输出检测结果,而且还可以通过软件进行统计分析,方便生产线工人的分析及操作。

1. 启动设备及软件

该设备由光学检测部分和计算机组成,所以在使用时要分别开启光学检测部分总电源和计算机电源。等计算机正常启动完成后,打开桌面上的 AOI 软件,如图 9.4.2 所示。

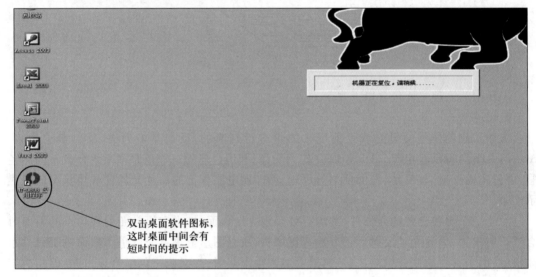

图 9.4.2 AOI 软件启动

2. 界面功能

将鼠标放到相应的图标上后,会出现该图标的功能以及名称,另外在菜单中有功能快捷键,用于快速操作使用。其主界面如图 9.4.3 所示。

其中,8 个方向移动按钮可以控制运动部分,从而控制摄像头的位置。当需要移动较大的距离时,要在"FM"状态下点击箭头快速移动,当需要精确定位时,要在"SL"状态下点击箭头慢速移动。当然也可以选中工具栏中的"手动移动"按钮 👆,直接在主界面上任意一位置点击,摄像头将会移动到对应位置。

3. 取放电路板

AOI 的夹板如图 9.4.4 所示。

在放置印制电路板前,要将可移动挡块左右两边的螺钉松开,再将印制电路板的后端放在固定挡块的卡槽上(图 9.4.4 示位置①),然后移动可移动挡块到印制电路板的前端,使印制电路板能完全置于其上的位置(图 9.4.4 示位置②),之后扭紧可移动挡块两端的固定螺钉,调整

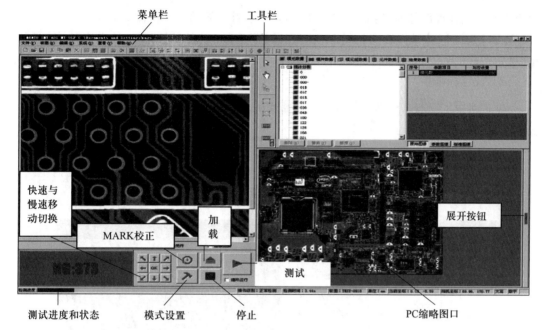

图 9.4.3 AOI 软件主界面

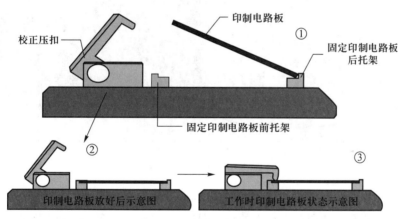

图 9.4.4 AOI 的夹板

固定夹条上的压扣,使其受力均匀并且不遮挡印制电路板上的元件(图9.4.4示位置③)。最后,可将两根夹条上的定位螺钉移至印制电路板的右边锁紧,以确保在测试过程中印制电路板位置的准确性。本设备的夹具为自动夹具,当其运动到放板点时会自动张开,用户只需将板平放上去即可,不需要再次固定。在检测之前一定要确认印制电路板是否固定良好,以保证图像采集时位置的准确性。检查固定良好的标准是左右前后方向轻推印制电路板时,印制电路板不会轻易移动。

印制电路板托盘回到放板处后,待固定挡块和活动挡块上的压扣正常弹起,先将印制电路板的前端向上提起,将整个板从夹具上取下来即可。

4. 标准图像的采集与调试

(1)操作级别的选择

系统默认为操作状态,该状态下只可以进行正常测试操作,不能对程序做任何修改。然而用户在采集标准图像时,需要新建和调试程序,这就需要用户进行模式的切换。

点击【系统】→【操作级别】→【编制与调试】菜单命令,输入密码(初始密码是 123456),按"确定"按钮。

(2)放置标准板

点击"加载"键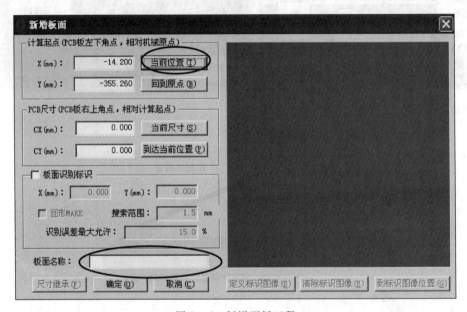,机器会自动复位到放板处,板夹自动弹起,此时按照放板步骤,将标准板放置平整。

(3)新建工程

点击【文件】→【新建】→【新增 PCB 板面】菜单命令,出现"新增板面"对话框。如图 9.4.5 所示。

图 9.4.5　新增面板工程

(4)创建印制电路板缩略图

缩略图是当前测试的印制电路板的缩小图像,便于全局观察、显示错误位置及进行其他相关操作。

创建缩略图后,要先定义坐标原点,一般设定印制电路板的左下角为起点,右上角为终点。

① 起点的设定:点击方向图标,移动印制电路板至相机镜头拍摄范围,将十字形移动到印制电路板的左下角,使十字形中心对准印制电路板的左下角边缘。这时要注意观察十字外围是否有元器件,原则上是要将所有元器件都包括在十字形坐标的右上方区域内,以确保所有元件都在观察范围内。点击"设置起点"按钮,系统会自动计算出当前十字形中心点位置的坐标值,这便是印制电路板的起点位置。

② 终点的设定:终点的设定方法和起点相同,将十字架移动到印制电路板的右上角,使十字架中心对准印制电路板的右上角边缘,点击"印制电路板尺寸"栏的"设置终点"按钮。

完成印制电路板起点和终点的设置后,输入板面名称。此处的印制电路板名称主要应用于双面测试时的名称识别,单面测试时可命名也可忽略。点击"确定"按钮,提示"现在是否制作缩略板图?"点击"是"按钮,系统则会根据所设定的印制电路板计算起点及尺寸来扫描得出印制电路板的缩略图。在编程过程中,如需要确定某个区域的元件数量或了解元件周围的纹理情况,可通过"放大比例"按钮或滚动鼠标中键的滚轮来缩放缩略图,以达到最佳的显示效果。

（5）设置 MARK 点

生成缩略图之后要设置 MARK 点,所谓的"MARK 点"就是在板上做标记,这样可以确保印制电路板位置的准确性。一般将 MARK 点设置在印制电路板的对角位置,而且设置的这两个点要便于识别才可以。建议使用定位孔作为 MARK 点。具体步骤如下:

① 在工具栏中找到"定义板面 MARK"按钮。

② 找到相应的 MARK 点后,直接在缩略图上双击该区域,让相机移动到选定区域。通过键盘上的方向键调节定义框的位置,然后点击"定义标识图像"按钮。最后点击"确定"按钮。MARK1 和 MARK2 都使用上述方法操作。操作界面如图 9.4.6 所示。

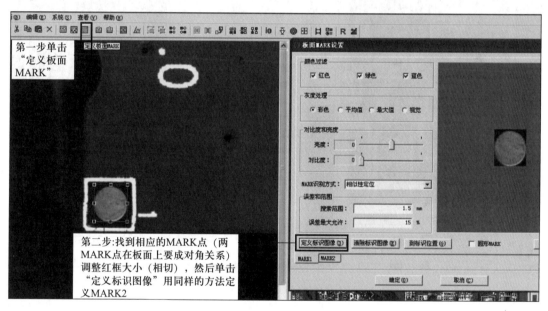

图 9.4.6　定义标识图像点

（6）检测程序的制作

程序是 AOI 识别系统检测电路板的标准,程序的编制是为了对需要检测的部分进行设置和规划。通过手工画框的方法就可以完成检测程序的编制。

在手工画框时,需要经常用到工具栏中的下列按钮:

选择元件按钮　,可以选择多个元件框,当选择好元件框后,按鼠标左键可以进行拖动。

相机移动按钮　,单击图中的某点,相机将移动到该点。

多项复制按钮 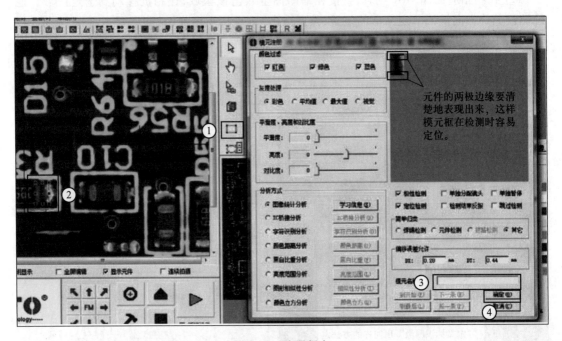，先选择要复制的对象，点击此按钮，再在想要粘贴的地方点击鼠标左键。每点击一次，系统便会执行一次粘贴动作，点击鼠标右键取消该功能。该功能省去了先复制再粘贴两个动作。

矩形绘制按钮 ☐ 和圆形绘制按钮 ◯ ，操作时按照实际使用需要选择。

不同的元件有不同的注册方法，下面分类介绍：

① 有丝印无极性元件的注册方法

像人们通常使用的贴片电阻、电容，封装大小为 0805 的元件都属于该注册方法。下面以电阻为例介绍注册方法。

a. 注册焊点。按矩形绘制按钮，选取焊点范围，按快捷键〈Ctrl〉+〈R〉，注册焊点在"模元名称"栏中输入名称，按"确定"按钮，如图 9.4.7 所示。

图 9.4.7　注册焊点

选择刚做好的模元框，点击多项复制按钮 →点击相机移动按钮 ，将鼠标移动到另一个焊点上。点击鼠标左键，模元框自动粘贴。点击鼠标右键，选择取消"连续复制"功能，即可复制焊点，如图 9.4.8 所示。

b. 注册本体字符。点击一般矩形绘制按钮，选择要注册字符的区域，按快捷键〈Ctrl〉+〈R〉注册字符，在"模元名称"栏输入名称，按"确定"按钮，如图 9.4.9 所示。

由于该类元件没有极性，因此在注册本体（即丝印）的时候，可以取消相关的极性检测。取消选中"模元注册"窗口中间的"极性检测"选项，之后在检测过程中，模元会根据元件的实际角度调整自身的角度进行检测。

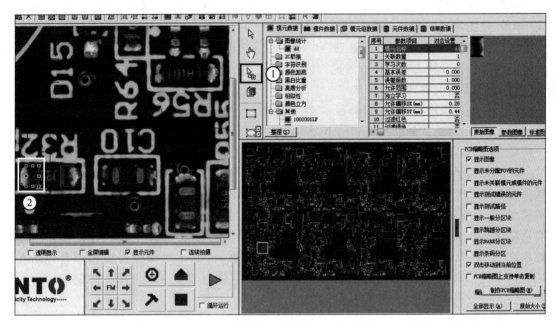

图 9.4.8　复制焊点

图 9.4.9　注册本体字符

② 有丝印有极性元件的注册方法

对于有丝印有极性的元件,其注册方法与有丝印无极性元件注册方法类似。需要注意的是,在对话框中要勾选"极性检测"选项,这样才能根据丝印字符的正反角度判断元件是否贴装正确。

有些元件表面字符显示不清晰,要通过"颜色过滤""灰度处理"和"平滑度、亮度、对比度"调节,使图像清晰易见。可根据实际情况选择"平均值""最大值"或"视觉",效果以图像最清楚为佳。"颜色过滤""灰度处理"和"平滑度、亮度、对比度"的调节顺序不分前后,可根据实际情况选择一种或者几种方法进行处理,原则是获取清楚图像即可。

③ IC 等多脚元件的注册方法

对于像单片机这样的 IC,引脚很多,除了检测焊点和本体外,还需要对各个脚之间的间隙进行短路分析,这就是前文提到的 IC 桥接分析。实际生产中,完成一边脚的注册和桥接分析后,复制到其他的一边或几边上,可提升工作效率。

a. 注册焊点。点击一般矩形绘制按钮,选取注册焊点范围,要将整个焊盘圈起来。按快捷键〈Ctrl〉+〈R〉注册焊点,在"模元名称"栏输入名称,点击"确定"按钮。选择刚做好的模元框,对其进行复制,将鼠标移动到其他焊点位置,点击鼠标左键,系统便会将模元框自动粘贴到相应的位置上,完成复制粘贴后,点击鼠标右键取消"连续复制"功能。上述过程如图 9.4.10 所示。在绘制 IC 元件引脚的检测框时,要将大部分引脚和焊盘包括在内。框可比引脚大一些,以看不到印制电路板底板颜色为宜。这样可以在一定程度上提高定位和检测的精准度。

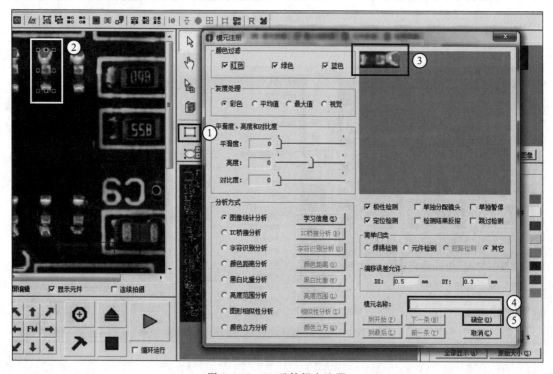

图 9.4.10　IC 元件焊点注册

b. 桥接分析。点击一般矩形绘制按钮,将所有的引脚框选起来,按快捷键〈Ctrl〉+〈R〉注册焊点。在"IC 桥接分析"对话框左侧选取一个 IC 脚,类似画 IC 脚焊点检测框,定义参考引脚,IC 被绿色定义框定义,按"确定"按钮,在"模元名称"栏输入名称,按"确定"按钮,如图 9.4.11 所示。

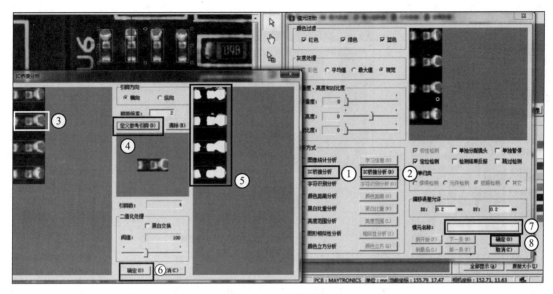

图 9.4.11　桥接分析

完成一边的焊点检测和 IC 桥接检测后,可直接复制全部检测框,粘贴到其他边上。

c. 定义本体。注册完焊点检测和 IC 桥接分析后,应注册元件本体字符和极性,这个过程与有丝印有极性元件的注册方法类似。对于较大的 IC 元件,字符检测和极性检测可分开进行,用两个框完成。

（7）镜头路径优化及调试

程序制做完成后,就要进行镜头路径的优化,点击"快捷键 F2"按钮即可完成路径优化。之后进行调试过程。默认先调试图像统计分析（学习）,步骤如下:

单击模式设置按钮 🔧,选择"全部学习"选项,正常检测,选择"不自动定位"选项→按"确定"按钮。

对照检测图像和参考图像,如果二者符合标准而且图像的颜色、规格相似就可以判定为"合格"。合格的判断可以通过按键盘上的〈Y〉和〈N〉键确认,一般调试 5 块板之后就不会弹出判定对话框了,其图像学习界面如图 9.4.12 所示。

一般在调试过程中,不合格范例的数量在 10 左右时,要将"全部学习"模式切换到"正常检测"模式下,将"暂停方式"调整为"错误暂停"。这样再进行测试的时候,会自动弹出错误报告,编程人员要根据误差允许范围进行适当的微调。其字符学习和焊点学习误差范围设置界面分别如图 9.4.13 和图 9.4.14 所示。对于弹出的对话框,一种是调试型,另一种是学习型,设定后点击"模元属性"按钮进行调试,之后就可以关闭对话框了。

5. 正常测试

在调试结束后,就可以进行正常的测试了。需要将模式和操作级别都改为"正常检测",如图 9.4.15 所示。

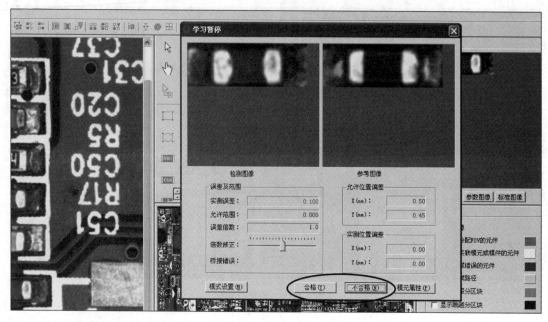

图 9.4.12 图像学习界面

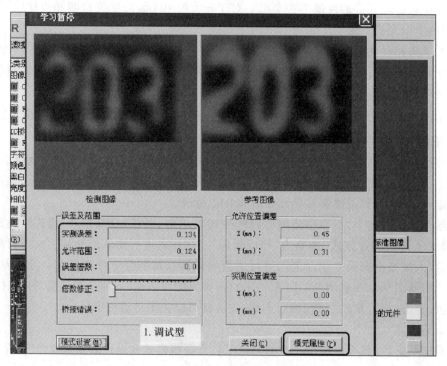

图 9.4.13 字符学习误差范围设置界面

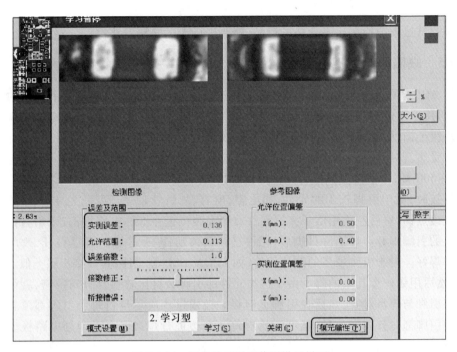

图 9.4.14　焊点学习误差范围设置界面

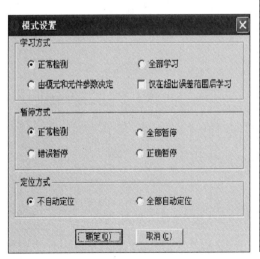

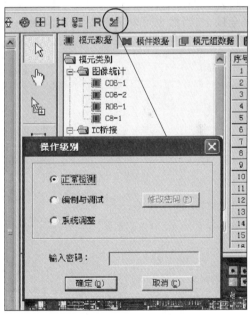

图 9.4.15　操作级别设置

正常测试步骤如下：

放 PCB1→测试→浏览完 PCB1 后〈Enter〉键→回到加载点后换 PCB2，依次循环。

注意：每次放好板后，要按设备上两边的"启动"键，只有同时按下两键才会启动机器自动测试。

如果测试过程中检测出不合格的产品,就要进行人工的缺陷补救。

9.4.5 缺陷印制电路板的补救措施

对于 AOI 检测出来的不合格产品,就需要进行人工的补救。一般先将不合格的元件拆卸下来,再用手工进行焊接。对于比较小的和引脚比较少的贴片元件,直接用电烙铁将焊锡融化后用镊子摘下,对于比较大的元件或引脚较多的元件,就需要使用热风枪让元件各引脚同时均匀受热。对不同的元件和不同的锡膏,应将热风枪调至适当的温度,一般情况下可调节到 400~500 ℃,一手持热风枪将元件焊锡吹熔,另一手用镊子趁焊锡熔化之际将元件取下即可。焊接时,对于引脚较少的元件,如电阻、电容、二极管、三极管等,先在 PCB 的其中一个焊盘上镀点锡,然后左手用镊子夹持元件放到安装位置并抵住电路板,右手用烙铁将已镀锡焊盘上的引脚焊好。焊上一只脚后,元件已不会移动,左手的镊子可以松开,改用锡丝将其余的脚焊好。对于引脚较多的贴片元件,如 FPGA、DSP 等元件,其焊接步骤类似。先焊一只引脚,然后用锡丝焊其余的脚。由于这类元件的引脚数目比较多且分布很密,就需要在放大镜下将引脚与焊盘对齐,然后在引脚上镀锡。镀锡过程应尽量将每个引脚都覆盖。当元件的四边引脚都对齐固定上后,就可开始对每一个边进行焊接。由于印制电路板上有阻焊层,当用电烙铁在引脚上划过时,立即将印制电路板向桌面撞击,此时多余的焊锡就会依靠惯性散开,仅仅在引脚上留下焊锡。四个面的焊接工作应依次进行,在焊接的时候可以先涂一些松香。如果一次焊接不成可以重复上述操作。焊接完毕后,要在放大镜下检查引脚是否完全接上,当然也可以重新用 AOI 检测一次。

第十章　硬件系统设计案例

本章选取几个典型电子系统作为案例,对硬件系统的设计进行介绍。关于这些系统中软件的设计,请参考相关资料。

10.1　简易数字频率计

一、设计要求

1. 具有频率测量功能,频率测量范围为 1~9 999 Hz。
2. 应用数码管直观显示输入信号的频率值。
3. 具有自动测量能力,可连续测量输入信号频率。

二、设计方案

在电子技术中,频率是最基本的参量之一,并且与许多电参量的测量方案、测量结果都有着十分密切的关系,因此频率的测量就显得十分重要。测量频率的方法有多种,其中用电子计数器测量频率具有精度高、使用方便、测量迅速,以及便于实现测量过程自动化等优点,是频率测量的重要手段之一。

电子计数器测量频率一般有两种方式:一是直接测频法,即在一定闸门时间内测量被测信号的脉冲个数;二是间接测频法,如周期测频法。

直接测频法适用于高频信号的频率测量,间接测频法适用于低频信号的频率测量。如果外部提供高精度的精准时钟,也可以做出等精度的频率计。本设计方案是采用直接测频方式制做的简易数字频率计。

三、电路设计

简易数字频率计的整体电路应该由三部分组成:基准时钟、计数锁存、译码显示。

1. 基准时钟

应用硬件产生脉冲波形的方式有很多种。如应用门电路反馈振荡、555 定时器做成多谐振荡器等。因为基准时钟的精度直接影响最后的测量精度,所以为了保证基准时钟的精度,这里采用石英晶体振荡器。应用固定频率为 32 768 Hz 的晶振,然后经过 14 级二进制计数器 CD4060 进行分频。这样,CD4060 的最低位输出为 2 Hz,再经过一级 D 触发器进行二分频,最后得到标准的 1 Hz 信号。基准时钟产生电路如图 10.1.1 所示。

这个信号用于控制后面的计数和译码器件,它会被送入脉冲分配器 CD4017。数字电路 CD4017 是十进制计数/分频器,它的内部由计数器及译码器两部分组成,最终通过译码输出实现对脉冲信号的分配,整个输出时序就是 Q0、Q1、Q2、…、Q9 依次出现与时钟同步的高电

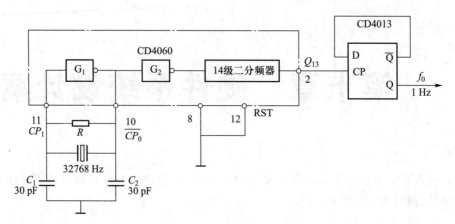

图 10.1.1　基准时钟产生电路

平。其宽度等于时钟周期让 CD4017 工作在三脉冲分配状态,即 Q0,Q1,Q2 输出端口分别出现宽度为 1 s 的高脉冲,分别用作测频的闸门、数据的锁存和计数器的清零。即这个信号实现了 1 s 的测量计数、数据锁存、计数器数据清零,并开始重新测量这三者在时序上的关系。时序控制信号产生部分的原理图如图 10.1.2 所示。

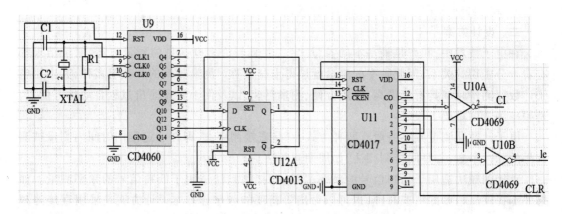

图 10.1.2　时序控制信号产生部分的原理图

2. 测量计数

按 CD4017 输出的高电平宽度,此时闸门时间为 1 s。当然闸门时间也可以大于或小于 1 s。闸门时间越长,得到的频率值就越准确,但闸门时间越长,则完成一次测量所需的时间就越长。闸门时间越短,测量时间短,但测得的频率精度就越低。实际应用中,可根据具体要求设定新的闸门时间。测得数据后要根据实际闸门时间进行除法运算,以求得实际频率值。

3. 译码显示

译码显示部分由共阴极数码管和驱动共阴极数码管的译码器 CD4511 组成。CD4511 芯片本身具有数据锁存功能,故可以省略数据锁存器。

计数测量和译码显示部分原理图如图 10.1.3 所示。

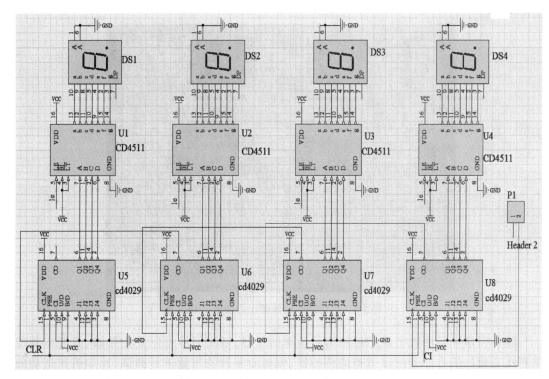

图 10.1.3 计数测量及译码显示原理图

　　根据前面理论部分的介绍,可以由原理图生成 PCB 图,完成放置元件、设定规则、布线及检测等操作,即可得到可用于实际加工的 PCB 图。一般的元件封装主要分为两大类,一类是直插元件,另一类是表贴元件。所以这里根据不同封装的元件作了两个 PCB 图,分别如图 10.1.4 和图 10.1.5 所示。

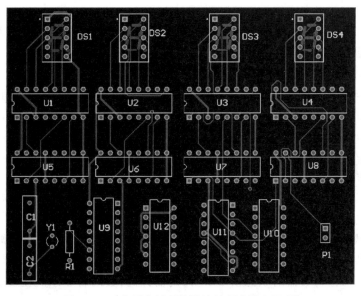

图 10.1.4 应用直插元件设计的频率计 PCB 图

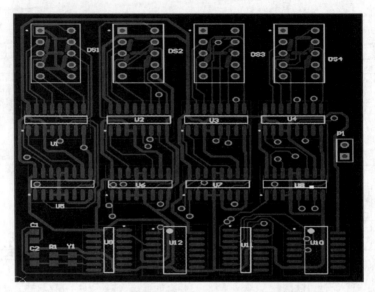

图 10.1.5 应用表贴元件设计的频率计 PCB 图

数字频率计是用数字显示被测信号频率的仪器,被测信号可以是正弦波、方波或其他周期性变化的信号。若配以适当的传感器,则可对多种物理量进行测试,比如机械振动的频率、转速、声音的频率以及用于产品的计件等。因此,数字频率计是一种应用很广泛的仪器。

10.2 交通信号灯控制器

一、设计任务和基本要求

设计一个十字路口交通信号灯控制器,要求如下:

1. 主、支干道交替通行,主干道每次放行时间为 a s,支干道每次放行时间为 b s。绿灯亮时表示可以通行,红灯亮则表示禁止通行。

2. 每次绿灯变红灯时,黄灯先亮 c s(此时另一干道上的红灯不变)。

3. 十字路口要有数字显示,作为时间提示,以便人们更直观地把握时间。具体要求是主、支干道通行时间及黄灯亮的时间均以 s 为单位作减法计数。在黄灯亮时,原红灯按 1 Hz 的频率闪烁。

4. 要求主、支干道通行时间及黄灯亮的时间均可在 0~99 s 内任意设定。

二、设计方案

该交通灯信号控制器主要用于记录十字路口交通灯的工作状态,通过状态译码器分别点亮响应状态的信号灯。秒信号发生器用于产生整个定时系统的时基脉冲,通过减法计数器对秒脉冲作减法计数,达到控制每一种工作状态的持续时间。减法计数器的回零脉冲是状态控制器完成状态转换,同时状态译码器根据系统下一个工作状态决定计数器下一次减计数的初始值。减法计数器的状态由 BCD 译码器译码,数码管显示。在黄灯亮期间,状态译码器将秒脉冲引入红灯控制电路,使红灯闪烁。

三、电路设计

1. 状态控制器设计

根据设计要求,信号灯一共有四种状态循环。信号灯四种不同的状态可看成一个 2 位二进制计数器。计数器的每一个计数值对应一种状态,因此可采用中规模集成计数器 CD4029 构成状态控制器。其低两位 $Q2$ 和 $Q1$ 的值即 **00**、**01**、**10**、**11** 作为四个状态的编码。其电路如图 10.2.1 所示。

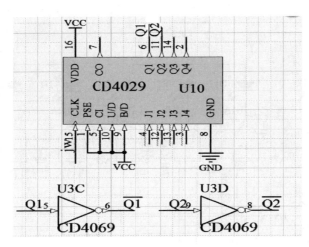

图 10.2.1 交通灯状态控制器

2. 状态译码器

主、支干道上红、黄、绿信号灯的状态主要取决于状态控制器的输出状态。对于信号灯的状态,**1** 表示灯亮,**0** 表示灯灭。它们之间的关系见表 10-2-1。

表 10-2-1 交通灯状态真值表

状态控制器输出		主干道信号灯			支干道信号灯		
Q_2	Q_1	R(红)	Y(黄)	G(绿)	r(红)	y(黄)	g(绿)
0	**0**	**0**	**0**	**1**	**1**	**0**	**0**
0	**1**	**0**	**1**	**0**	**1**	**0**	**0**
1	**0**	**1**	**0**	**0**	**0**	**0**	**1**
1	**1**	**1**	**0**	**0**	**0**	**1**	**0**

根据表 10-2-1,可求出各信号灯的逻辑函数表达式如下:

$$R = Q_2 \cdot \overline{Q_1} + Q_2 \cdot Q_1 = Q_2 \qquad\qquad \overline{R} = \overline{Q_2}$$

$$Y = \overline{Q_2} \cdot Q_1 \qquad\qquad\qquad\qquad \overline{Y} = \overline{\overline{Q_2} \cdot Q_1}$$

$$G = \overline{Q_2} \cdot \overline{Q_1} \qquad\qquad\qquad\qquad \overline{G} = \overline{\overline{Q_2} \cdot \overline{Q_1}}$$

$$r = \overline{Q_2} \cdot \overline{Q_1} + \overline{Q_2} \cdot Q_1 = \overline{Q_2} \qquad\qquad \overline{r} = Q_2$$

$$y = Q_2 \cdot Q_1 \qquad\qquad \overline{y} = \overline{Q_2 \cdot Q_1}$$

$$g = Q_2 \cdot \overline{Q_1} \qquad\qquad \overline{g} = \overline{Q_2 \cdot \overline{Q_1}}$$

现选择发光二极管模拟交通灯,门电路的带灌电流的能力一般比带拉电流的能力强,这里利用门电路输出低电平,点亮相应的发光二极管。故状态译码器的电路图如图 10.2.2 所示。

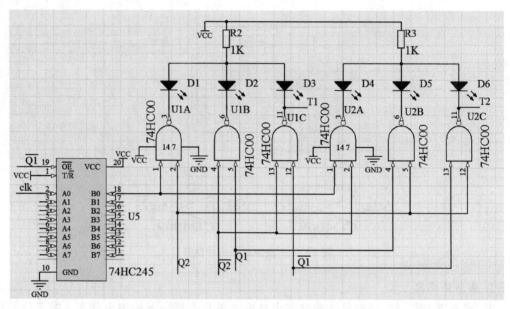

图 10.2.2　译码器的电路图

根据设计任务要求,当黄灯亮时,红灯应按 1 Hz 的频率闪烁。从状态译码器真值表中可以看出,黄灯亮时,Q_1 必为高电平;而红灯点亮信号与 Q_1 无关。现利用 Q_1 信号去控制一个三态门电路 74LS245(或模拟开关),当 Q_1 为高电平时,将秒信号脉冲引到驱动红灯的**与非门**的输入端,使红灯在黄灯亮期间闪烁;反之将其隔离,红灯信号不受黄灯信号的影响。

3. 定时系统

根据设计要求,交通灯控制系统要有一个能自动装入不同定时时间的定时器,以完成 a s、b s、c s 的定时任务。该定时器由两片 CD4029 构成,而且具有十进制可预置减法计数器;时间状态由两片 74LS47 和两只 LED 数码管对计数器进行译码并显示出来;从减法计数器预置时间常量的任务通过三片 8 路双向三态门 74LS245 来完成。三片 74LS245 的输入数据分别接入 a、b 和 c 这三个不同的数字,哪一路数据会被输入到减法计数器的选择是由状态译码器的输出信号控制不同 74LS245 的选通信号来实现的。例如当状态控制器的状态为 S_1($Q_2Q_1 = 01$)或 S_3($Q_2Q_1 = 11$)时,要求减法计数器按初值 c 开始计数,故采用 S_1、S_2 为逻辑变量而形成的控制信号 Q_1 去控制输入数据接数字 c 的 74LS245 的选通信号。由于 74LS245 选通信号要求低电平有效,故 Q_1 经一级反相器后输出接相应 74LS245 的选通信号。同理,输入数据接 a 的三态门 74LS245 的选通信号接主干道绿灯信号 $\overline{G}$;输入数据接 b 的三态门 74LS245 的选通信号接支干道绿灯信号 $\overline{g}$。所设计的定时系统如图 10.2.3 所示。本电路中,其定时的时间设计成可调模式。当要设置成不同的定时时间时,只需要拨动拨码开关即可。

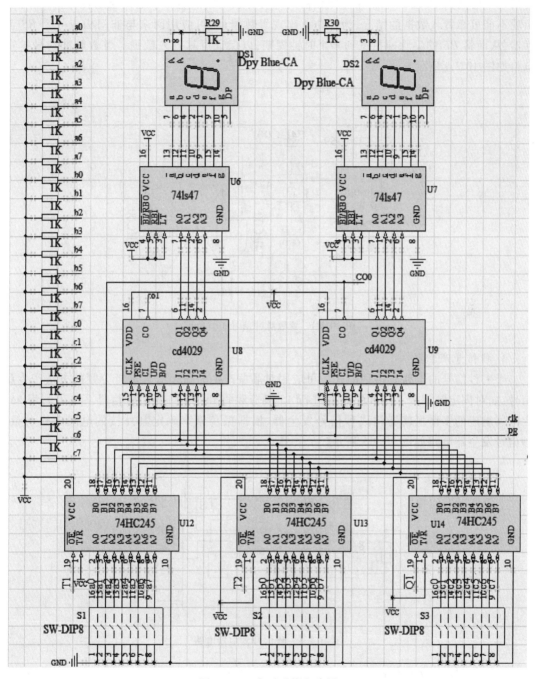

图 10.2.3　定时系统电路图

当前某一状态结束后,需要往计数器重新置入新的时间数据。对于 CD4029,由于 *PE* 是异步置数端口,即在正常减计数时,*PE* 为低电平,当计数值为 00 时,满足置数条件,这时 *PE*

会产生高电平,同时瞬间计数器内部触发器会马上跳转。一旦有触发器跳转则不再满足置数条件,PE 会回到低电平。因此 PE 就会形成一个高电平时间很短的尖脉冲。正是因为 PE 的高电平时间太短,所以不能保证计数器内部所有触发器都能可靠地完成翻转,这样就可能出现不能可靠置入数据的情况,为了防止出现置数错误,可应用两个**与非门**构成一个 RS 锁存器,从而将 PE 的尖脉冲扩宽到半个时钟周期,以保证可靠置入数据。置数脉冲信号扩宽电路如图 10.2.4 所示。

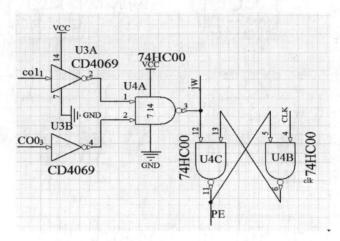

图 10.2.4   置数脉冲信号扩宽电路

4. 秒信号产生器

产生秒信号的电路有多种形式。可应用对晶振产生的高频信号进行分频的方法产生和信号,如对固定频率为 32768 的晶振进行 15 级分频得到 1 s 精准的秒信号。也可利用 555 定时器组成的多谐振荡器构成秒信号发生器,根据振荡频率确定其外接的电阻电容参量。秒信号发生器电路如图 10.2.5 所示。

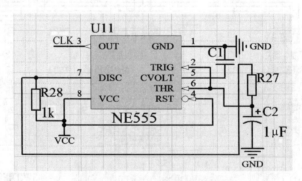

图 10.2.5   秒信号发生器电路

四、印制电路板图绘制

由直插元件构成的 PCB 图如图 10.2.6 所示,由贴片元件构成的 PCB 图如图 10.2.7 所示。

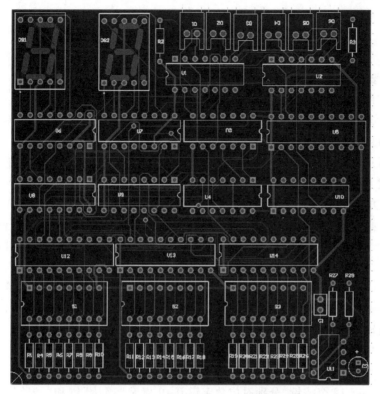

图 10.2.6 交通灯控制器 PCB 图(直插元件)

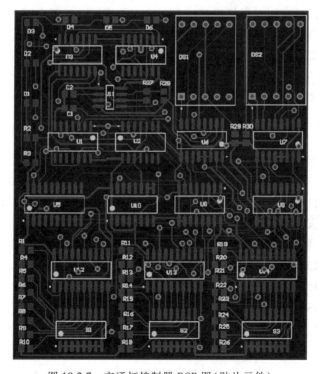

图 10.2.7 交通灯控制器 PCB 图(贴片元件)

10.3   数字密码锁

一、设计要求

1. 密码应用键盘输入。

2. 密码输入正确时,按"确认"键可开锁(绿色 LED 点亮)。当密码输入错误时,按"确认"键则提示错误(红色 LED 点亮),并有声音提示。

3. 密码可预先设置。输入密码时必须严格按照密码顺序。当出现输入错误的时候,可以按"清除"键后重新输入。

二、设计方案

密码输入必须严格按照顺序,因此键盘可以设计成多输入**或**门,0~9 中任何一个数字键按下后,都会产生按键信号脉冲。脉冲经过同步化电路同步以后和数据选择器的输出做**与**运算,作为计数器的计数使能,控制计数器是否计数。只有当密码按顺序输入正确时,数据选择器输出为高,计数器允许加计数。当四位密码输入完全正确时,计数器数值为 100,将"100"状态译码后送到触发器输入端,按下"确认"键后触发器翻转。这时绿灯点亮,代表开锁。如果密码输入错误,则按下"确认"键后红灯点亮,蜂鸣器发出警报音。

三、设计电路

1. 键盘电路

键盘电路共有 12 个按键,分别对应数字键 0~9 以及"确认"键和"清除"键。只要有数字键按下,后续电路就应该有相应的动作。所以所有数字键的输出信号应经过一个**或**门输出,数字键较多,因此可应用二极管搭接一个十输入的**或**门。如图 10.3.1 所示。只要有数字键按下,对应"KEY"输出端产生一个高电平。送到后续电路进行处理。图中"A""B""C""D"输出端分别对应原始的四位密码。按当前电路连接来看,初始密码分别为 0、1、2、3。"QUREN"输出端是输入密码结束后的"确认"键。按下此键,会给后续触发器一个时钟脉冲。密码正确则开锁,不正确则提示错误。"RST"输出端是"清除"键。按下此键后,后续所有的触发器、计数器等全部复位,回到初始状态。该键用于重新输入。

2. 同步化电路

这部分电路主要用于将按键的脉冲信号和时钟信号同步,将前一级键盘的输出端"KEY"作为后续同步化的输入,然后被设定好的时钟同步,因此无论按键的高电平持续时间有多长,经过同步化以后,按键信号高电平只有一个时钟周期的宽度。从而保证后续电路不会错误地被多次触发。其电路如图 10.3.2 所示。

3. 计数器状态译码电路

因为一共有四位密码,计数器初始状态为"0000",每正确输入一位密码,计数器加一。所以当四位密码均按顺序输入正确后,计数器的输出 $Q_3Q_2Q_1Q_0$ 应该为"0100"。这部分就是检测计数器的输出。当图中 Q310 端和 Q2 端均为输出高电平时,证明计数器计数状态正确。其电路如图 10.3.3 所示。

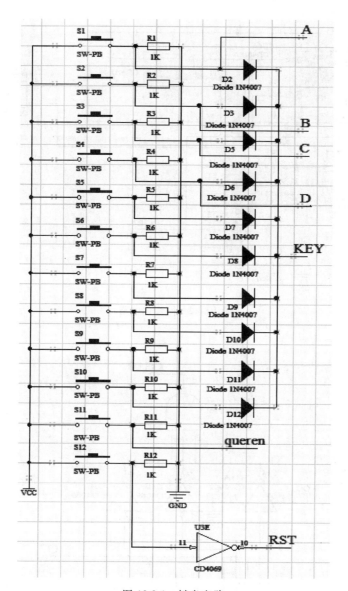

图 10.3.1 键盘电路

4. 开锁条件检测电路

这部分电路的作用是检测计数器状态是否正确,同时确保在密码输入过程中没有错误。后端三输入**与**门前两个输入端接前级计数结果检测的输出,即 Q310 端和 Q2 端。第三个输入端接错误记忆触发器的输出。当输入密码过程中一旦有错误输入,数据选择器输出端 W 为高电平。则 JK 触发器会发生翻转,从而使触发器输出 $\overline{Q}$ 为低电平。并且触发器会一直保持这个状态直到复位有效。所以这个触发器用于记忆错误输入。只有当触发器不发生翻转且计数器到达正确的计数状态时,三输入**与**门的输出才为高电平,代表密码正确,按"确认"键后可以开锁。其电路如图 10.3.4 所示。

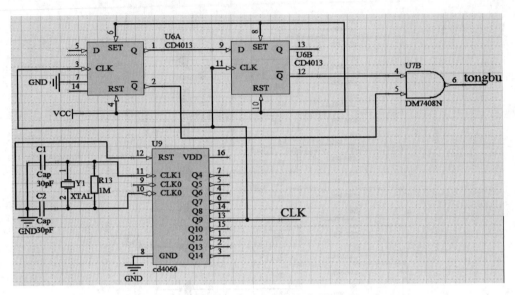

图 10.3.2 同步化电路

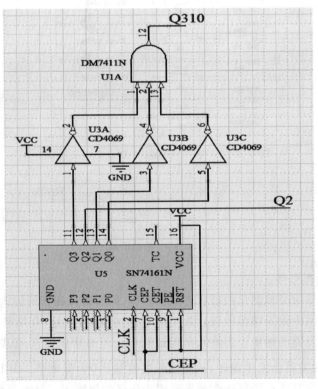

图 10.3.3 计数器状态译码电路

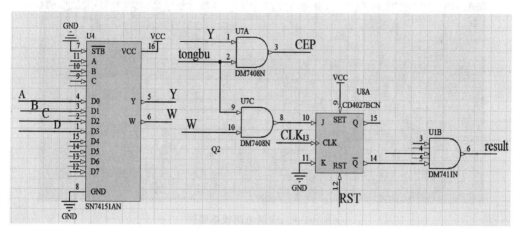

图 10.3.4　开锁条件检测电路

5. 开锁确认电路

这部分电路通过将检测结果作为触发器输入,将"确认"按键信号作为触发器时钟。当检测结果正确时,按下"确认"键触发器翻转,绿灯点亮。否则红灯点亮。其电路如图 10.3.5 所示。

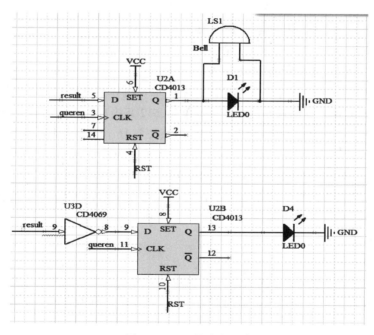

图 10.3.5　开锁确认电路

6. 印制电路板电路图

根据系统的原理图,导入到印制电路板电路图,这里的元件封装主要以贴片元件为主,并进行布局布线。设计的印制电路板电路图如图 10.3.6 所示。

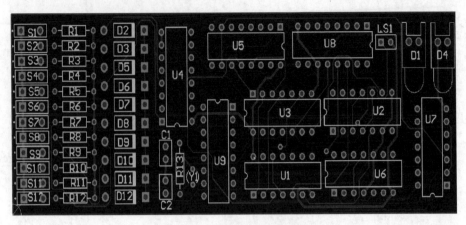

图 10.3.6　印制电路板电路图

10.4　数字电子时钟

一、设计要求

1. 能够实时显示当前时间。

2. 能够实现时间设置及调节。

3. 应用贴片发光二极管构成数码管显示。

二、设计方案

该数字电子时钟应用单片机完成,这里应用 89C52 单片机。它结合了 CMOS 的高速和高密度技术及低功耗特征,它基于标准的 MCS-51 单片机体系结构和指令系统,属于 89C51 增强型单片机版本,89C52 内置 8 位中央处理单元、512 B 内部数据存储器 RAM、8 K 片内程序存储器(ROM)、32 个双向输入/输出(I/O)端口、3 个 16 位定时/计数器和 5 个两级中断结构,并含有 1 个全双工串行通信口,以及片内时钟振荡电路。其功能丰富且价格低廉,是一般实验室在速度和精度要求不太高的前提下的首选控制芯片。该数字电子时钟应用单片机内部定时器作为基准时钟。应用发光二极管构成七段字形,应用 pnp 型晶体管将信号放大。通过按键进行时间的设定和调节。

三、设计电路

1. 单片机最小系统

单片机最小系统主要包含复位电路和振荡电路。复位电路采用最简单的阻容复位。外围晶振采用 6 M 晶振。这样每个机器周期为 1 μs,更方便定时器计时。单片机最小系统如图 10.4.1 所示。

2. 时钟秒点电路

当时钟正常工作的时候,秒点闪烁。秒点采用两个发光二极管,应用 pnp 型晶体管 9012 进行放大驱动。由于单片机的灌电流比拉电流大很多,因此单片机输出的有效电平为低电平。由此可见,当单片机输出低电平时,晶体管 9012 饱和导通,这时发光二极管点亮。同样,当单片机输出高电平时,晶体管 9012 截止,这时发光二极管熄灭。时钟秒点电路如图 10.4.2 所示。

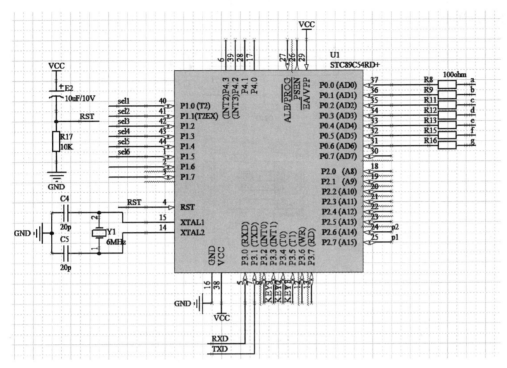

图 10.4.1　单片机最小系统

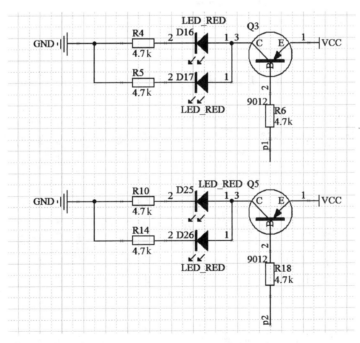

图 10.4.2　时钟秒点电路

3. 系统外围电路

系统外围电路包括外围按键接口、单片机下载接口、5 V 电源接口及电源接通指示灯,如

图 10.4.3 所示。

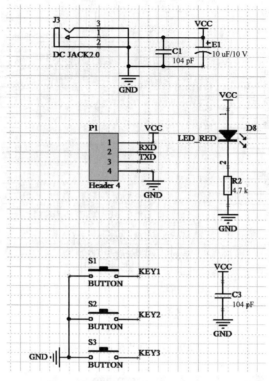

图 10.4.3 系统外围电路

4. 时间显示电路

时间显示电路由六组发光二极管组成,分别对应时、分、秒,如图 10.4.4 所示。

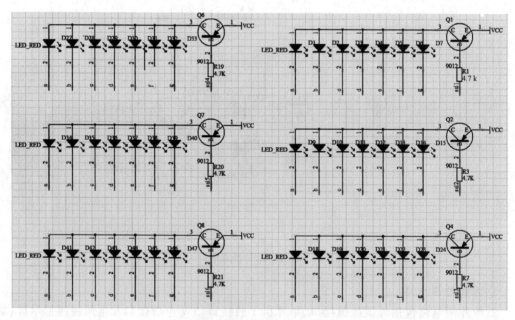

图 10.4.4 时间显示电路

5. 印制电路板图

数字时钟印制电路板图如图 10.4.5 所示。

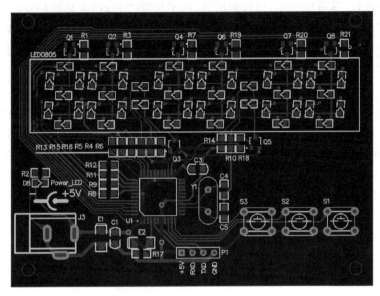

图 10.4.5　数字时钟印制电路板图

10.5　多功能万年历

一、设计要求

1. 应用液晶屏实时显示当前日期、时间、温度、湿度。

2. 日期及时间具有设定及调节功能。

3. 温度误差不超过 1 ℃。湿度误差不超过 10% RH。

二、设计方案

由于万年历要精确地显示当前日期、时间,因此时钟应用基准时钟芯片 DS1302,DS1302 是具有涓细电流充电能力的低功耗实时时钟芯片。它可以对年、月、日、周、时、分、秒进行计时,且具有闰年补偿等多种功能。这种具有涓细电流充电能力的电路,主要特点是采用串行数据传输,可为掉电保护电源提供可编程的充电功能,并且可以关闭充电功能。此万年历若采用普通 32.768 kHz 晶振或单片机计时,一方面需要采用计数器,占用硬件资源,另一方面需要设置中断、查询等,同样会耗费单片机的资源。而且,某些测控系统可能不允许。但是,如果在系统中采用时钟芯片 DS1302,则能很好地解决这个问题。

湿度测量应用的是湿度传感器 DHT11,DHT11 是一款含有已校准数字信号输出的温湿度复合传感器,它应用专用的数字模块采集技术和温湿度传感技术,确保产品具有极高的可靠性和卓越的长期稳定性。该传感器包括一个电阻式感湿元件和一个 NTC 测温元件,并与一个高性能 8 位单片机相连接。因此该产品具有品质卓越、响应超快、抗干扰能力强、性价比极高等优点。其测量精度为湿度±5% RH,温度±2 ℃;量程为湿度 20%~90% RH,温度

0~50 ℃。虽然 DHT11 也具有温度检测功能,但其测量误差较大,不能满足设计要求。因此温度测量采用温度传感器 DS18B20,DS18B20 是常用的温度传感器,其接线方便,封装成后可应用于多种场合,具有体积小、硬件开销低,抗干扰能力强,精度高的特点。它只需要一条接口线即可实现与微处理器的双向通信;支持多点组网功能,可实现多点测温;在使用中不需要任何外围元件。其电压范围为 3.0 V 至 5.5 V,可用数据总线供电。测量结果以 9~12 位数字量方式串行传送。其测量温度范围为-55 ℃至+125 ℃。在-10 ℃至+85 ℃范围内精度为±0.5 ℃,适用于各种狭小空间设备数字测温和控制领域。

显示部分应用带有汉字库的 12864 液晶屏。12864 是 128×64 晶格液晶模块的晶格数简称。带中文字库的 128X64-0402B 每屏可显示 4 行 8 列,共 32 个 16×16 晶格的汉字,每个显示 RAM 可显示 1 个中文字符或 2 个 16×8 晶格全高 ASCII 码字符,即每屏最多可实现 32 个中文字符或 64 个 ASCII 码字符的显示。带中文字库的 128X64-0402B 内部提供 128×2 B 的字符显示 RAM 缓冲区(DDRAM)。字符显示是通过将字符显示编码写入该字符显示 RAM 实现的。

三、设计电路

1. 单片机最小系统、下载接口及调节按键接口

单片机最小系统,下载接口及调节按键接口如图 10.5.1 所示。

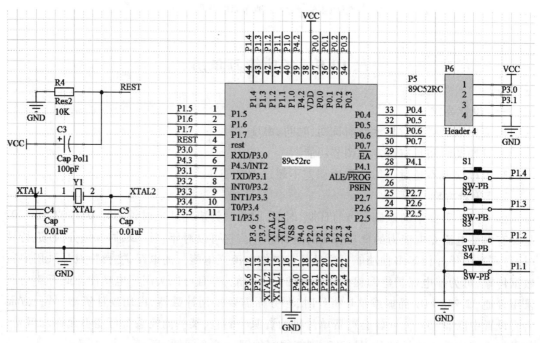

图 10.5.1　单片机最小系统、下载接口及调节按键接口

2. 12864 液晶屏接口

12864 液晶屏可选用串行或并行两种数据传输方式,一般使用并行方式较多,代码编写较为简单,但有时为了节约 IO 端口而选择串行传送方式。本设计案例中,其他模块使用的单片机 IO 端口不多,所以这里采用并行方式传送数据,如图 10.5.2 所示。

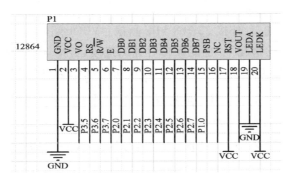

图 10.5.2　12864 液晶屏接口

3. 温度传感器 DS18B20 和湿度传感器 DHT11 电路

DS18B20 具有独特的单线接口方式,在与单片机连接时仅需要一条线即可实现单片机与 DS18B20 的双向通信。DHT11 含有已校准数字信号输出的温湿度复合传感器,包含一个电阻式感湿元件和一个 NTC 测温元件,它可以与单片机直接相连接。DHT11 的端口 DATA 用于单片机与 DHT11 之间的通信和同步,它采用单总线数据格式。温度传感器 DS18B20 和湿度传感器 DHT11 电路如图 10.5.3 所示。

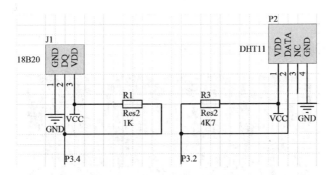

图 10.5.3　温度传感器 DS18B20 和湿度传感器 DHT11 电路

4. 电源及电源指示灯电路

这部分是外部向板提供电源的接口。当电源接通时,指示灯点亮,如图 10.5.4 所示。

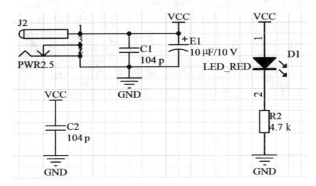

图 10.5.4　电源及电源指示灯电路

5. DS1302 时钟芯片电路

X1 和 X2 是振荡源端口,外接 32.768 kHz 晶振。VCC1 端口为后备电源,VCC2 端口为主电源。在主电源关闭的情况下,也能保持时钟的连续运行。DS1302 由 VCC1 或 VCC2 两者中的较大者供电。当 VCC2 大于 VCC1(+0.2 V)时,VCC2 给 DS1302 供电。当 VCC2 小于 VCC1 时,DS1302 由 VCC1 供电。$\overline{RST}$是复位/片选线,I/O 为串行数据输入输出端(双向),SCLK 为时钟输入端。DS1302 与单片机的连接需要三条线,即 SCLK(7)、I/O(6)、$\overline{RST}$(5),即采用三线接口与单片机进行同步通信。其具体连接方式如图 10.5.5 所示。

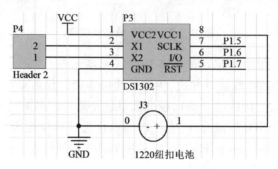

图 10.5.5 DS1302 时钟芯片电路

6. 印制电路板图

多功能万年历印制电路板图如图 10.5.6 所示。

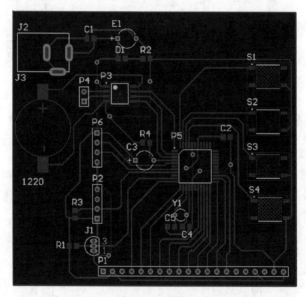

图 10.5.6 多功能万年历印制电路板图

读者意见反馈

    为收集对教材的意见建议,进一步完善教材编写并做好服务工作,读者可将对本教材的意见建议通过如下渠道反馈至我社。

咨询电话   400-810-0598

反馈邮箱   hepsci@pub.hep.cn

通信地址   北京市朝阳区惠新东街 4 号富盛大厦 1 座

              高等教育出版社理科事业部

邮政编码   100029

防伪查询说明

    用户购书后刮开封底防伪涂层,使用手机微信等软件扫描二维码,会跳转至防伪查询网页,获得所购图书详细信息。

防伪客服电话   (010)58582300